华章图书

一本打开的书，一扇开启的门，

通向科学殿堂的阶梯，托起一流人才的基石。

计算机科学丛书

统计推荐系统

[美] 迪帕克·K. 阿加瓦尔（Deepak K. Agarwal） 陈必衷（Bee-Chung Chen） 著
LinkedIn公司

戴薇 潘微科 明仲 译
深圳大学

Statistical Methods for Recommender Systems

机械工业出版社
China Machine Press

图书在版编目（CIP）数据

统计推荐系统 /（美）迪帕克·K. 阿加瓦尔（Deepak K. Agarwal）等著；戴薇，潘微科，明仲译．—北京：机械工业出版社，2019.9
（计算机科学丛书）
书名原文：Statistical Methods for Recommender Systems

ISBN 978-7-111-63573-4

I. 统…　II. ①迪…　②戴…　③潘…　④明…　III. 统计程序　IV. TP319

中国版本图书馆 CIP 数据核字（2019）第 188819 号

本书版权登记号：图字　01-2019-0736

本书由 LinkedIn 公司的技术专家撰写，着眼于推荐系统的核心——统计方法，不仅讲解理论知识，而且分享了作者在 LinkedIn 和 Yahoo! 的实践经验。全书分为三部分：第一部分介绍推荐系统的组成、经典推荐方法及评估方法，并引出了探索与利用问题；第二部分围绕点击通过率（CTR）预估这一重要问题，重点介绍快速在线双线性因子模型和面向回归的隐因子模型，为热门推荐和个性化推荐提供解决方案；第三部分讨论进阶主题，涵盖分解的隐含狄利克雷分布模型、张量分解模型、层次收缩模型以及多目标优化方法。

出版发行：机械工业出版社（北京市西城区百万庄大街 22 号　邮政编码：100037）

责任编辑：赵　静	责任校对：李秋荣
印　　刷：北京文昌阁彩色印刷有限责任公司	版　　次：2019 年 9 月第 1 版第 1 次印刷
开　　本：185mm×260mm　1/16	印　　张：14.5
书　　号：ISBN 978-7-111-63573-4	定　　价：89.00 元

客服电话：（010）88361066　88379833　68326294　投稿热线：（010）88379604
华章网站：www.hzbook.com　读者信箱：hzjsj@hzbook.com

文艺复兴以来，源远流长的科学精神和逐步形成的学术规范，使西方国家在自然科学的各个领域取得了垄断性的优势；也正是这样的优势，使美国在信息技术发展的六十多年间名家辈出、独领风骚。在商业化的进程中，美国的产业界与教育界越来越紧密地结合，计算机学科中的许多泰山北斗同时身处科研和教学的最前线，由此而产生的经典科学著作，不仅擘划了研究的范畴，还揭示了学术的源变，既遵循学术规范，又自有学者个性，其价值并不会因年月的流逝而减退。

近年，在全球信息化大潮的推动下，我国的计算机产业发展迅猛，对专业人才的需求日益迫切。这对计算机教育界和出版界都既是机遇，也是挑战；而专业教材的建设在教育战略上显得举足轻重。在我国信息技术发展时间较短的现状下，美国等发达国家在其计算机科学发展的几十年间积淀和发展的经典教材仍有许多值得借鉴之处。因此，引进一批国外优秀计算机教材将对我国计算机教育事业的发展起到积极的推动作用，也是与世界接轨、建设真正的世界一流大学的必由之路。

机械工业出版社华章公司较早意识到“出版要为教育服务”。自1998年开始，我们就将工作重点放在了遴选、移译国外优秀教材上。经过多年的不懈努力，我们与Pearson、McGraw-Hill、Elsevier、MIT、John Wiley & Sons、Cengage等世界著名出版公司建立了良好的合作关系，从它们现有的数百种教材中甄选出Andrew S. Tanenbaum、Bjarne Stroustrup、Brian W. Kernighan、Dennis Ritchie、Jim Gray、Afred V. Aho、John E. Hopcroft、Jeffrey D. Ullman、Abraham Silberschatz、William Stallings、Donald E. Knuth、John L. Hennessy、Larry L. Peterson等大师名家的一批经典作品，以“计算机科学丛书”为总称出版，供读者学习、研究及珍藏。大理石纹理的封面，也正体现了这套丛书的品位和格调。

“计算机科学丛书”的出版工作得到了国内外学者的鼎力相助，国内的专家不仅提供了中肯的选题指导，还不辞劳苦地担任了翻译和审校的工作；而原书的作者也相当关注其作品在中国的传播，有的还专门为其书的中译本作序。迄今，“计算机科学丛书”已经出版了近500个品种，这些书籍在读者中树立了良好的口碑，并被许多高校采用为正式教材和参考书籍。其影印版“经典原版书库”作为姊妹篇也被越来越多实施双语教学的学校所采用。

权威的作者、经典的教材、一流的译者、严格的审校、精细的编辑，这些因素使我们的图书有了质量的保证。随着计算机科学与技术专业学科建设的不断完善和教材改革的逐渐深化，教育界对国外计算机教材的需求和应用都将步入一个新的阶段，我们的目标是尽善尽美，而反馈的意见正是我们达到这一终极目标的重要帮助。华章公司欢迎老师和读者对我们的工作提出建议或给予指正，我们的联系方法如下：

华章网站：www.hzbook.com
电子邮件：hzjsj@hzbook.com
联系电话：（010）88379604
联系地址：北京市西城区百万庄南街1号
邮政编码：100037

华章教育

华章科技图书出版中心

译者序

近几年，推荐系统发展之迅猛超乎想象，正如作者所说，“推荐系统无处不在，已然成为我们日常生活的一部分。”无论是在工业界还是在学术界，人们对探索推荐系统的热情都有增无减。本书着眼于推荐系统的核心部分——统计方法，虽然是介绍算法理论，但作者曾领导团队开发过雅虎和领英的多个推荐系统，对于算法在实际系统中的应用也有着独到的见解。因此，本书不仅包含对统计方法的详解，还包含详尽的实验分析和丰富的结果展示，这无疑为需求不一的读者提供了极大的便利。

在得知有机会翻译这本专业性极强的书籍后，激动之情难以言表：能够为那些因语言受限而在推荐系统的研究中苦苦摸索的同仁带去一丝光亮，这是一件多么有意义的事情！激动之余也意识到，正因为意义非凡，我们更应该以严肃认真的态度对待它。推荐系统涉及的专业知识范围广、难度大，对于较生疏的内容，我们也借此机会填补空缺，拓展知识面。尽管如此，也难免存在不足之处，敬请读者批评指正。

在此感谢机械工业出版社华章公司的曲熠编辑和赵静编辑，以及参与部分章节审校的陈子翔、陈宪聪、黄云峰、林晶、刘基雄、廖逍旒、梁锋、马万绮、章湘鑫、钟柳兰和庄燊等学生。另外，感谢国家自然科学基金项目的支持（NO. 61872249, NO. 61836005）。

戴薇　潘微科　明仲

2019 年 5 月于深圳大学大数据系统计算技术国家工程实验室

这本书讲什么

推荐系统是一类自动化的计算机程序，能够在不同场景下将物品和用户进行匹配。推荐系统无处不在，已然成为我们日常生活的一部分。例如，亚马逊购物网站上的产品推荐，雅虎上的内容推荐，Netflix 上的电影推荐，领英上的工作推荐等。匹配算法的构建需要用到大量高频数据，它们来源于用户与物品的历史交互行为。从本质上来看，推荐算法属于统计学范畴，在序贯决策过程、高维类别数据的建模以及开发可伸缩的统计方法等领域都面临着挑战。在推荐系统领域，算法的推陈出新依赖于计算机科学家、机器学习专家、统计学家、优化专家、系统专家，当然还有领域专家之间的密切合作。可以说，推荐系统是大数据领域最振奋人心的应用之一。

我们为什么写这本书

虽然计算机科学、机器学习和统计学等领域已有大量关于推荐系统的书籍，但它们仅针对问题的某些特定方面，没有综合考虑所有的统计问题，也没有分析这些统计问题是如何相互关联的。而我们也是在雅虎和领英部署推荐系统时才意识到这个问题，例如，统计学和机器学习的重点在于最小化样本外的预测误差，但达成这个目标并不意味着实践中的所有重要问题都得到了解决。从统计学意义上来说，推荐系统是一个高维序贯过程，研究实验设计类问题与开发精密的统计模型一样重要。事实上，这两者关系密切，高效的实验设计需要借助模型克服维数灾难。此外，大多数现有工作倾向于对单一反馈建模，例如电影评分、购买和点击率。但随着 Facebook、领英和推特等社交媒体的兴起，多种反馈随之而来，例如，一个新闻推荐应用可能需要同时对用户的点击率、分享率和发文率这三类数据建模。这种面向多种反馈的建模是很有挑战性的。最后的问题是，即便我们获得了能够实现这种多变量预测的方法，又该如何构建效用函数去完成推荐呢？优化分享率比优化点击率更重要吗？关于这些问题的解答，我们可以与多目标优化领域的专家密切合作，利用多目标优化来获得一些效用参数。

本书的目的是对推荐系统中的问题进行全面讨论，另外，也对当前最先进的统计方法，如自适应序贯设计（多臂赌博机方法）、双线性随机效应模型（矩阵分解）以及现代的基于分布式计算框架的可伸缩模型，进行详细且深入的探讨。我们希望通过本书分享我们在工业界开发大规模推荐系统的丰富经验，也希望能够引起统计学、机器学习和计算机科学等领域相关人士的关注。我们相信，这对许多方面都是有益的。本书有助于推进高维大数据统计的研究，这类研究尤其有利于 Web 应用的发展。此类学术研究离不开处理海量数据的软件，为此，我们将本书用到的隐因子模型的代码公布在以下网址：https://github.com/beechung/Latent-Factor-Models。我们也相信本书能够成为连接理论研究与实际应用的桥梁。一方面，本书可以帮助对推荐有疑惑的学者理解推荐系统中的统计知识；另一方面，如果建模人员在实际应用中遇到复杂的统计问题，本书也能提供深入的解答。

章节组织结构

本书共分为三个部分。

在第一部分中，我们将介绍推荐系统问题、存在的挑战、应对挑战的主要思路以及所需的背景知识。在第 2 章中，我们将概述几种开发推荐系统的经典方法。这些方法将用户和物品表示为特征向量，然后通过一些相似度计算函数、标准监督学习或协同过滤来预测用户 - 物品的评分。这些经典方法通常会忽略推荐问题中探索与利用之间的权衡。因此，我们将在第 3 章论述在推荐系统中权衡探索与利用的重要性，并介绍用它解决后面章节中问题的主要思路。在深入研究技术性方案之前，我们将在第 4 章回顾一些用于评估不同推荐算法性能的方法。

在第二部分中，我们将提供针对常见问题设置的详细解决方案。在第 5 章中，我们将介绍不同的问题设置，并展示一个系统架构案例。接下来的三章分别对应三个常见的问题设置。第 6 章将为热门推荐问题提供几种解决方案，尤其注重探索和利用之间的权衡。第 7 章将基于特征回归解决个性化推荐问题，重点在于如何利用最新的用户 - 物品交互数据不断更新模型，使其快速收敛至最优。第 8 章将第 7 章中基于特征的回归模型扩展成因子模型（矩阵分解），同时还将为因子模型中的冷启动问题提供一个合适的解决方案。

在第三部分中，我们将讨论三个进阶主题。在第 9 章中，我们将介绍一个结合隐含狄利克雷分布（LDA）主题模型的矩阵分解模型，该模型可以同时确定物品蕴涵的主题和用户对不同主题的偏好度。在第 10 章中，我们将研究上下文相关推荐问题，即物品不仅需要与用户具有高度的关联性，还必须与上下文相关（例如，推荐与用户正在阅读的新闻相关的物品）。在第 11 章中，我们将讨论一个基于约束优化方法的多目标优化框架，试图在其他目标的有界损失范围内（例如，点击损失不超过 5%）最大化某一特定目标（例如，收入）。

缺点

与其他书籍一样，本书也难免存在不足。首先，我们没有深入涉及现代计算框架，比如可以用来拟合一定规模模型的 Spark 框架。其次，如果用户构成了一个社交网络，那么传统的实验设计方法无法用于模型的在线评估，这就需要我们开发适用于社交图谱推理的新技术。以上这些进阶主题都不在本书的范围内。全书从始至终都将基于回归的响应预测方法作为主要工具来解决推荐问题，主要是因为这些模型的输出很容易被后续方法所使用。所以，我们也没有详细讨论直接优化排序损失函数的方法。当然，这两种方法的对比也是一个值得探讨的话题。

致谢

特别感谢 Raghu Ramakrishnan、Liang Zhang、Xuanhui Wang、Pradheep Elango、Bo Long、Bo Pang、Rajiv Khanna、Nitin Motgi、Seung-Taek Park、Scott Roy、Joe Zachariah，我们多次与他们合作，进行了深入的探讨。我们还要感谢雅虎和领英的同事们的鼓励和支持，没有他们，我们的许多想法将难以付诸实现。

第二部分　常见问题设置

第三部分 进阶主题

第一部分

基础知识

第 1 章

Statistical Methods for Recommender Systems

简　　介

推荐系统是一类在不同的上下文中为用户推荐“最佳”物品的计算机程序。“最佳”匹配通常可以通过优化一些特定目标而得到，如总点击数、总收入、总销售额等。推荐系统在网络上无处不在，已经成为我们日常生活的组成部分。例如：电商网站为了最大化销售额，会向用户推荐商品；新闻网站为了最大化总点击数，会向访问的用户推荐新闻内容；视频网站为了最大化用户参与度，同时提高订阅量，会向用户推荐电影；求职网站为了最大化工作申请数，会向用户推荐工作。以上这些算法的输入通常包含与用户、物品、上下文有关的信息以及用户与物品发生交互时获取的反馈信息。

图 1-1 展示了一个典型的网络推荐系统示例。首先，用户通过浏览器访问某网站页面，然后浏览器向网站服务器提交 HTTP 请求。为了在页面上进行推荐（如新闻门户页面上的热门新闻报道），网站服务器会调用推荐服务，推荐服务会检索出一组物品，并将其展示在网页上。这样一项推荐服务往往需要完成大量不同类型的运算才能挑选出最佳物品。这些运算通常混合了离线运算和实时运算，并且为了确保页面加载足够迅速（通常为几百毫秒），它们必须严格符合效率要求。一旦网页加载成功，用户就能与物品进行交互，如点击、喜欢或分享。从交互行为中获得的数据反过来又用于更新底层推荐算法的参数，以便为未来访问网站的用户提供更精准的推荐服务。参数更新的频率与应用有关，以新闻推荐为例，新闻报道对时间敏感，且生存期短暂，必须经常更新参数（例如每隔几分钟）；而对于生存期较长的应用（如电影推荐），参数更新不频繁（如一天更新一次）也不会对系统的整体推荐效果造成太大影响。

1~3

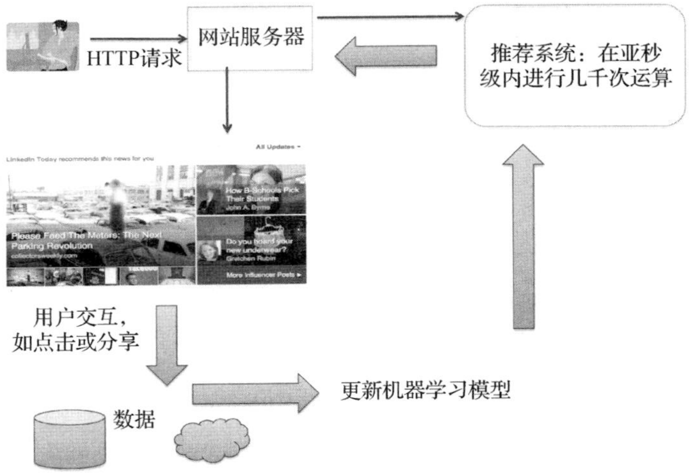

图 1-1　典型的推荐系统

在成功的推荐系统的底层，一定有一个挑选最佳物品的好算法。本书全面介绍了这类算法涉及的统计和机器学习方法。简单起见，我们在本书中粗略地将这些算法称为推荐系统，但请注意，它们仅仅是在客户端与服务端交互过程中为用户推荐物品的一个可伸缩组件。不过，我们并不能否认它们的重要性。

1.1 面向网络应用的推荐系统概述

在开发推荐系统之前，我们先考虑以下几个问题：

- *可用的输入信息有哪些？*在构建用于预测用户在给定的上下文中可能与哪些物品发生交互的机器学习模型时，我们可以利用很多信息，包括：每件物品的内容和来源；用户的兴趣画像（既反映了用户的历史访问数据中隐含的长期兴趣，也反映了用户在当前会话中表现出的短期兴趣）；用户已声明的信息，如人口统计信息；还有“流行度”指标，例如观测到的*点击通过率*（即 CTR，表示物品被点击的次数与物品展示给用户的次数之比）；以及社交分享度，如物品被转推、分享或喜欢的次数。 4
- *可优化的目标有哪些？*供网站选择的优化目标有很多，可分为短期目标和长期目标。短期目标如点击数、收入或用户的正向显式评分；长期目标如在网站上花费的时间的延长、用户回头率和留存率的提高、社交行为的增加、订阅量的增长等。

各种不同的推荐算法便是基于以上问题的答案开发出来的。

1.1.1 算法

通常，推荐系统中的算法需要完成以下四项任务：

- *内容过滤和理解。*我们需要一个高效的算法来过滤掉*物品池*（候选物品集）中的低质量内容。因为推荐低质量内容不仅会降低用户体验度，还会破坏网站的品牌形象。不同的应用对低质量内容的定义不同：在新闻网站中，知名出版商认为色情内容是低质量内容；电商网站不会代售信誉分过低的店家的商品。大多数情况下，确定并标记低质量内容是一项复杂的任务，需要运用一系列不同的方法才能解决，比如（编辑）打标签、众包或者分类等机器学习方法。除了过滤低质量内容之外，分析和理解质量达标的物品内容也很重要。构建能够精准捕捉内容的物品画像（如特征向量）是一种高效的方法。特征的构建可以借助词袋模型、短语提取、实体提取和主题提取等方法。
- *用户画像建模。*除了物品画像，我们还需要构建用户画像，它能反映用户可能会购买哪些物品。用户画像可以根据人口统计信息、用户注册时提交的身份信息、

5 社交网络信息或用户的行为信息来构建。

- 评分。有了用户画像和物品画像，接下来要设计评分函数。评分函数用来估计在给定的上下文（可能是用户正在浏览的网页、正在使用的设备或当前所处的地点）中，将一个物品展示给用户后产生的未来“价值”（如 CTR、与用户当前目标的语义相关性，或期望的收入）。
- 排序。最后，为了最大化目标函数的期望值，我们需要一种排序机制来筛选出一个有序的推荐物品列表。最简单的无非是根据单一的分数对物品进行排序，如每件物品的 CTR。但在实际情况中，排序比想象的更复杂，因为要综合考虑各种不同的因素，如语义相关性、量化不同效用方法的分数，或者为确保良好的用户体验的多样性要求以及为维护品牌形象而设定的商业规则。

图 1-2 将前面介绍的不同算法组件关联了起来。从最上面开始，将用户信息、物品信息和用户 – 物品的历史交互数据输入机器学习统计模型中，然后，模型输出用于衡量用户与物品关联度的评分。最后，排序模块结合评分和单个或多个优化目标，生成优先级从高到低排列的物品列表。

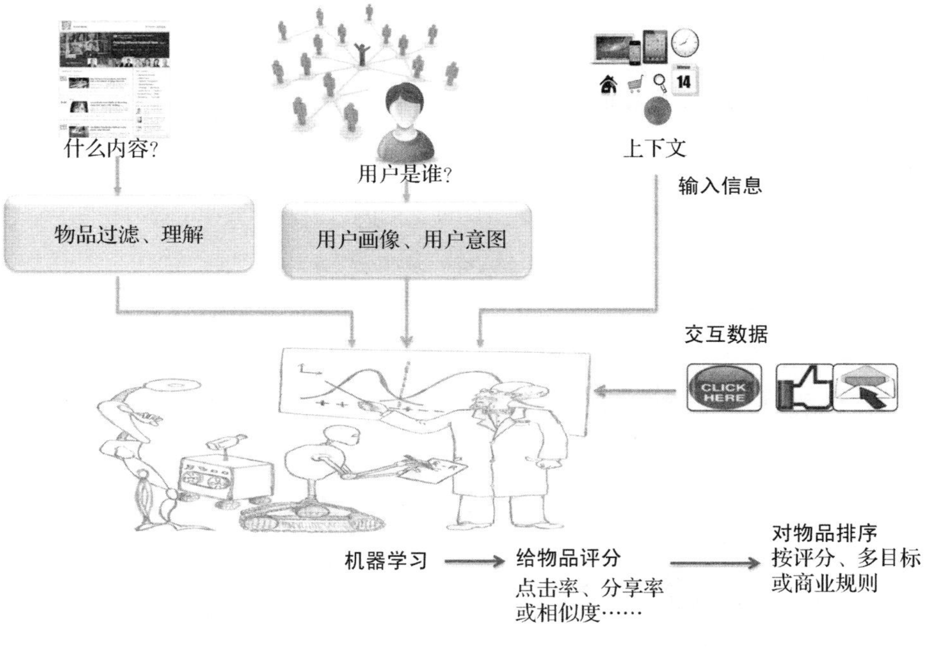

6 图 1-2 推荐系统概览

内容过滤和理解技术在很大程度上由推荐物品的类型决定，例如处理文本的技术与处理图片的技术是截然不同的。我们不打算全面地介绍内容过滤和理解技术，但我们会在第 2 章做简要回顾。我们也不打算介绍各种各样生成用户画像的技术，但会介绍一些可以从用户 – 物品的历史交互数据中自动“学习”用户画像和物品画像的技术。通过这些技术学到的画像也可以与其他技术生成的画像完美结合。

1.1.2　优化指标

为了制定适用于网站推荐问题的解决方案，我们需要考虑众多重要事项，首要的是确定优化指标。大部分应用程序只有一个优化指标，例如，最大化给定时间段内的总点击数、总收入或总销售额。但有些应用程序会要求同时优化多个指标，例如，在满足一些后续参与度约束的条件下，最大化内容链接的总点击数。参与度约束可能是确保跳离点击数（点击了但未实际阅读的点击数）小于某个阈值。当然，我们可能也想平衡其他因素，例如多样性（随着时间的推移，确保用户能看到不同的主题）和惊喜度（确保不会过度推荐物品给用户，从而限制了新兴趣的发现），这些因素都有利于优化长期用户体验。

优化指标确定后，接下来需要定义优化问题的输入，即分数。如果目标是最大化总点击数，则 CTR 可以很好地衡量一个物品对用户的价值；如果目标有多个，可能需要用到多个分数，如 CTR 和期望时间花销。不得不说，这是一项非常重要的任务，因为要求我们能开发出一种准确估计分数的统计方法。一旦分数估计完成，我们便能根据考虑的优化问题将其运用于排序模块。

1.1.3　探索与利用之间的权衡

可靠地估计分数是推荐系统中一项基本的统计学挑战。分数具体化到应用，可能是期望的正向响应率，例如点击率、显式评分、分享率（分享物品的概率）或喜欢率（用 7
户点击“喜欢”物品这一按钮的概率）。期望响应率可以根据每个可能响应的效用（或价值）进行加权，这是一种基于预期效用对物品进行排序的常用方法。因此，响应率（适当加权）是我们在本书中考虑的主要评分函数。

为了准确估计每件候选物品的响应率，我们将每件候选物品展示给一部分用户，并及时收集物品的响应数据，以此方式对候选物品进行探索。之后，利用响应率估值高的物品来优化目标。然而，看似完美的探索过程也存在机会成本。如果仅根据当前收集的数据估算物品的响应率，那么，实际响应效果更好的物品可能没有机会展示给用户。因此，对候选物品的探索和利用便构成了探索与利用的权衡问题。

探索与利用是本书的主题之一，我们会在第 3 章中介绍，并在第 6 章中讨论具体的技术细节。第 7 章和第 8 章中的方法也是为解决这个问题而提出的。

1.1.4　推荐系统的评估

要了解推荐系统是否能完成目标，需要在开发周期的不同阶段评估其性能。从评估的角度来看，我们将推荐算法的开发分为两个阶段：

- 预部署阶段：处于在线部署算法为网站的部分用户提供推荐服务之前。在此阶段，我们用历史数据评估算法的性能。这种评估存在一定的局限性，因为它是离线的，而我们也没有用户对算法推荐的物品的响应数据。
- 后部署阶段：从在线部署算法服务用户时开始。它主要包括在线分桶测试（也称为 A/B 测试），用于测量合适的指标。虽然在线分桶测试很接近实际情况，但进行此类测试也有一定的代价。常见的解决方法是，在预部署阶段根据离线评估结果，把性能较差的算法过滤掉。

推荐系统的各种组件要用不同的评估方法进行评估：

- 分数的评估。分数通常由预测用户会对物品做何种响应的统计方法给出，我们一
8 般用预测准确度来衡量这类统计方法的性能。举个例子，某统计方法预测出用户给物品的分数，那么该统计方法的误差可以是所有用户的预测分数与实际分数的绝对误差的均值，误差的倒数便是准确度。其他测量准确度的方法将在 4.1.2 节介绍。
- 排序的评估。排序的目的是优化推荐系统的目标。在后部署阶段，为了评估推荐算法，我们利用在线测试收集的数据直接计算兴趣指标（如 CTR，或用户在推荐物品上的时间花销）。在 4.2 节中，我们将讨论如何设置实验，以及如何合理地分析实验结果。但在预部署阶段，因为没有算法为用户服务的数据，很难用离线估计的算法性能来模拟其在线行为。在 4.3 节和 4.4 节中，我们将介绍几种解决这一问题的方法。

1.1.5　推荐和搜索：推送与拉取

在界定本书的内容范围时，我们注意到用户意图是区分不同网站应用程序的重要因素。如果用户意图是明确且强烈的（例如，在搜索引擎中查询关键词），那么寻找或推荐与用户意图匹配的物品的问题通过拉取模型就能解决——检索与明确的用户需求信息相关的物品。但是，在许多推荐场景中，无法获取这种明确的意图信息，最多可以从某种程度上推断出来。因此，系统常采用推送模型，直接将信息推送给用户，目的是提供可能吸引用户的物品。

真实场景中的推荐问题总会归结为一系列的推送与拉取过程。例如，新闻网站难以获取明确的用户意图，因此主要通过推送模型推荐文章。一旦用户开始阅读文章，表现出明确的意图，系统就可以推荐与用户正在阅读的文章主题相关的新闻报道。这种相关新闻推荐系统通常由推送和拉取模型混合而成，先检索与用户当前正在阅读的文章主题相关的文章，然后将它们排序，达到最大化用户参与度的目的。

我们关注的不是搜索网站这类主要靠拉取模型且严重依赖于估计查询语句和物品之间语义相似度的计算方法的应用程序。我们的重点更多地放在用户意图较弱的应用程

序上。因此对每个用户来说，基于该用户与物品的历史交互数据给物品评分变得尤为重要。

1.2 一个简单的评分模型：热门推荐

为了说明评分的基本思路，我们考虑推荐热门物品的问题，在网页的单个槽位上为所有用户推荐热门物品（CTR 最高的物品）以最大化总点击数。热门推荐问题虽然简单，但它涵盖了物品推荐的基本要素，也为后续章节介绍的更复杂的技术提供了强有力的基准线。我们假设物品池中的物品数相对于访问数和点击数而言较小。对于物品池的组成，我们不做任何假设，物品池中可能会有新物品加入，随着时间的推移，旧物品也可能会消失。

我们的示例应用是在雅虎首页的今日模块上推荐新闻报道（图 1-3 为模块截图），为了便于说明，这个应用会贯穿整本书。该模块是一个多槽位面板，每个槽位展示一个从物品池中挑选的物品（即新闻报道），物品池中的物品都是在编辑的监督下创建的。为了简便和易于说明，我们只最大化最显眼的槽位中物品的点击数，因为该槽位获得了绝大部分点击数。

图 1-3 雅虎首页的今日模块

令 p_{it} 为物品 i 在 t 时刻的瞬时 CTR。如果每个候选物品的 p_{it} 已知，那么问题就简单了，只要在 t 时刻将瞬时 CTR 最高的物品展示给所有用户即可。换言之，在 t 时刻，我们选择物品 $i_t^* = \arg\max_i p_{it}$ 供用户访问。然而，瞬时 CTR 是未知的，需要 9~10
从数据中估算。令 $\hat{p}_{it}$ 为从数据中估算的 CTR，那么将瞬时 CTR 最高的物品推荐给用户是不是就够了呢？从数学的角度来说，$\hat{i}_t^* = \arg\max_i \hat{p}_{it}$ 是一个好的 i_t^* 的估计吗？显然不一定，因为估计值的统计方差因物品而异。举个例子，假设有两个物品，且 $\hat{p}_{1t} \sim \mathcal{D}(\text{mean} = 0.01, \text{var} = .005)$，$\hat{p}_{2t} \sim \mathcal{D}(\text{mean} = 0.015, \text{var} = .001)$，$\mathcal{D}$ 为近似正态的概率分布。那么，$P(\hat{p}_{1t} > \hat{p}_{2t}) = .47$，也就是说第一个物品有 47% 的概率被选中，即使它比第二个物品差。出现这种情况的原因是，在样本数较少的情况下，第一个物品 CTR 估计值的方差比第二个物品大很多。因此，在实际应用中，简单粗暴地选择 CTR 估计值最高的物品很有可能会产生假正样本（选中的不是真正的最佳物品）。那么，有可以减少平均假正样本数的其他方案吗？答案是肯定的，那便是我们在前面提到过的探索与利用方案。贪婪法总是选择 CTR 估计值最高的物品，与之相比，探索与利用方案的性能更优，尤其是在物品第一次加入物品池，其 CTR 估计值的统计方差最显著时。

最简单的探索与利用方案是把随机抽取的一小部分用户访问分配给一个随机服务方案，该方案等概率（1/ 物品总数）地将物品池中的物品服务于这部分用户。我们把这部分用户称为访问的随机桶。从随机桶中收集的数据用于估计物品的瞬时 CTR，将 CTR 估计值最高的物品推荐给随机桶外的用户，我们把这部分用户称为服务桶。该方案利用随机化设计来估计 CTR，好处在于可以平滑样本大小以及物品间方差的悬殊性。除此之外，从长远来看，随机桶还避免了物品的"饥饿"问题，保证物品池中的每个物品总能分配到大小合适的用户样本。这样一来，利用随机桶中的数据，瞬时 CTR 便可以通过时间序列方法（例如，移动平均法和动态状态空间模型）估算得到。

图 1-4 展示的是今日模块中的物品在两天内的 CTR 变化曲线（曲线经过平滑处理），每条曲线代表了一个物品随时间变化的 CTR，这是根据随机桶收集的数据估算的。从图中可以看出，每个物品的 CTR 会随时间而变化，并且物品的生存期通常很短，最短几小时，最长也不过一天。因此，只有通过增加最近数据的权重来不断更新物品的 CTR 估计值，才能适应 CTR 的变化趋势。简单的状态空间模型能够对给定的物品进行这种
11 平滑处理，相当于分别对点击数和浏览数[⊖]进行指数加权移动平均（EWMA），物品的瞬时 CTR 则由比率估算模块计算得到。在这个应用中，我们每隔 10 分钟更新一次估计值。选择 10 分钟作为间隔大小的原因是，网站服务器从分布式计算集群中获取后续需离线处理的数据需要花费时间。通常来说，短的时间间隔能够保证物品瞬时 CTR 的更新速度更快，但需耗费更多的基础设施成本。同时，每个时间段内可用的样本也相应更少，我们不能保证额外增加的基础设施投资一定会带来等量的收益。根据我们的经验，如果选择的时间间隔短于平均可接收 5 次点击数的时间间隔，收益不会有明显增加。

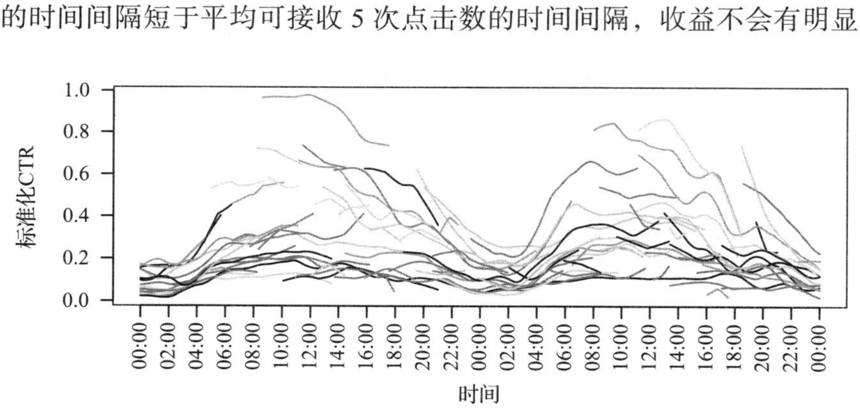

图 1-4　雅虎首页今日模块中的物品在两天内的 CTR 变化曲线。为了隐藏真实的 CTR，y 轴数值进行了线性变换

⊖ 我们把推荐系统展示一件物品给一个用户称作用户对物品的一次浏览，有时也叫作一次曝光。

在第 t 个时间间隔末，定义 EWMA 估算的物品 i 的点击数 α_{it} 和浏览数 γ_{it} 分别为

$$\alpha_{it} = c_{it} + \delta\alpha_{i,t-1} \qquad (1.1)$$
$$\gamma_{it} = n_{it} + \delta\gamma_{i,t-1}$$

其中，c_{it} 和 n_{it} 分别是第 t 个时间间隔内物品 i 的点击数和浏览数。$\delta\in[0,1]$ 是 EWMA 的平滑参数，利用交叉验证法，通过最小化预测准确度就可以在给定区间（通常是 [.9, 1]）内搜索到平滑参数的最优值。注意，$\delta=1$ 等价于估算器使用的是不随时间衰减的累计 CTR（相当于观测到的点击数和浏览数的权重不随时间的变化而减小），而 $\delta=0$ 意味着估算器只使用了当前时间间隔的数据。我们可以将 α 和 γ 解释成物品的伪点击数和伪浏览数。我们初始化 $\alpha_{i0}=p_{i0}\gamma_{i0}$，它反映了 CTR 初始估计值的置信度，其中，$p_{i0}$ 是物品 i 12
的 CTR 初始估计值，γ_{i0} 是伪浏览数。由于缺失其他信息，通常我们将 p_{i0} 设置成系统全局平均值，将 γ_{i0} 设置成一个较小的数，比如 1（或者取使 $p_{i0}\gamma_{i0}$ 等于 1 的 γ_{i0} 的值）。

另外要注意避免向用户展示相同的物品，这种情况更有可能发生在服务桶中访问较频繁的用户身上。图 1-5 展示了将同一个物品多次展示给没有点击过的用户的相对 CTR 衰减曲线。从图中可以看出，当物品多次展示给同一用户时，物品的 CTR 会显著下降。因此，必须改进服务桶中展示物品的热门推荐算法，使其能够根据用户对物品的历史浏览次数来减小该物品的 CTR 值。换句话说，对于用户 u，物品 i 在 t 时刻的 CTR 为 $\hat{p}_{it}f(v_{iu})$，其中 $\hat{p}_{it}$ 是利用随机桶中数据估计的物品 i 的瞬时 CTR，$f(v_{iu})$ 是根据用户 u 对物品 i 的浏览次数 v_{iu} 计算得到的衰减因子。对于 v 的每一个取值，我们可以根据经验估计 $f(v)$，也可以拟合一个参数函数，比如指数衰减函数。

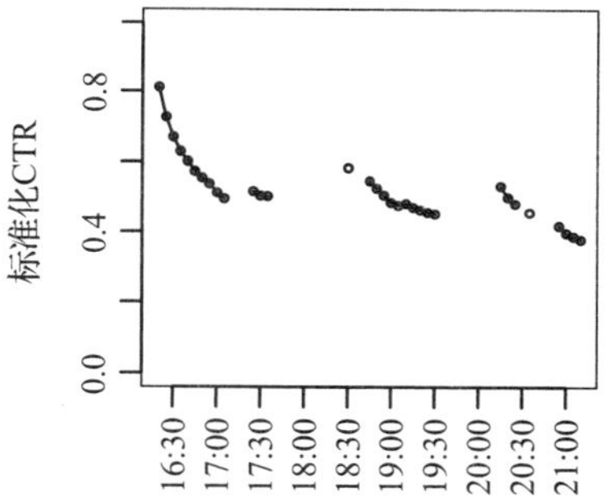

图 1-5　重复曝光物品的 CTR 衰减曲线

我们将简单的最大化 CTR 的热门算法总结如下：

1. 创建一个小型随机桶，为用户的每次访问随机展示一个物品。

2. 利用随机桶中的数据和经典的时间序列模型，估计每个物品的瞬时 CTR。通过收集一段时间内各时间间隔（时间敏感的应用程序的时间间隔可以设置为 10 分钟）的数据来更新 CTR。

3. 根据物品的历史展示次数，为每个用户计算该物品的衰减因子，降低物品的重复曝光率。

4. 为服务桶中的每个用户推荐衰减后 CTR 最高的物品。

这种使用随机桶探索每个候选物品并为服务桶推荐 CTR 估计值最高的物品的方案， 13
在文献中也被称为ϵ贪婪探索与利用方案，ϵ（随机桶的大小）是可调节的参数，可以根

据经验取值。在实际中，我们发现当点击数大于物品数时，ϵ取 1% 到 5% 的效果很好，但这也取决于应用程序。

当物品数变多或每个物品可用的用户样本数减少时，就要使用比ϵ贪婪探索与利用方案更高级的探索与利用策略。虽然热门推荐在一些实际应用中的确是首选的入门推荐算法，但物品的热门与否可能因用户而异。为频繁访问站点的用户做个性化推荐也是一个亟待解决的问题。解决这些问题面临的主要挑战是数据的稀疏性。本书的重点就是这些问题的解决方案。

1.3 练习

1. 想一个你最喜欢的推荐系统，如果使用本章中描述的框架从头开始构建此系统，你将如何通过数学公式形式化地表示这个问题？
2. 写出练习 1 中解决方案的概率状态空间模型，使用概率模型推导出估计值的方差。再推导出物品是大小为 K 的物品池中的最佳物品的概率表达式。根据推导出的概率表达式，你可以提出更好的探索与利用方案吗？

14

经典推荐方法

推荐系统致力于为用户的每次访问推荐一组物品，以优化给定上下文中的一个或多个目标。在本章中，我们将回顾一些经典的推荐方法。

通常我们会根据以下几点进行推荐：

- 对物品的了解（2.1 节）。
- 对用户的了解（2.2 节）。
- 对用户与物品的历史交互情况的了解（例如，点击或不点击）。

我们将用户 i 的相关信息表示成一个用户特征向量，将物品 j 的相关信息表示成一个物品特征向量（之后会给出这种特征向量示例）。在本章中，我们将重温一些为每个（用户 i，物品 j）计算评分 $\hat{y}_{ij}$ 的经典方法，主要有以下几种：

- 用户 i 的特征向量与物品 j 的特征向量之间的相似度（2.3 节）。
- 用户 i 对与物品 j 相似的物品的历史响应，或者，与用户 i 相似的用户对物品 j 的历史响应（2.4 节）。
- 以上方法的结合（2.5 节）。

有些方法利用预定义的相似度计算公式，还有一些方法直接从数据中学习相似度。

经典的推荐方法是后续章节介绍的更复杂方法的强有力的基准线。在本书中，我们仅对经典方法进行概述，如果需要更深入地学习经典的方法，请参考 Adomavicius 和 Tuzhilin（2005）、Jannach（2010）以及 Ricci（2011）等。

符号定义。我们用 i 表示用户，j 表示物品，y_{ij} 为用户 i 给物品 j 的评分。这里的评分具有一般性的意义，可以是显式评分，如对电影、书籍或商品的 5 星级评分；也可以是隐式评分，如对推荐物品的一次点击。$\boldsymbol{Y}=\{y_{ij}$：用户 i 评过物品 $j\}$ 为观测到的评分集合，我们称之为评分矩阵。值得一提的是，评分矩阵中有很多元素是没有观测到的。令 $\boldsymbol{x}_i$ 为用户特征向量，$\boldsymbol{x}_j$ 为物品特征向量。虽然用户和物品的特征向量符号都是 $\boldsymbol{x}$，但是 $\boldsymbol{x}_i$ 和 $\boldsymbol{x}_j$ 可能包含不同的特征，向量的维度也可能不同。图 2-1 展示了物品特征向量 $\boldsymbol{x}_j$ 和用户特征向量 $\boldsymbol{x}_i$ 的示例。我们将在下一节探讨如何构建这种特征向量。

2.1 物品特征

有几种不同的方法可以用来构造物品特征向量 $\boldsymbol{x}_j$。能够提取的特征的种类取决于物品本身的特性，就像文档的特征与图像的特征可能天差地别。我们不会详细介绍各种物品的所有不同类型的特征，但会给出热门网络推荐问题中常用的物品特征示例。其实，只要物品信息可以表示成数字向量，那么本书介绍的统计方法就可以派上用场。

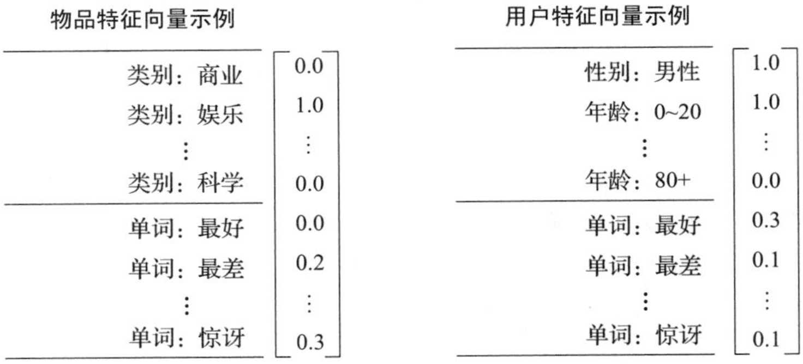

图 2-1　特征向量示例。向量左边是每一维的含义

15~16 常用的构造物品特征向量的方法有分类（2.1.1 节）、词袋模型（2.1.2 节）及主题建模（2.1.3 节）。其他物品特征将在 2.1.4 节讨论。

2.1.1　分类

在许多应用中，物品都可以归到预定义的类别中。例如，雅虎网站上的新闻报道通常会被划分到“美国”“世界”“商业”“娱乐”“运动”“科技”“政治”“科学”“健康”等一级目录中。在一级目录下可能还有子目录。例如，在“美国”目录下，有“教育”“宗教”“犯罪和审判”等。类似地，电商网站上的商品通常会被划分到商品类别。例如，亚马逊网站上有“书籍”“影音和游戏”“电子设备”“家居、园艺和工具”等一级目录。在“书籍”目录下，有“艺术和摄影”“传记和回忆录”“商业与投资”。在“艺术和摄影”二级目录下，又有“建筑艺术与设计”“艺术事业”“收藏与展览”“装饰艺术和设计”等；在“建筑艺术与设计”三级目录下，有“建筑”“装饰”“历史”“独立建筑师和公司”。一件物品可以归属于多种类别，但在每种类别中的隶属度可能不同。

给物品分类的方法有很多，最简单的毫无疑问是人工标签。许多新闻网站上的文章都是由编辑进行分类；售货员也会对商品进行分类，使商品更容易被潜在买家发现。在物品数少的情况下，人工标签的方式行得通，但对于物品更新速度快且数目庞大的推荐问题，人工标签的成本就太高了。当人工标签不再适用于所有物品时，统计方法可以将物品自动归到合适的目录级别中。统计方法会利用标准的有监督学习方法，从一组已标记的样例中学习每个目录的模型。要了解一般的有监督学习方法，可以参考 Hastie（2009）和 Mitchell（1997）。关于自动文本分类方法的综述，请参考 Sebastiani（2002）。

物品分类的最初目的是帮助用户更有效地在网站上查找感兴趣的物品，但其实这种做法还提供了有价值的物品语义信息。在物品与类别的关系中构造特征向量的常用方法是定义一个向量空间，使每个维度都对应于一个类别。如果物品 j 属于第 ℓ 类，那么物品 j 的特征向量 $\boldsymbol{x}_j$ 的第 ℓ 维为 1，反之为 0。图 2-1 中的物品特征向量的上半部分表示

类别特征，可以看出，示例物品属于“娱乐”类别。如果类别的隶属度信息已知（通常 17
在用统计方法对物品进行分类时可以获得），那么物品特征向量中的二值变量（0 或 1）可以替换成隶属度。另外，也常将特征向量归一化，使得 $\|\boldsymbol{x}_j\|_1=1$ 或 $\|\boldsymbol{x}_j\|_2=1$ 。但归一化的益处依具体应用而定，需要通过实验评估。

2.1.2　词袋模型

对于有关联文本的物品，常用词袋向量空间模型（Salton 等，1975）构造物品特征。在某些应用中，即使物品的主要内容不是文本，也会有一些与物品相关联的文本，比如商品的文字描述，多媒体物品的标题，有时还有文本描述和标签。

在词袋向量空间模型中，将出现在参考*物品语料库*中的每个单词都视为一个维度，这样就构建出一个高维向量空间。其中，物品语料库是一个包含所有可能出现在系统中的物品的大集合。在这个词袋向量空间中，每个物品 j 都被表示成一个点 $\boldsymbol{x}_j$ ，其中 $\boldsymbol{x}_{j,\ell}$ 是向量 $\boldsymbol{x}_j$ 第 ℓ 维的值。以下是三种常用的将物品映射到这个向量空间中的方法：

1. *未加权方式*：如果物品 j 包含第 ℓ 个单词，则 $\boldsymbol{x}_{j,\ell}=1$ ，否则 $\boldsymbol{x}_{j,\ell}=0$ 。

2. *词频*（TF）*方式*：令 TF（j, ℓ）为第 ℓ 个单词出现在物品 j 中的次数，那么 $\boldsymbol{x}_{j,\ell}=\mathrm{TF}(j,\ell)$ 。

3. *词频－逆向文档频率*（TF-IDF）*方式*：令 DF(ℓ) 为参考物品语料库中包含第 ℓ 个单词的物品比例，那么 IDF(ℓ)=log(1/DF(ℓ)) 是用第 ℓ 个单词形容一件物品时的独特性程度。因此，$\boldsymbol{x}_{j,\ell}$ 定义为 TF(j, ℓ)·IDF(ℓ)。

最后，将每个向量 $\boldsymbol{x}_j$ 归一化，使得 $\|\boldsymbol{x}_j\|_2=1$ 。在信息检索中，两个归一化的物品向量之间的内积（等于两个向量夹角的余弦值）也是衡量两个物品之间相似度的一种方式。图 2-1 中的物品特征向量的下半部分就是词袋特征。

稀疏格式。注意，$\boldsymbol{x}_j$ 在大部分维度上的值都为 0，是一个稀疏向量。为了节省内存，我们可以不存储这些 0。一种存储稀疏向量的方式是维护一个存有（索引，值）对 18
的列表，如果向量中第 i 维的值为 v（非零），那么就将（i, v）放入列表。图 2-2 展示了一个向量的稠密格式和稀疏格式。阅读本书时，我们可以将 $\boldsymbol{x}_j$ 看成一个包含很多零的高维向量，但实际在内存中占用的空间比向量的维度小得多。

稠密格式

维度	向量
1	0.0
2	0.8
3	0.0
4	0.0
5	0.6
6	0.0

稀疏格式

索引	值
2	0.8
5	0.6

图 2-2　向量的稠密格式与稀疏格式

短语和实体。虽然我们将捕捉文本信息的特征称为“词袋”，但是在用关联文本描述物品时，没必要局限于单个单词。我们可以引入两个连续单词（二元词组）甚至三个连续单词（三元词组）构成的短语作为附加维度来扩展向量空间。另外，关注那些与命名实体（例如人、机构或地点）相关的特征也有利于构造特征向量。如果要了解识别命名实体的方法，可以参考 Nadeau 和 Sekine（2007）的综述。

降维。即使不考虑短语，物品语料库中的单词总数也很大，并且有些单词只在一小部分物品中出现。大多数物品只包含语料库中的极少数单词。因为最终目的是用物品特征向量估计评分，维度的增加以及数据的稀疏性产生的噪声可能比利用信息预测评分产生的更多。为了丰富物品相关信息，同时降低噪声，我们可以对特征向量进行降维。我们会介绍一些常用的降低稀疏度和降维的方法，其中大多数都是无监督方法，它们能提
19 供有价值的表征，这些表征将输入到各种有监督的评分估计任务中。直接获得适用于不同应用的有监督学习问题的表征的方法将在第 7 章和 8.1 节中介绍。

1. 同义词扩展：一种简单有效的扩展物品单词的方式是增加同义词。例如，如果一个物品包含单词“努力”，那么我们可以向该物品的词袋中增加“专心”和“勤奋”等同义词。这样一来，物品特征向量中与“专心”和“勤奋”对应的两个维度的值就不为零。同义词可以在主题词或词汇数据库中搜索，例如普林斯顿大学的 WordNet（2010）。

2. 特征选择：不是所有的单词都是有用的。特征选择方法（Guyon 和 Elisseeff, 2003）可以挑选出前 K 个信息量最大的单词。最简单的选择方法是剔除频繁出现或出现次数太少的单词，例如只考虑至少在 N 件物品中出现的单词。这些简单的方法一般都可以降维、降噪。

3. 奇异值分解（SVD）：奇异值分解也是一种降低稀疏度和维度的方法（详细内容可以参考 Golub 和 Van Loan，2013）。令 $\boldsymbol{X}$ 为 $m\times n$ 的矩阵，$\boldsymbol{X}$ 的第 j 行是物品 j 的特征向量 $\boldsymbol{x}_j$，其中 m 是物品数，n 是特征向量的维度。对 $\boldsymbol{X}$ 进行 SVD 分解：

$$\boldsymbol{X}=\boldsymbol{U}\boldsymbol{\Sigma}\boldsymbol{V}' \tag{2.1}$$

其中，$\boldsymbol{U}$ 是一个 $m\times m$ 的正交矩阵，$\boldsymbol{V}$ 是一个 $n\times n$ 的正交矩阵，$\boldsymbol{\Sigma}$ 是一个对角方阵，对角线上是递减的非负奇异值（最多有 $\min(m, n)$ 个非零对角元素）。为了降维，我们选择保留 $\boldsymbol{\Sigma}$ 中前 d（$d\ll\min(m, n)$）个投影，对应于最大的 d 个奇异值。令 $\boldsymbol{\Sigma}_d$ 为最终保留了最大的 d 个奇异值的 $d\times d$ 的对角矩阵。接着再取 $\boldsymbol{U}$ 和 $\boldsymbol{V}$ 中的前 d 列，分别得到 $m\times d$ 的矩阵 $\boldsymbol{U}_d$，$n\times d$ 的矩阵 $\boldsymbol{V}_d$。根据 Eckart-Young 定理，在最小化 Frobenius 范数（两个矩阵对应元素差的平方和）的条件下，$\boldsymbol{U}_d\boldsymbol{\Sigma}_d\boldsymbol{V}_d'$ 是矩阵 $\boldsymbol{X}$ 的秩为 d 的最佳低秩逼近矩阵。因为 $\boldsymbol{V}'$ 是一个正交变换（仅旋转了向量空间），所以我们可以将原始的 $m\times n$ 的特征矩
20 阵 $\boldsymbol{X}$ 替换成 $m\times d$ 的特征矩阵 $\boldsymbol{U}_d\boldsymbol{\Sigma}_d=\boldsymbol{X}\boldsymbol{V}_d$。也就是说，我们将物品 j 原始的 n 维特征向量 $\boldsymbol{x}_j$ 替换成新的 d 维的特征向量 $\boldsymbol{V}_d'\boldsymbol{x}_j$，其中 $\boldsymbol{V}_d'$ 将 $\boldsymbol{x}_j$ 从 n 维向量空间投影到了 d 维向量

空间。

4. 随机投影：我们发现 SVD 方法基于的是一个从高维空间到低维空间的线性投影。另一种简单有效的表征方法是随机线性投影（如 Bingham 和 Mannila，2001）。令 $\boldsymbol{R}_d$ 为 $n \times d$ 的矩阵，矩阵元素采样自标准正态分布。那么，$\boldsymbol{R}_d' \boldsymbol{x}_j$ 为物品 j 新的 d 维特征向量。因为根据 Johnson-Lindenstrauss 引理，如果 d 足够大，原始向量空间中两点间的欧式距离在新的 d 维向量空间中会近似地保留。

通常需要进行实验评估才能决定哪种表征最适合某个特定的应用。构造多个这样的表征作为计算评分的有监督学习任务的输入也很有效。新提出的基于深度学习的方法（如 Bengio 等，2003）可以学到更多的非线性表征，也能在特定应用中发挥作用。最新的有监督学习程序会使用正则化技术（如 L_2 范数或 L_1 范数）来避免过拟合，可以有效地从中等规模的输入特征池中选择信息量最大的特征。我们将在 2.3.2 节的最后介绍正则化。

2.1.3　主题建模

除了人工标签、分类以及物品的低级词袋表征，最近，对文本类物品的无监督聚类的研究取得了很大进展。虽然目前已有一些文本类物品的无监督聚类方法，但是 Blei 等人（2003）提出的隐含狄利克雷分布（LDA）模型也不失为一种选择。该模型会为每个（物品 j，主题 k）对分配一个隶属分，表示物品 j 与主题 k 相关的概率。这里我们可以把属于同一主题的物品看成簇。

LDA 模型描述物品中单词的每次出现是如何生成的。假设物品语料库中总共有 K 个主题，K 是一个预设的值，单词和物品通过这些主题相关联。将每个主题表示成关于语料库中所有单词的多项式概率质量函数。令 W 为语料库中不重复的单词数，那么主题 k 的概率质量函数可以表示成在单纯形上（即向量中的元素之和为 1）的非负元素的 W 维向量 $\boldsymbol{\Phi}_k$，向量中的第 w 个元素代表单词 w 出现在主题 k 下某物品中的概率，即 $\boldsymbol{\Phi}_{k,w} = \Pr(\text{word } w \mid \text{topic } k)$。再将每个物品表示为主题的多项式概率质量函数，该函数是一个 K 维的向量 $\boldsymbol{\theta}_j$，向量中的第 k 维表示物品 j 属于主题 k 的概率，即 $\boldsymbol{\theta}_{j,k} = \Pr(\text{topic } k \mid \text{item } j)$。如果给定 $\boldsymbol{\Phi}_k$ 和 $\boldsymbol{\theta}_j$，那么物品 j 中的一个单词可以这样生成：首先从 $\boldsymbol{\theta}_j$ 中采样一个主题 k，对于确定的主题 k，再从 $\boldsymbol{\Phi}_k$ 中采样一个单词。为了将模型规范化成贝叶斯形式，我们要在两个多项式概率质量向量 $\boldsymbol{\Phi}_k$ 和 $\boldsymbol{\theta}_j$ 中加入共轭狄利克雷先验分布。因此，LDA 模型生成物品中单词的完整过程如下： 21

- 对每个主题 k，从超参数为 $\boldsymbol{\eta}$ 的狄利克雷先验分布中采样一个 W 维的概率质量向量 $\boldsymbol{\Phi}_k$；
- 接着，对每个物品 j：
  - 先从超参数为 $\boldsymbol{\lambda}$ 的狄利克雷先验分布中采样一个 K 维的概率质量向量 $\boldsymbol{\theta}_j$，

- 然后，对于物品 j 中一个单词的每次出现：
  - 从概率质量向量 $\boldsymbol{\theta}_j$ 中采样一个主题 k，
  - 从刚刚采样的主题 k 的概率质量向量 $\boldsymbol{\Phi}_k$ 中采样一个单词 w。

以上过程描述了物品中每个单词的每次出现是如何根据 LDA 模型生成的。反过来，如果给定一个物品集及其关联单词作为观测到的数据，我们便可以估计模型的参数。每件物品 j 的后验分布 $\boldsymbol{\theta}_j$ 以及每个主题 k 的后验分布 $\boldsymbol{\Phi}_k$ 都可以利用变分近似（Blei 等，2003）或 Gibbs 采样（Griffiths 和 Steyvers，2004）估计。$\boldsymbol{\theta}_j$ 的后验均值就是物品 j 属于不同主题的概率的贝叶斯估计，而 $\boldsymbol{\Phi}_k$ 的后验均值则是对主题 k 的解释。许多研究人员通过观察 $\boldsymbol{\Phi}_k$ 中概率质量最高的前 n 个单词，从很多文档集中都发现了有意义的主题。我们推荐感兴趣的读者阅读 Blei 等人 (2003) 以及 Griffiths 和 Steyvers(2004) 的文章以详细了解 LDA。我们也将在第 9 章讨论如何扩展 LDA 模型，使其能同时对用户与物品、用户与物品主题的交互建模，并详细介绍基于 Gibbs 采样的参数估计方法。

2.1.4　其他物品特征

在介绍用户特征之前，我们先简要讨论一下不同推荐问题中一些其他类型的物品特征。以下列表并非详尽无遗，每个应用可能都有其独特的特征：
22

- 来源：如果用户偏爱某一种来源，那么物品的来源（如作者和出版商）就是一个重要的特征。
- 位置：在一些应用中，物品可能会被打上地理位置的标签。例如，用手机拍摄的照片很容易用位置标记，商品也可能被标记上售货店的位置。这类位置信息对地理兴趣类应用很重要。位置可以表示成两个数——经度和纬度，也可以是位置目录下的一个节点（如国家、州 / 省、县）。
- 图像特征：当物品包含图像或视频片段时，图像特征便可以为推荐提供有用信息。关于这个主题有很多文献，可以参见 Datta 等人（2008）和 Deselaers 等人（2008）的文章。
- 音频特征：类似地，对于包含音频片段的物品，音频特征也有其潜在的作用。参见 Fu（2011）等人和 Mitrović 等人（2010）的文章。

除了这些常见的物品特征，大多数物品特征都因应用而异。识别有价值的物品特征需要结合领域知识、经验和对应用的洞察。

2.2　用户特征

现在我们介绍一些为每个用户 i 构造用户特征 $\boldsymbol{x}_i$ 的方法。通常来说，用户特征可以从声明的个人信息（2.2.1 节)、用户与内容的历史交互（2.2.2 节）以及推荐系统中与用户相关的其他信息中（2.2.3 节）推导出来。

2.2.1 声明的个人信息

在很多应用中，用户会提供基本的个人信息，甚至有时候在注册服务时就声明了他们对不同主题的兴趣。以下用户声明的特征在推荐系统中很常见：

- *人口统计信息*：在注册服务时，用户通常需要提供年龄、性别、职业、教育水平、住址以及其他人口统计信息。部分用户不愿意提供完整的人口统计信息，但大部分用户会按要求做。依据这些信息，我们可能会发现，性别、年龄或住址不 23
同的用户，对物品的偏好可能也不同。因此，在推荐系统中考虑人口统计特征是很有必要的。
- *声明的兴趣*：有些推荐系统会让用户从预设的类别或主题集合中选择他们的兴趣，或者让用户主动提供一些自定义关键词。虽然很多用户不介意公开他们的兴趣，但也有不愿意公开兴趣的用户，对于这部分用户，我们只能利用那些已经公开的不可多得的兴趣来构建特征，以便提供更好的物品推荐。所以，对于那些允许用户声明兴趣的推荐系统，如何让这种兴趣诱出过程变得自然、轻松甚至有趣，便成了一个重要的设计问题。

根据用户公开信息构造特征向量的方法与构造物品的特征向量类似。类别特征如性别、职业、教育水平以及兴趣类别可以用 2.1.1 节介绍的方法进行类似的处理。基于关键词的特征可以用 2.1.2 节介绍的方法进行类似的处理。数值特征（如年龄）可以单独作为特征向量中的一维，或离散化成多个组（例如，年龄组），然后将这些组视为类别。图 2-1（右）展示了用户特征向量的一个示例。

2.2.2 基于内容的画像

对于与物品有过交互的用户来说，聚合那些交互过的物品的特征向量也是一种为该用户构造特征向量的方式（类似的方式可用于构造额外的物品特征）。令 $\mathcal{J}_i$ 为与用户 i 有过交互的物品的集合。交互的类型取决于具体的应用，可能包含点击、分享、阅读（文章推荐）、购买（商品推荐）或创作（普通用户可以产生内容类物品的系统，如发表评论）。令 $\boldsymbol{x}_j$ 为物品 j 的特征向量，则用户 i 的基于内容的特征向量为：

$$\boldsymbol{x}_i = F(\{\boldsymbol{x}_j : j \in \mathcal{J}_i\}) \tag{2.2}$$

上式中的 F 是一个聚合函数，函数的输入是一组向量，且返回一个向量。通常选用平均值函数作为聚合函数 F，或者将其简单地扩展成加权平均值函数，只需增加最近与用户有过交互的物品权重即可。

与用户 i 有过交互的物品集 $\mathcal{J}_i$ 很可能包含非候选推荐物品。举个例子，电影推荐系统的候选推荐物品是电影，但是用户点击、阅读或评论过的与电影相关的文章也可以用 24
于构建基于内容的用户特征。这些新闻文章的确是与用户有过交互的物品，但不会推荐给用户，因此属于非候选推荐物品。

2.2.3 其他用户特征

除了用户公开的个人信息以及基于内容的用户特征之外，推荐系统也可以获取到其他类型的用户特征，下面列举了一些例子：

- *当前位置*：用户可能不会一直处于注册时提供的位置，因此通常要根据用户设备的 IP 地址推断用户的当前位置，如果用户的设备装载了 GPS，那么就能准确定位。用户位置信息，例如行车中使用的 iPhone 应用上的位置信息，对于推荐商店、餐厅等这些地理位置敏感的物品至关重要。
- *基于使用的特征*：用户与网站交互的数据也能提供有价值的用户特征（我们设计推荐系统的目的就是促进用户与网站的交互），例如用户访问网站的频率（如每月的访问次数），以及用户使用不同设备、不同服务、不同应用程序或通过网站的不同组件访问网站的频率。
- *搜索历史*：如果推荐系统是针对具有搜索功能的网站设计的，则用户的搜索历史也能反映出用户的兴趣和近期的意图。例如，如果用户最近搜索了一家机构，则用户可能也对与该机构有关的新闻文章感兴趣。通常，用户的搜索历史可以用词袋向量来表示，表示方法与 2.1.2 节介绍的类似。
- *物品集合*：用户过去表现出的兴趣（例如，点击、分享、喜欢）的物品集也可用于构建有用的特征。特征向量可以用与词袋方法类似的方式来构造，其中的每个物品都可以被解释成“单词”。

2.3 基于特征的方法

给定用户特征和物品特征，一种为该用户计算物品评分的常用方法是，设计一个把
25 特征向量作为输入的评分函数 $s(\boldsymbol{x}_i, \boldsymbol{x}_j)$，计算用户 i 和物品 j 的关联度。然后根据评分对物品进行排序，生成推荐列表。评分函数可以利用无监督方法（见 2.3.1 节）或有监督方法（见 2.3.2 节）获得。

寻找好的特征是一项细致的工作，如果完成得好，推荐性能会有很大的提升。在 2.4.3 节中，我们会介绍利用用户与物品的历史交互数据自动学习用户特征和物品特征的有监督学习方法。为了与通过无监督方法学到的常规特征区分开，我们把这种“学到的”特征称为因子。

2.3.1 无监督方法

无监督方法的评分函数一般计算用户特征向量 $\boldsymbol{x}_i$ 与物品特征向量 $\boldsymbol{x}_j$ 之间的相似度。衡量两个向量间相似度的方法有很多，我们先介绍简单的方法。假设 $\boldsymbol{x}_i$ 和 $\boldsymbol{x}_j$ 是同一个向

量空间中的两个点，换句话说，用户和物品都用相同的特征集合表示，常见的比如将用户和物品表示成词袋，并且词袋中的单词都来自于同一个语料库。尤其是当物品有关联文本时，自然能将它们表示成词袋（2.1.2 节介绍过）。而用户的词袋特征表示可以从基于内容的画像中获得（见 2.2.2 节）。常用的评分函数有余弦相似度：

$$s(\boldsymbol{x}_i, \boldsymbol{x}_j) = \frac{\boldsymbol{x}_i'\boldsymbol{x}_j}{\|\boldsymbol{x}_i\| \cdot \|\boldsymbol{x}_j\|} \tag{2.3}$$

其中 $\boldsymbol{x}_i'$ 为列向量 $\boldsymbol{x}_i$ 的转置，$\boldsymbol{x}_i'\boldsymbol{x}_j$ 是两个向量的内积。其他常用的词袋特征相似度函数包括 Okapi BM25（Robertson 等人，1995），这是一个多用于信息检索中的基于 TF-IDF 的相似度函数。对于二值特征，Jaccard 相似度（Jaccard，1901）更常用。两个集合的 Jaccard 相似度为二者交集大小与并集大小的比值。

归一化 $\boldsymbol{x}_i$ 和 $\boldsymbol{x}_j$ 使得 $\|\boldsymbol{x}_i\|_2 = \|\boldsymbol{x}_j\|_2 = 1$，内积 $\boldsymbol{x}_i'\boldsymbol{x}_j = \sum_k x_{i,k}x_{j,k}$ 就是两个向量的余弦相似度，其中 $x_{i,k}$ 和 $x_{j,k}$ 分别是向量 $\boldsymbol{x}_i$ 和 $\boldsymbol{x}_j$ 第 k 维的元素。我们可以对余弦相似度进行简单的扩展，赋予每个维度不同的权重，即 $s(\boldsymbol{x}_i, \boldsymbol{x}_j) = \boldsymbol{x}_i'\boldsymbol{A}\boldsymbol{x}_j = \sum_k a_{kk}x_{i,k}x_{j,k}$，其中 $\boldsymbol{A}$ 是一个对角矩阵，矩阵位置（k, k）上的元素 a_{kk} 便是向量 $\boldsymbol{x}_i$ 和 $\boldsymbol{x}_j$ 第 k 维乘积的权重。继续扩展，将 $\boldsymbol{A}$ 设置为全矩阵，即 $s(\boldsymbol{x}_i, \boldsymbol{x}_j) = \boldsymbol{x}_i'\boldsymbol{A}\boldsymbol{x}_j = \sum_{k\ell} a_{k\ell}x_{i,k}x_{j,\ell}$，式中 $a_{k\ell}$ 直接对用户特征向量第 k 维与物品特征向量第 ℓ 维的相似性进行加权。基于这种扩展，$\boldsymbol{x}_i$ 和 $\boldsymbol{x}_j$ 可以包含不同的特征，维度也可以不同。但问题是，我们应该怎样确定矩阵 $\boldsymbol{A}$ 呢？尤其是当 $\boldsymbol{x}_i$ 和 $\boldsymbol{x}_j$ 维度很高时，确定 $\boldsymbol{A}$ 矩阵会变得更困难，这就促使我们要利用有监督方法。

2.3.2　有监督方法

有监督方法从用户与物品的历史交互数据的观测评分中学出一个模型，学好的模型再根据用户和物品的特征预测未观测到的（用户，物品）对的评分。与前文一样，这里的评分是一般意义上的评分，指用户对物品的任何类型的响应。这种评分预测问题实际上是一个标准的有监督学习问题，可以直接运用有监督学习方法。令 $s_{ij} = s(\boldsymbol{x}_i, \boldsymbol{x}_j)$ 为用户 i 给物品 j 的评分。我们以双线性回归模型为例解释基本思路：

$$s_{ij} = s(\boldsymbol{x}_i, \boldsymbol{x}_j) = \boldsymbol{x}_i'\boldsymbol{A}\boldsymbol{x}_j \tag{2.4}$$

其中 $\boldsymbol{A}$ 是回归系数矩阵。我们很容易就能将双线性形式转换成常规线性形式。首先，将矩阵 $x_i x_j'$ 的每列首尾拼接，得到向量 $\boldsymbol{x}_{ij}$，再将矩阵 $\boldsymbol{A}$ 的每列首尾拼接得到 $\boldsymbol{\beta}$ 向量，最后得到 $s_{ij} = \boldsymbol{x}_{ij}'\boldsymbol{\beta}$，即常规线性形式，转换过程示例见图 2-3。

$\boldsymbol{A}$ 的估计方法由观测评分的类型决定，因此，接下来我们讨论四种类型的评分及其对应的常用模型。

$$\boldsymbol{x}_i = \begin{bmatrix} x_{i1} \\ x_{i2} \\ x_{i3} \end{bmatrix} \qquad \boldsymbol{x}_j = \begin{bmatrix} x_{j1} \\ x_{j2} \end{bmatrix} \qquad \boldsymbol{A} = \begin{bmatrix} a_{11} & a_{12} \\ a_{21} & a_{22} \\ a_{31} & a_{32} \end{bmatrix}$$

$$\boldsymbol{x}_i \boldsymbol{x}_j' = \begin{bmatrix} x_{i1}x_{j1} & x_{i1}x_{j2} \\ x_{i2}x_{j1} & x_{i2}x_{j2} \\ x_{i3}x_{j1} & x_{i3}x_{j2} \end{bmatrix} \quad \boldsymbol{x}_{ij} = \begin{bmatrix} x_{i1}x_{j1} \\ x_{i2}x_{j1} \\ x_{i3}x_{j1} \\ x_{i1}x_{j2} \\ x_{i2}x_{j2} \\ x_{i3}x_{j2} \end{bmatrix} \quad \boldsymbol{\beta} = \begin{bmatrix} a_{11} \\ a_{21} \\ a_{31} \\ a_{12} \\ a_{22} \\ a_{32} \end{bmatrix}$$

26~27 图 2-3 双线性形式与常规线性形式的对应关系：$\boldsymbol{x}_i'\boldsymbol{A}\boldsymbol{x}_j = \boldsymbol{x}_{ij}'\boldsymbol{\beta}$

二值评分（逻辑模型）。假设用户 i 给物品 j 的评分 $y_{ij} \in \{+1, -1\}$（例如用户 i 是否点击了物品 j）由逻辑响应模型生成：

$$y_{ij} \sim \text{Bernoulli}((1+\exp\{-s_{ij}\})^{-1}) \tag{2.5}$$

令 Ω 为观测到的（用户 i, 物品 j）对集合，$\boldsymbol{Y} = \{y_{ij} : (i, j) \in \Omega\}$ 为观测评分，则对数似然函数为：

$$\log \Pr(\boldsymbol{Y} \mid \boldsymbol{A}) = -\sum_{(i,j)\in\Omega} \log(1+\exp\{-y_{ij}\boldsymbol{x}_i'\boldsymbol{A}\boldsymbol{x}_j\}) \tag{2.6}$$

关于逻辑回归的细节可以参考 Hastie 等人（2009）文章中 4.4 节的内容。

数值评分（高斯模型）。假设用户 i 给物品 j 的数值评分（数值分数或星级数）由高斯响应模型生成：

$$y_{ij} \sim \text{Normal}(s_{ij}, \sigma^2) \tag{2.7}$$

对数似然函数为：

$$\log \Pr(\boldsymbol{Y} \mid \boldsymbol{A}) = -\frac{1}{2\sigma^2} \sum_{(i,j)\in\Omega} (y_{ij} - \boldsymbol{x}_i'\boldsymbol{A}\boldsymbol{x}_j)^2 \tag{2.8}$$

关于高斯线性回归的细节可以参考 Hastie 等人（2009）文献中第 3 章的内容。

有序评分（累积 logit 模型）。对很多应用来说，评分本质上是有序的，比如 k 分制。虽然公式（2.7）的高斯模型常用于有序评分（如星级数），但从理论上来说，它可能不是最好的解决方案，例如，5 星和 4 星之间的差距以及 4 星和 3 星之间的差距可能不一样。因此，有序回归（McCullagh, 1980）可能更适用。在该模型中，我们假设用户 i 给物品 j 的评分 $y_{ij} \in \{1, \cdots, R\}$ 是根据多项式分布生成的：

$$y_{ij} \sim \text{Multinomial}(\pi_{ij,1}, \cdots, \pi_{ij,R}) \tag{2.9}$$

其中 $\pi_{ij,r}$ 为用户 i 给物品 j 评分 r 的概率。令 Y_{ij} 为观测评分 y_{ij} 的随机变量。假设 $\Pr(Y_{ij}>r)$ 的对数胜率为 $s_{ij}-\theta_r$，即对于 $r=1,\cdots,R-1$： 28

$$\text{logit}(\Pr(Y_{ij}>r))=\log\frac{\Pr(Y_{ij}>r)}{1-\Pr(Y_{ij}>r)}=s_{ij}-\theta_r \tag{2.10}$$

根据定义，$\Pr(Y_{ij}>R)=0$。θ_r 可以看成是评分 r 和评分 $r+1$ 之间的分割点，因此满足 $\theta_1\leqslant\cdots\leqslant\theta_{R-1}$。考虑 j 和 ℓ 两个物品且满足 $s_{ij}>s_{i\ell}$。对于所有的 $r=1,\cdots,R-1$，我们有

$$\Pr(Y_{ij}>r)>\Pr(Y_{i\ell}>r)$$

这意味着，相比物品 ℓ，用户 i 更喜欢物品 j。很容易看出：

$$\begin{aligned}\Pr(Y_{ij}>r)&=\sum_{q=r+1}^{R}\pi_{ij,q}=(1+\exp\{-(s_{ij}-\theta_r)\})^{-1}\\&=(1+\exp\{-(\boldsymbol{x}_i'\boldsymbol{A}\boldsymbol{x}_j-\theta_r)\})^{-1}\end{aligned} \tag{2.11}$$

令 $f_{ij}(r,\boldsymbol{\theta},\boldsymbol{A})=\Pr(Y_{ij}>r)$，其中 $\boldsymbol{\theta}$ 是所有 θ_r 组成的向量。易知 $f_{ij}(0,\boldsymbol{\theta},\boldsymbol{A})=1$，$f_{ij}(R,\boldsymbol{\theta},\boldsymbol{A})=0$。对数似然函数为：

$$\log\Pr(\boldsymbol{Y}\mid\boldsymbol{A},\boldsymbol{\theta})=\sum_{(i,j)\in\Omega}\log(f_{ij}(y_{ij}-1,\boldsymbol{\theta},\boldsymbol{A})-f_{ij}(y_{ij},\boldsymbol{\theta},\boldsymbol{A})) \tag{2.12}$$

成对偏好分数。在某些应用中我们可能观察到，与其他物品相比，用户更偏爱于某个物品。所以我们可以将用户响应转化为成对偏好（例如，对于同一个用户，点击的物品比未点击的物品更好）（Fürnkranz 和 Hüllermeier，2003）。为了对这类偏好数据建模，我们先对符号做一些改变，令 $y_{ij\ell}\in\{+1,-1\}$ 为相比物品 ℓ 用户 i 是否更喜欢物品 j，Ω 为观测到的（i,j,ℓ）三元组。我们假设，比起物品 ℓ，用户 i 更喜欢物品 j 的倾向性（实际上是对数胜率）与 $s_{ij}-s_{i\ell}$ 成正比，即：

$$y_{ij\ell}\sim\text{Bernoulli}((1+\exp\{-(s_{ij}-s_{i\ell})\}^{-1}) \tag{2.13}$$

对数似然函数为：

$$\log\Pr(\boldsymbol{Y}\mid\boldsymbol{A})=-\sum_{(i,j,\ell)\in\Omega}\log(1+\exp\{-y_{ij\ell}\boldsymbol{x}_i'\boldsymbol{A}(\boldsymbol{x}_j-\boldsymbol{x}_\ell)\}) \tag{2.14}$$

正则化极大似然估计。到目前为止，我们介绍过的评分方法都要先估计未知参数 $\boldsymbol{A}$ 才能得到评分函数，而当 $\boldsymbol{x}_i$ 和 $\boldsymbol{x}_j$ 维度较高时，$\boldsymbol{A}$ 中未知的回归系数很多。因此我们在对数似然函数中增加一个正则项 $r(\boldsymbol{A})$，使回归拟合更稳定，同时降低过拟合的影响，常用 29
的正则项有 L_2 范数和 L_1 范数。令 a_{ij} 为矩阵 $\boldsymbol{A}$ 中元素 (i,j) 的值，L_2 范数为 $r(\boldsymbol{A})=\sum_{ij}a_{ij}^2$，$L_1$ 范数为 $r(\boldsymbol{A})=\sum_{ij}|a_{ij}|$。给定观测评分集 $\boldsymbol{Y}$，我们可以通过求解以下公式确定评分函数

的未知参数 $\boldsymbol{A}$:

$$\arg\max_{\boldsymbol{A},\boldsymbol{\theta}}(\log\Pr(\boldsymbol{Y}\mid\boldsymbol{A},\boldsymbol{\theta})-\lambda r(\boldsymbol{A})) \tag{2.15}$$

其中 λ 为调优参数，规定正则化的强度，$\boldsymbol{\theta}$是累积 logit 模型（见公式（2.10））中的分割点向量，但对 logit 模型、高斯模型和成对偏好模型来说，$\boldsymbol{\theta}$为空。公式（2.15）的优化问题可以利用一般的优化方法解决，如 L-BFGS（Zhu 等，1997）、坐标下降法或随机梯度下降法（Bottou，2010）。

2.3.3 上下文信息

到目前为止，我们只考虑如何预测用户 i 对物品 j 的评分 y_{ij}，却忽视了一点，评分通常是上下文相关的。举例来说，y_{ij}（表示用户 i 是否会点击物品 j）在很大程度上与物品在网页上所处的位置有关，对于同一件物品，显眼位置的点击概率比不起眼位置更高。点击概率也由很多其他因素决定，如一天中的具体时间点，是工作日还是周末，是台式设备还是移动设备，甚至还可能受到同一页面上其他物品的影响。如果我们把这类上下文信息表示成一个刻画用户 i 与物品 j 交互时的上下文信息特征向量 z_{ij}，那么通过重新定义预测评分，很容易将上下文信息融入 2.3.2 节的有监督方法中。

$$s_{ij}=s(\boldsymbol{x}_i,\boldsymbol{x}_j,\boldsymbol{z}_{ij})=\boldsymbol{x}_i'\boldsymbol{A}\boldsymbol{x}_j+\boldsymbol{b}'\boldsymbol{z}_{ij} \tag{2.16}$$

上式仍然是一个关于特征 $\boldsymbol{x}_i$、$\boldsymbol{x}_j$ 和 $\boldsymbol{z}_{ij}$，以及回归系数矩阵 $\boldsymbol{A}$ 和回归系数向量 $\boldsymbol{b}$ 的线性模型。因此，所有在 2.3.2 节讨论的方法都可以直接运用于该模型。

符号定义。为了简便，我们用 $\boldsymbol{x}$ 表示特征，因此，在之后的章节中，我们用 $\boldsymbol{x}_{ij}$ 表示上下文特征，而非 $\boldsymbol{z}_{ij}$。当前，符号定义的前提是用户 i 与物品 j 最多交互一次。当用户 i 与物品 j 有多次交互时（每次交互都处于不同的上下文），那么我们需要将 $\boldsymbol{x}_{ij}$ 扩展成 $\boldsymbol{x}_{ij}^{(k)}$，
30 表示用户 i 与物品 j 第 k 次交互的特征向量。但为了简洁，在后面的章节中，我们还是主要使用 $\boldsymbol{x}_{ij}$，毕竟从 $\boldsymbol{x}_{ij}$ 到 $\boldsymbol{x}_{ij}^{(k)}$ 的扩展较为直接。

2.4 协同过滤

用户给不同物品的评分通常反映了用户的偏好。所以，对物品评分相似的两个用户对物品的喜好也有可能一致。基于这种直观感受，对于给定的用户 i，我们可以根据 i 的评分行为找到与之相似的用户集合。那么，用户 i 对物品 j 的评分就是所有与用户 i 相似的用户对物品 j 评分的平均值。一般情况下，这种方式基于用户对物品的历史评分来预测用户对该物品的喜爱程度，不依赖任何用户或物品特征。这种方式将用户对物品的评分看作一个协同过程，通过用户之间的互帮互助来识别感兴趣的物品（虽然用户没

有意识到协同的发生)，因此被称为“协同过滤”[⊖]。

2.4.1　基于用户 – 用户相似度的方法

基于用户 – 用户相似度的方法根据与用户 i 相似的用户对物品 j 的评分来预测用户 i 对未评过分的物品 j 的评分。常用的评分函数是计算所有相似用户的评分平均值或加权平均值，赋予与用户 i 相似度较高的用户更大的权重。

令 $\mathcal{I}_j(i)$ 为对物品 j 评过分且与用户 i 相似的用户集合，创建该集合的方法在本节后续内容中讨论。令 $w(i, \ell)$ 为用户 ℓ 在预测用户 i 对物品 j 评分时所占的权重，$\bar{y}_{i.}$ 为用户 i 的平均评分。基于以上符号定义，用户 i 对物品 j 的预测评分 s_{ij} 为：

$$s_{ij} = \bar{y}_{i.} + \frac{\sum_{\ell \in \mathcal{I}_j(i)} w(i, \ell)(y_{\ell j} - \bar{y}_{\ell.})}{\sum_{\ell \in \mathcal{I}_j(i)} |w(i, \ell)|} \tag{2.17}$$

上述公式在“中心化”的评分上进行平均，降低了相似用户个人评分偏差的影响(因为相同的评分对不同用户而言，代表的满意度不同)。除了对评分中心化之外，我们还可以用中心化后的评分除以用户评分的标准差来进一步标准化用户的评分。请参见 Herlockerd 等人（1999）的文章。 31

相似度函数。用户之间的相似度函数常使用 Resnick 等人（1994）文章中的皮尔逊相关性，其中将用户 i 和用户 ℓ 的相似度定义为：

$$\mathrm{sim}(i, \ell) = \frac{\sum_{j \in \mathcal{J}_{i\ell}} (y_{ij} - \bar{y}_{i.})(y_{\ell j} - \bar{y}_{\ell.})}{\sqrt{\sum_{j \in \mathcal{J}_{i\ell}} (y_{ij} - \bar{y}_{i.})^2} \sqrt{\sum_{j \in \mathcal{J}_{i\ell}} (y_{\ell j} - \bar{y}_{\ell.})^2}} \tag{2.18}$$

其中的 $\mathcal{J}_{i\ell}$ 为由用户 i 和用户 ℓ 共同评过分的物品的集合。请注意，皮尔逊相关性可为负，我们也可以把负的相关性设为 0。更多的相似度函数可以参考 Desrosiers 和 Karypis（2011）的文章。

邻居选择。相似用户集 $\mathcal{I}_j(i)$ 有几种不同的构造方法。简单的方法是包括所有对物品 j 评过分的用户，在预测用户 i 的评分时，把用户 i 和用户 ℓ 的相似度作为权重 $w(i, \ell)$。但是对于被很多用户评过分的物品，针对大量用户进行平均运算的代价可能会很高。所以另一种方法是选择与用户 i 最相似的前 n 个用户，或者相似度超过某个阈值的用户。通常来说，为给定的应用选择不同的方法需要进行实验评估。

加权。最常用的加权方法是令 $w(i, \ell) = \mathrm{sim}(i, \ell)$，但如果由用户 i 和用户 ℓ 共同评过分的物品数很少，这种方法就不太可靠。一种解决样本数少的问题的方法是

⊖ 推荐也称为信息过滤。

赋予不可靠的相似度更小的权重，例如 Herlocker（1999）的文章中采用的如下方法：

$$w(i,\ell)=\min\{|\mathcal{J}_{i\ell}|/\alpha,1\}\cdot \mathrm{sim}(i,\ell) \tag{2.19}$$

在该数据集上，$\alpha=50$ 时的效果最好。如果 $\mathcal{I}_j(i)$ 中只有前 n 个用户最相似，我们也可以令 $w(i,\ell)=1$，并对最相似的用户的评分进行不加权平均。同样，最好的方法通常也需要通过实验评估来选定。

2.4.2 基于物品 – 物品相似度的方法

在 2.4.1 节，我们探讨了如何衡量用户之间的相似度，除此之外，我们还可以用物品间的相似度来预测评分。在这种情况下，用户 i 对物品 j 的评分为该用户对与物品 j 相似的所有物品的历史评分的平均值。

令 $\mathcal{J}_i(j)$ 为由用户 i 评过分且与物品 j 相似的物品的集合。令 $w(j,\ell)$ 为预测用户 i 对
32 物品 j 评分时赋予用户 i 对物品 ℓ 的评分的权重，$\bar{y}_{\cdot j}$ 为所有用户对物品 j 的历史评分的平均值。用户 i 对物品 j 的评分预测值为：

$$s_{ij}=\bar{y}_{\cdot j}+\frac{\sum_{\ell\in\mathcal{J}_i(j)} w(j,\ell)(y_{i\ell}-\bar{y}_{\cdot\ell})}{\sum_{\ell\in\mathcal{J}_i(j)}|w(j,\ell)|} \tag{2.20}$$

$\mathcal{J}_i(j)$ 和 $w(j,\ell)$ 可以根据 2.4.1 节介绍的类似方法确定。

2.4.3 矩阵分解

经典的基于用户 – 用户和物品 – 物品相似度的方法是利用预设的相似度函数预测用户对物品的评分。虽然预设的相似度函数和权重方法很直观，但是可能无法捕捉数据中所有的隐藏关系。更灵活的方法是直接从评分数据中学习评分函数。矩阵分解方法可以利用低秩矩阵分解模型从观测到的部分评分矩阵中预测未观测到的评分，且不借助任何特征。$\boldsymbol{Y}$ 是一个评分矩阵，(i,j) 上的元素 Y_{ij} 为用户 i 对物品 j 的评分。在实际应用中，大部分用户只对少数物品进行评分，因此评分矩阵中的某些元素未被观测到。

令 s_{ij} 为用户 i 和物品 j 之间的关联度（即评分），也可以将其看作用户 i 对物品 j 的预测评分（当然，评分的实际含义取决于响应模型），矩阵分解假设：

$$s_{ij}=\boldsymbol{u}_i'\boldsymbol{v}_j \tag{2.21}$$

其中 $\boldsymbol{u}_i$ 和 $\boldsymbol{v}_j$ 是两个 L 维的向量，分别代表用户 i 和物品 j，它们都需要从给定的评分矩阵 $\boldsymbol{Y}$ 中估算。我们把向量 $\boldsymbol{u}_i$ 和 $\boldsymbol{v}_j$ 分别称为用户 i 和物品 j 的隐因子，L 为维度，通常比用户数 M 和物品数 N 都要小。简单起见，$\boldsymbol{u}_i$ 和 $\boldsymbol{v}_j$ 就叫作因子。直观上来看，模型把用

户 i 和物品 j 映射成同一 L 维向量空间中的两个点：$\boldsymbol{u}_i$ 和 $\boldsymbol{v}_j$，然后用该向量空间中的内积表示用户 i 和物品 j 的关联度。因为没有观测到用户和物品在这个空间中的位置，这正是模型需要学习的，所以该空间是“隐式”的。贯穿全书的特征是用户和物品的信息，需要预先给出，后续才能将其运用到基于评分的有监督学习中；然而，可以把因子看成是未观测到的用户或物品的特征，通常将因子作为模型参数，可以从评分数据中通过有监督学习模型学到。 33

在本节的剩余部分，我们以高斯响应模型为例，说明矩阵分解方法中的因子估计。假设，用户 i 对物品 j 的评分 y_{ij} 是由均值为 s_{ij}、方差为确定值 σ^2 的高斯分布生成的（见公式（2.7））。公式（2.5）、（2.10）和（2.13）定义的其他响应模型也是类似运用。对于高斯模型，$\boldsymbol{u}_i$ 和 $\boldsymbol{v}_j$ 的最大似然估计（MLE）可以通过求解以下问题得到：

$$\underset{\boldsymbol{u}_i,\boldsymbol{v}_j,\forall i\forall j}{\arg\min} = \sum_{(i,j)\in\Omega}(y_{ij}-\boldsymbol{u}_i'\boldsymbol{v}_j)^2 \tag{2.22}$$

令 $\boldsymbol{U}$ 为用户矩阵，$\boldsymbol{V}$ 为物品矩阵，$\boldsymbol{U}$ 的第 i 行为行向量 $\boldsymbol{u}_i'$，$\boldsymbol{V}$ 的第 j 行为行向量 $\boldsymbol{v}_j'$。令 $(\boldsymbol{Y})_{ij}$ 为矩阵 $\boldsymbol{Y}$ 中位置（i,j）上的元素值，则公式（2.22）中的优化问题也可写成：

$$\underset{\boldsymbol{U},\boldsymbol{V}}{\arg\min}\sum_{(i,j)\in\Omega}((\boldsymbol{Y})_{ij}-(\boldsymbol{U}\boldsymbol{V}')_{ij})^2 \tag{2.23}$$

回想一下，$\boldsymbol{Y}$ 是一个部分观测到的评分矩阵。最大似然估计利用两个低秩矩阵 $\boldsymbol{U}_{M\times L}$ 和 $\boldsymbol{V}'_{L\times N}$ 的积来近似或分解矩阵 $\boldsymbol{Y}_{M\times N}$，矩阵下标表示矩阵的大小，$L$ 比 M 和 N 要小得多。虽然矩阵分解的思想受到前面奇异值分解的启发，但值得注意的是，分解部分观测到的矩阵与分解完整矩阵是不同的。

正则化。虽然待估计的因子总数 $(L(M+N))$ 远小于完整的评分矩阵的大小 (MN)，但也可能比已观测到的评分数多。这种过度参数化可能导致最大似然估计不可靠，从而降低样本外预测精确度。对于评分数少于 L 的用户（物品），即使所有的物品（用户）因子都已知，这部分用户（物品）的因子依然无法确定。为了解决这个问题，常在目标函数中加入 L_2 惩罚项进行正则化处理：

$$\underset{\boldsymbol{u}_i,\boldsymbol{v}_j,\forall i\forall j}{\arg\min}\sum_{(i,j)\in\Omega}(y_{ij}-\boldsymbol{u}_i'\boldsymbol{v}_j)^2+\lambda_1\sum_i\|\boldsymbol{u}_i\|^2+\lambda_2\sum_j\|\boldsymbol{v}_j\|^2 \tag{2.24}$$ 34

其中 λ_1 和 λ_2 为调优参数。正则化的作用是限制观测评分数少的用户或物品因子估计值的大小，让它们趋近于零（残差分布的平均值）。

优化方法。公式（2.24）的优化问题有多种解决方案。首先要知道，问题的最优解并非唯一，因为改变所有因子的符号并不会改变目标函数的值。在实践中，只要我们不解释因子的含义，因子的唯一性问题就不是问题。接下来简要介绍两种流行的优化方法：

1. 交替最小二乘法：对于所有用户 i，固定 $\boldsymbol{u}_i$ 为常数，那么目标函数关于所有的物品因子 $\boldsymbol{v}_j$ 都是凸函数。实际上，目标函数是一系列包含物品的 L_2 正则项的最小二乘线性回归问题。类似地，固定所有物品 $\boldsymbol{v}_j$ 为常数，以上结论对 $\boldsymbol{u}_i$ 同样成立。令 $\mathcal{I}_j$ 为对物品 j 评过分的用户的集合，$\mathcal{J}_i$ 为由用户 i 评过分的物品的集合，$\boldsymbol{I}$ 为单位矩阵。算法流程如下：首先，随机初始化所有用户 i 的因子 $\boldsymbol{u}_i$，物品 j 的因子 $\boldsymbol{v}_j$；然后重复以下步骤直至算法收敛：

- 对所有用户 i，固定 $\boldsymbol{u}_i$ 为常数，求解最小二乘问题，得到每个物品因子 $\boldsymbol{v}_j$ 的新估计值：

$$\boldsymbol{v}_j^{\text{new}} = \left(\lambda_2 I + \sum_{i \in \mathcal{I}_j} \boldsymbol{u}_i \boldsymbol{u}_i'\right)^{-1} \left(\sum_{i \in \mathcal{I}_j} \boldsymbol{u}_i y_{ij}\right) \tag{2.25}$$

- 对所有物品 j，固定 $\boldsymbol{v}_j$ 为常数，求解最小二乘问题，得到每个用户因子 $\boldsymbol{u}_i$ 的新估计值：

$$\boldsymbol{u}_j^{\text{new}} = \left(\lambda_1 I + \sum_{j \in \mathcal{J}_i} \boldsymbol{v}_j \boldsymbol{v}_j'\right)^{-1} \left(\sum_{j \in \mathcal{J}_i} \boldsymbol{v}_j y_{ij}\right) \tag{2.26}$$

2. 随机梯度下降：近年来，一种简单的很流行的梯度下降方法是随机梯度下降（SGD）。令

$$f_{ij}(\boldsymbol{u}_i, \boldsymbol{v}_j) = (y_{ij} - \boldsymbol{u}_i'\boldsymbol{v}_j)^2 + \frac{\lambda_1}{|\mathcal{J}_i|} \|\boldsymbol{u}_i\|^2 + \frac{\lambda_2}{|\mathcal{I}_j|} \|\boldsymbol{v}_j\|^2 \tag{2.27}$$

公式（2.24）也可以写成：

$$\underset{\boldsymbol{u}_i, \boldsymbol{v}_j, \forall i \forall j}{\arg\min} \sum_{(i,j) \in \Omega} f_{ij}(\boldsymbol{u}_i, \boldsymbol{v}_j) \tag{2.28}$$

SGD 方法将每个用户 – 物品对 $(i, j) \in \Omega$ 以一个小的梯度步长进行梯度下降，其中梯度取自 $f_{ij}(\boldsymbol{u}_i, \boldsymbol{v}_j)$。算法流程如下：首先，对于所有的用户 i 和物品 j，随机初始化 $\boldsymbol{u}_i$
35 和 $\boldsymbol{v}_j$。之后，对于每一对观测评分 $(i, j) \in \Omega$（顺序随机），按如下方式更新 $\boldsymbol{u}_i$ 和 $\boldsymbol{v}_j$：

$$\begin{aligned} \boldsymbol{u}_i^{\text{new}} &= \boldsymbol{u}_i - \alpha \nabla_{\boldsymbol{u}_i} f_{ij}(\boldsymbol{u}_i, \boldsymbol{v}_j) \\ \boldsymbol{v}_j^{\text{new}} &= \boldsymbol{v}_j - \alpha \nabla_{\boldsymbol{v}_j} f_{ij}(\boldsymbol{u}_i, \boldsymbol{v}_j) \end{aligned} \tag{2.29}$$

其中 α 是一个需要调节的小的步长（学习率），$\nabla_{\boldsymbol{u}_i} f_{ij}(\boldsymbol{u}_i, \boldsymbol{v}_j)$ 和 $\nabla_{\boldsymbol{v}_j} f_{ij}(\boldsymbol{u}_i, \boldsymbol{v}_j)$ 分别是 $f_{ij}(\boldsymbol{u}_i, \boldsymbol{v}_j)$ 关于 $\boldsymbol{u}_i$ 和 $\boldsymbol{v}_j$ 的梯度：

$$\begin{aligned} \nabla_{\boldsymbol{u}_i} f_{ij}(\boldsymbol{u}_i, \boldsymbol{v}_j) &= 2(y_{ij} - \boldsymbol{u}_i'\boldsymbol{v}_j)\boldsymbol{v}_j + 2\frac{\lambda_1}{|\mathcal{J}_i|}\boldsymbol{u}_i \\ \nabla_{\boldsymbol{v}_j} f_{ij}(\boldsymbol{u}_i, \boldsymbol{v}_j) &= 2(y_{ij} - \boldsymbol{u}_i'\boldsymbol{v}_j)\boldsymbol{u}_i + 2\frac{\lambda_2}{|\mathcal{I}_j|}\boldsymbol{v}_j \end{aligned} \tag{2.30}$$

多次遍历每个观测评分，重复以上梯度更新步骤，直至算法收敛。可以将步长设成固定值，或者以调节的方式选择最优步长（Duchiet, 2011）。大多数情况下，迭代通常会以较大的步长开始，之后步长会逐渐减小。

2.5 混合方法

协同过滤和基于特征的方法各有千秋。基于特征的方法一般用于定义、分析和生成预测性特征，而协同过滤则不使用任何特征，对于那些在训练数据集中的历史评分数超过某一特定值的用户和物品来说，协同过滤的效果优于基于特征的方法。例如 Pil'aszy 和 Tikk（2009）提到的，对于电影推荐问题，一部新电影只要有 10 次评分，就可以提供比丰富的电影特征更高的预测准确度。上述情况常被称为*暖启动场景*，因为用户和物品拥有足够多的历史评分数据来预热推荐系统。然而，对于历史评分数据很少或从来没有被评过分的用户和物品（即*冷启动场景*）来说，协同过滤方法表现得不太好。假设一个新用户尚未对任何物品进行评分，协同过滤方法难以给物品评分，这时，基于特征的方法便能发挥其长处，因为只要特征值可用，是否是新用户和新物品对基于特征的方法来说并不重要。大多数网站在新用户注册时就记录了用户的基本信息，当新物品加入系统时，内容特征也能被提取出来。 36

协同过滤适用于暖启动场景，在冷启动场景中的效果不理想；在预测性特征已知的前提下，基于特征的方法在冷启动场景中效果更好，但一般比不上协同过滤在暖启动场景中的准确度。为了综合二者的优点，混合方法应运而生。我们举几个混合方法的例子：

- *集成*：一种简单的混合方法是分别实现几种不同的方法（例如，协同过滤和基于特征的方法），然后通过线性组合或投票方案，综合这些方法的输出或预测评分。详细介绍参见 Claypool 等（1999）的文章。
- *将协同过滤作为特征*：另一种将协同过滤融入基于特征的方法的简单方式是将协同过滤计算的（用户，物品）对的分数视作与每个（用户，物品）对相关联的新特征，再用于后续的基于特征的方法。
- *在基于相似度的协同过滤中运用基于特征的相似度*：对于基于用户 – 用户或物品 – 物品相似度的协同过滤方法，我们可以定义一个新的相似度函数，该函数由两部分构成，一部分是评分相似度，另一部分是特征向量相似度，然后对它们进行线性组合（Balabanović 和 Shoham，1997）。
- *基于人工特征评分的协同过滤*：为了解决冷启动问题，可以人工估算新用户或新物品的评分。如果有新物品加入，可以添加一些人工用户，这些用户使用由基于特征的模型计算的预测评分对每个物品（包括新物品）进行评分。然后，经典协同过滤方法则可以在该扩充后的评分数据集上，完成新物品的推荐。这种人工用户被 Konstan 等（1998）称为“过滤器”。类似地，我们还可以添加人工物品，让每个用户（包括新用户）使用由基于特征的模型计算的预测评分对人工物品进行评分。

早期文献报告的混合方法大多基于启发式方法，缺乏灵活的底层基础框架。我们将在第 8 章介绍的混合方法利用了丰富的概率模型来紧密地综合各个方面。

2.6 小结

我们讨论了构建用户和物品特征的多种方法，也介绍了如何用经典的基于特征的方法、协同过滤方法以及混合方法来估计用户与物品的关联度。然而，这一系列研究的重
37 点都是在历史数据上提高样本外预测精确度。虽然这是构建推荐系统的重要组成部分，但它只是其中的一个方面。要想构建良好的服务方案以最大化总体目标，例如最大化点击数、收入、销售额等，我们需要关注预测精确度之外的部分。同时，也要思考如何能持续地收集训练数据以优化推荐效果，这就要考虑将本章介绍的一些技术和探索与利用方法结合起来。另外，不同的应用程序具有不同的特征信息，在物品池大小、物品生存期分布、数据稀疏性以及系统中的冷启动程度等方面也都不同，因此，开发一个适用于各种应用的框架也很重要。我们将在后续章节中关注这些内容。

2.7 练习

1. 学习并理解概率潜在语义索引（PLSI）模型。LDA 和 PLSI 有什么区别？哪种模型的未知参数更多？
2. 某些应用丢失了一部分用户的人口统计信息。在这种情况下，如何融入已知的人口统计信息来估计评分？
3. 学习并理解 Okapi BM25 相似度函数。

38 4. 推导利用交替最小二乘和随机梯度下降求解面向二值响应的矩阵分解的公式。

面向推荐问题的探索与利用

在第 2 章中，我们回顾了一些在给定上下文中计算用户对物品的评分的经典方法。本章将介绍更前沿的评分方法，尤其是基于探索与利用的方法。

其实评分就是根据某些评估准则估计一件物品的“价值”。在当今的大部分推荐问题中，显式的用户意图只能被部分观测到，且观测到的显式意图并不强烈，因此，根据预测的评分或响应对物品进行评分是一种较为流行的方法。为了便于说明，假设用户对物品的响应为二值变量，用户与物品的正向交互标记为“正”，如点击、喜欢或分享，相反，没有任何正向交互标记为“负”。举个例子，在新闻推荐问题中，用户对推荐新闻的点击是主要的响应变量。物品的评分根据响应率给出，响应率即用户响应的期望值。例如，对于二值变量，在该定义下，响应率为产生一次正响应的概率。为简单起见，在本章中，正响应为点击，响应率为 CTR。

推荐问题的目标是最大化正响应的总数，如最大化推荐物品的点击数。以新闻推荐问题为例，一个重要的目标就是最大化推荐的新闻文章的总点击数。如果响应率已知，那么只要一直推荐响应率最高的新闻就能实现该目标。然而响应率未知，因此问题的关键在于如何准确地估计物品池中物品的响应率。在 2.3 节和 2.4 节中，我们尝试了用基于特征的模型和协同过滤等多种有监督学习的方法来估计响应率。而在本章中，我们要强调一点，即在推荐中对物品评分并不单纯是一个有监督学习问题，它更是一个探索与利用问题。我们需要在以下两个方面达到平衡：一方面，我们需要探索或检验新物品或者样本数少的物品，通过将它们展示给一定数量的用户访问来实现；另一方面，我们需要利用已知的响应率高且统计确定性也高的物品。另外，探索过程也存在机会成本，因为如果基于当前收集到的数据来推荐物品，实际响应效果更好的物品很有可能没有展示给用户。在以上两个方面之间进行平衡便构成了探索与利用之间的权衡。

既然说推荐问题是一个探索与利用问题，那么是不是就可以忽视有监督学习方法，只关注探索与利用方法呢？显然，答案是否定的。事实上，将探索与利用方法和有监督学习方法结合起来更高效。因为有监督学习方法可以降低问题的原始维度，使探索与利用方法的探索过程变得更经济，这在高维问题中能够发挥重大作用。

接下来，本章会引出探索与利用问题（3.1 节），回顾经典的探索与利用方法（3.2 节），讨论探索与利用在推荐系统中面临的挑战（3.3 节）以及解决这些挑战的主要思路（3.4 节）。具体的解决方案将在本书的第二部分中介绍。在第 6 章中，我们开发了探索与利用方法，用于解决候选物品集和物品流行度都随时间改变的热门推荐问题。在个性化推荐问题中，用于探索与利用一个用户对不同物品偏好的数据较稀疏，因此在第 7 章和第 8 章中，针对个性化推荐中的数据稀疏性问题，我们提出了解决方法。

3.1 探索与利用之间的权衡简介

为了直观地理解探索与利用问题，我们考虑只有两个物品的推荐问题。对于每次用户访问，我们只推荐一个物品，并且我们的目标是为接下来的 100 次用户访问设计一个最优推荐算法，以最大化期望总点击数。这个问题的解空间包含 2^{100}（超过 2 兆）种不同的推荐物品序列，因为对于 100 次用户访问中的每次用户访问，我们都有两种可能的选择。本质上，这与经典的多臂赌博机（MAB）问题类似，即将单一资源动态地分配给可选项目（Robbins，1952）。值得注意的是，该问题存在最优解，并且需要根据历史反馈调整未来决策（Gittins, 1979）。

多臂赌博机问题起源于赌场——玩家正在玩一台多臂老虎机，需要决定接下来拉哪条臂。每条臂的中奖概率不同，且玩家不知道概率是多少。多臂赌博机问题体现了
40 基本的探索与利用之间的权衡——玩家可以选择探索一条有可能中奖的臂，以更准确地估计每条臂的中奖概率，或利用一条在多数情况下都表现好的臂。将多臂赌博机问题映射到推荐问题，推荐系统就是玩家，拉臂就相当于推荐系统将一件物品展示给用户，每条臂的奖励则对应于用户与物品的交互（点击或没点击），物品的 CTR 为中奖概率。

进行探索与利用权衡的原因是 CTR 估计值存在不确定性。假设 20 次用户访问之后，物品 1 的 CTR 估计值为 1/3（展示给 15 个用户，有 5 个用户点击），物品 2 的 CTR 估计值为 1/5（展示给 5 个用户，有 1 个用户点击）。这么看来，似乎我们可以放弃物品 2，将物品 1 展示给之后的 80 次用户访问，但也许这并非最优的方案，因为在样本量少的情况下，物品 2 真实的 CTR 可能比估计出来的含噪声的 CTR 更高。在 Thompson（1933）提出针对两件物品的探索与利用问题很久之后，多臂赌博机的最优解才被研究出来。算法很简单，就是为用户推荐所有候选物品中最佳的物品。我们会在 3.2.3 节中更详细地介绍该算法。

尽管推荐问题中探索与利用之间的权衡与多臂赌博机问题具有很强的相似性，但实际中的推荐问题并不满足获得最优解所要求的若干假设。因为在许多网站应用中，物品池会随时间变化，响应率可能是非平稳的，响应反馈通常也会延迟（一方面是物品展示给用户后，用户做出响应的延迟；另一方面是数据从网站服务器传输到后端机器的延迟）。然而，最严重的可能是在大规模物品池或动态物品池的情况下进行个性化推荐引发的维度问题，这种情况会导致缺乏实验预算来准确估计物品的响应率。因此，网站应用上的推荐问题无法利用经典的多臂赌博机解决方案获得满意的结果。

3.2 多臂赌博机问题

在解决推荐系统中的探索与利用问题之前，我们先在本节回顾一下探索与利用问题的变种——多臂赌博机（MAB）问题。再次考虑玩家下次拉臂的选择这个问题。令 p_i 为第 i 条臂的中奖概率，其值未知。也就是说，拉第 i 条臂，玩家有 p_i 的概率获得奖励，有 $1-p_i$ 的概率没有奖励。假定臂本身及其中奖概率不随时间而变化，那么玩家的目标 41
就是按某一顺序拉臂使得总的期望奖励最大。

令 $\boldsymbol{\theta}_t$ 为玩家在时刻 t 前的拉臂中获得的所有信息，向量 $\boldsymbol{\theta}_t$ 称为时刻 t 的状态参数（或简单称为状态），它包含到时刻 t 为止每条臂 i 被拉的次数 γ_i，以及通过拉臂 i 总共获得的奖励 α_i。一种赌博方案是将 $\boldsymbol{\theta}_t$ 输入到一个决策函数 π 中，输出下一次要拉的臂，该函数也被称为探索与利用方案或策略。赌博方案既可以是一个关于状态参数的确定函数，也可以是随机函数。

在已定义的经典多臂赌博机问题的基础上，接下来我们会对不同的探索与利用方案进行概述。它们可分为三类：贝叶斯方法（3.2.1 节）、极小化极大方法（3.2.2 节）以及启发式赌博方案（3.2.3 节）。

3.2.1 贝叶斯方法

从贝叶斯的角度看，MAB 问题可以被形式化成一个马尔可夫决策过程（MDP），其最优解可通过动态规划获得，虽然存在最优解，但求解该问题的运算成本很高。

MDP 是一个研究序贯决策问题的灵活框架。MDP 利用状态空间、奖励函数以及转移概率定义了一个序贯问题。贝叶斯方法的目标是找到与 MAB 问题对应的 MDP 的贝叶斯最优解。现在，我们为经典的赌博问题定义一个 β 二项式 MDP。

状态。为了最大化奖励，玩家需要估计每条臂的中奖概率。时刻 t 的状态 $\boldsymbol{\theta}_t$ 代表玩家在 t 时刻前从实验数据中收集到的知识。这个知识由每条臂的双参数 β 分布构成，即 $\boldsymbol{\theta}_t=(\boldsymbol{\theta}_{1t},\cdots,\boldsymbol{\theta}_{Kt})$，其中 $\boldsymbol{\theta}_{it}$ 是第 i 条臂在时刻 t 的状态，$\boldsymbol{\theta}_{it}=(\alpha_{it},\gamma_{it})$ 包含臂 i 的 β 分布的两个参数，γ_{it} 表示玩家在时刻 t 前拉第 i 条臂的次数，α_{it} 为到时刻 t 为止通过拉第 i 条臂获得的总奖励。第 i 条臂的 β 分布 $\text{Beta}(\alpha_{it},\gamma_{it})$ 有

$$\begin{aligned}&\text{均值}=\alpha_{it}/\gamma_{it}\\&\text{方差}=(\alpha_{it}/\gamma_{it})(1-\alpha_{it}/\gamma_{it})/(\gamma_{it}+1)\end{aligned}\tag{3.1}$$

均值为根据当前收集到的数据计算出的玩家中奖概率的经验估计，方差表示经验估计的不确定性。 42

状态转移。玩家拉了第 i 条臂之后，通过观察输出，获得了关于第 i 条臂的额外信息，该信息可用于更新知识，即从当前状态 $\boldsymbol{\theta}_t$ 转移到新的状态 $\boldsymbol{\theta}_{t+1}$。有两种可能的输出结果——中奖或者没有中奖，对应两种新的状态：

- 玩家中奖的概率是 α_{it}/γ_{it}（臂 i 的中奖概率的当前估计值），更新臂 i 的状态，从 $\boldsymbol{\theta}_{it}=(\alpha_{it},\gamma_{it})$ 到 $\boldsymbol{\theta}_{i,t+1}=(\alpha_{it}+1,\gamma_{it}+1)$。
- 玩家没有中奖的概率是 $1-\alpha_{it}/\gamma_{it}$，更新臂 i 的状态，从 $\boldsymbol{\theta}_{it}=(\alpha_{it},\gamma_{it})$ 到 $\boldsymbol{\theta}_{i,t+1}=(\alpha_{it},\gamma_{it}+1)$。

每次拉臂，只有当前臂 i 的状态需要更新，其他所有臂 j（$j\neq i$）的状态都保持不变，即 $\boldsymbol{\theta}_{j,t+1}=\boldsymbol{\theta}_{j,t}$，这是经典赌博问题的一个重要特征。我们用*转移概率* $p(\boldsymbol{\theta}_{t+1}\mid\boldsymbol{\theta}_t,i)$ 表示拉第 i 条臂之后从状态 $\boldsymbol{\theta}_t$ 转移到状态 $\boldsymbol{\theta}_{t+1}$ 的概率。给定当前状态，新的状态只有两种情况，因此除了两种情况对应的状态，其他状态的转移概率都为 0。

前面的状态转移满足 β 二项式共轭。令 $c_i\in\{0,1\}$ 表示玩家拉第 i 条臂是否中奖，如果假定：

$$
\begin{aligned}
&c_i\sim \text{Binomial(probability}=p_i,\text{ size}=1)\\
&p_i\sim \text{Beta}(\alpha_{it},\gamma_{it})
\end{aligned}
\tag{3.2}
$$

其中，p_i 为中奖概率，那么加入 c_i 后，p_i 的后验分布为

$$
(p_i\mid c_i)\sim \text{Beta}(\alpha_{it}+c_i,r_{it}+1)
\tag{3.3}
$$

这表明，给定所有的历史观测，每条臂的状态都服从 β 分布，这样的解释与状态转移的规则一致。

奖励。奖励函数 $R_i(\boldsymbol{\theta}_t,\boldsymbol{\theta}_{t+1})$ 定义了拉第 i 条臂获得的期望即时奖励，以及从状态 $\boldsymbol{\theta}_t$ 到状态 $\boldsymbol{\theta}_{t+1}$ 的状态转移，经典赌博问题中的奖励函数很简单。如果臂 i 的状态从 $(\alpha_{it},\gamma_{it})$ 转移到 $(\alpha_{it}+1,\gamma_{it}+1)$，那么玩家就能获得奖励；否则没有奖励。

当目标是最大化未来获得的总奖励时，如果玩家可以不限次数地拉臂，那么我们有必要对未来获得的奖励进行衰减。针对这种*奖励衰减*的情况，通常利用指数衰减因子减少未来奖励，即未来 t 次拉臂获得的总奖励乘以一个衰减因子 d^t（$0<d<1$）。而对于*奖*
43 *励固定*的情况（即奖励不衰减），我们会给定 T，最大化未来 T 次拉臂获得的总奖励。

最优策略。探索与利用策略 π 是一个输入为 $\boldsymbol{\theta}_t$，输出为下次要拉的臂 $\pi(\boldsymbol{\theta}_t)$ 的函数。假设有 K 条臂，则 $\boldsymbol{\theta}_t$ 是一个 $2K$ 维的非负整数向量，π 需要将每个 $2K$ 维向量映射到某条臂 $i\in\{1,\cdots,K\}$ 上。之后我们会发现，找到最优策略是具有挑战性的，关于最优解的推导不在本书的内容范围内。

不过令人惊喜的是，奖励衰减的 K 臂赌博机问题的最优解可以通过求解 K 个独立的单臂赌博机问题得到。在单臂赌博机问题中，拉动一条臂要耗费一定的成本，我们需要决定拉或不拉。Jones 和 Gittins（1972）以及 Gittins（1979）最先给出了里程碑式的答案——基廷斯指数（Gittins index）。对其直观的解释是，状态为 $\boldsymbol{\theta}_{it}$ 的臂的基廷斯指数 $g(\boldsymbol{\theta}_{it})$ 是单臂赌博机问题中每次拉臂产生的固定成本，且该成本使贝叶斯最优方案产生的净奖励为 0。成本 $g(\boldsymbol{\theta}_{it})$ 取决于臂的二维状态 $\boldsymbol{\theta}_{it}$，与其他臂无关，这样一来，无论什

么时候，我们只要拉基廷斯指数最高的臂就可以了，即

$$\pi(\boldsymbol{\theta}_t) = \arg\max_i g(\boldsymbol{\theta}_{it}) \tag{3.4}$$

我们注意到，计算一条臂的基廷斯指数的成本依然很高。感兴趣的读者可以参考 Varaiya 等（1985、Katehakis 和 Veinott（1987）以及 Niño-Mora（2007）。Whittle（1988）扩展了经典的赌博问题，允许臂的中奖概率随时间而变化。遗憾的是，该问题的最优解还没有找到。

优化问题的探讨。接下来讨论如何寻找固定奖励的 K 臂赌博机问题的最优解。我们的目标是找到一个策略，使接下来的 T 次拉臂的期望总奖励最大，我们称 T 为预算。求解该问题的计算复杂度很高，即使 K 和 T 相对较小也很难操作。如果读者对这个问题不感兴趣，可以直接跳到 3.2.2 节。

令 $V(\pi, \boldsymbol{\theta}_0, T)$ 为从状态 $\boldsymbol{\theta}_0$ 开始，运用拉臂策略 π 拉臂 T 次后获得的期望总奖励，我们把它称为拉臂策略 π 的值，可以将该值递归地定义为

$$\begin{aligned} V(\pi, \boldsymbol{\theta}_0, T) &= E_{\boldsymbol{\theta}_1}\left[R_{\pi(\boldsymbol{\theta}_0)}(\boldsymbol{\theta}_0, \boldsymbol{\theta}_1) + V(\pi, \boldsymbol{\theta}_1, T-1)\right] \\ &= \sum_{\boldsymbol{\theta}_1} p(\boldsymbol{\theta}_1 \mid \boldsymbol{\theta}_0, \pi(\boldsymbol{\theta}_0)) \cdot \left[R_{\pi(\boldsymbol{\theta}_0)}(\boldsymbol{\theta}_0, \boldsymbol{\theta}_1) + V(\pi, \boldsymbol{\theta}_1, T-1)\right] \end{aligned} \tag{3.5}$$ 44

其中，$R_{\pi(\boldsymbol{\theta}_0)}(\boldsymbol{\theta}_0, \boldsymbol{\theta}_1)$ 是即时奖励，$V(\pi, \boldsymbol{\theta}_1, T-1)$ 是我们从下一个状态 $\boldsymbol{\theta}_1$ 开始，利用 π 拉臂 T−1 次的未来值。注意 $\pi(\boldsymbol{\theta}_0)$ 是 π 在状态 $\boldsymbol{\theta}_0$ 时选择的一条臂 i，$\boldsymbol{\theta}_1$ 是我们要计算期望的随机变量，因为我们不知道接下来的状态是什么。

贝叶斯最优方案 π^* 是最大化值的方案，即

$$\pi^* = \arg\max_\pi V(\pi, \boldsymbol{\theta}_0, T) \tag{3.6}$$

要拉的最优臂也取决于未来拉臂的预算 T。在这种情况下，赌博方案 π 就是一个输入为状态 $\boldsymbol{\theta}_t$ 和预算 T，输出为下次要拉的臂 $\pi(\boldsymbol{\theta}_t, T)$ 的函数。当 T 很小时，可以准确地获得贝叶斯最优方案。令 $V(\boldsymbol{\theta}_0, T) = V(\pi^*, \boldsymbol{\theta}_0, T)$ 为最优解的值。可以很容易地看出，当 T=0 时，值为 0，即在任何状态 $\boldsymbol{\theta}_t$ 下，$V(\boldsymbol{\theta}_t, 0) = 0$。当 T=1 且初始状态为 $\boldsymbol{\theta}_0$ 时，通过求解以下式子可以得到 $\pi^*(\boldsymbol{\theta}_0, 1)$：

$$\begin{aligned} \pi^*(\boldsymbol{\theta}_0, 1) &= \arg\max_i E_{\boldsymbol{\theta}_1}\left[R_i(\boldsymbol{\theta}_0, \boldsymbol{\theta}_1) \mid \text{pulling } i\right] \\ &= \arg\max_i \{\alpha_{i0} / \gamma_{i0}\} \end{aligned} \tag{3.7}$$

因为此时拉臂 i 的期望奖励是它的中奖概率 $\alpha_{i0} / \gamma_{i0}$。对于任何起始状态 $\boldsymbol{\theta}_0$，我们也可以计算：

$$V(\boldsymbol{\theta}_0, 1) = \max_i \{\alpha_{i0} / \gamma_{i0}\} \tag{3.8}$$

当 T=2 且初始状态为 $\boldsymbol{\theta}_0$ 时，通过求解以下式子可以得到 $\pi^*(\boldsymbol{\theta}_0, 2)$：

$$\pi^*(\boldsymbol{\theta}_0, 2) = \arg\max_i E_{\boldsymbol{\theta}_1}\left[R_i(\boldsymbol{\theta}_t, \boldsymbol{\theta}_1) + V(\boldsymbol{\theta}_1, 1) \mid \text{pulling } i\right] \tag{3.9}$$

公式（3.9）的问题可以通过枚举所有可能的下一个状态 $\boldsymbol{\theta}_1$ 得到。实际上，在 β 二项式 MDP 中，每条臂的下一个状态只有两种可能的情况，因此共有 $2K$ 个下一个状态需要评估，其中 K 是臂的数量。注意，下一个状态的总数与臂的数量 K 存在线性关系，因为没被拉的臂的状态保持不变。令 $\boldsymbol{\theta}_1^{(i,0)} = \boldsymbol{\theta}_0$，排除第 i 条臂的新状态是 $(\alpha_{i0}, \gamma_{i0}+1)$ 的情况
45 （对应于拉第 i 条臂没有中奖）；令 $\boldsymbol{\theta}_1^{(i,1)} = \boldsymbol{\theta}_t$，排除第 i 条臂的新状态是 $(\alpha_{i0}+1, \gamma_{i0}+1)$ 的情况（对应于拉第 i 条臂中奖）。可以通过求解以下式子得到最优解：

$$\pi^*(\boldsymbol{\theta}_0, 2) = \arg\max_i \left[\frac{\alpha_{i0}}{\gamma_{i0}}(1 + V(\boldsymbol{\theta}_1^{(i,1)}, 1)) + \left(1 - \frac{\alpha_{i0}}{\gamma_{i0}}\right)(0 + V(\boldsymbol{\theta}_1^{(i,0)}, 1))\right] \tag{3.10}$$

其中 $V(\cdot, 1)$ 在公式（3.8）中已经求解过了。容易看出，对于 $T \geqslant 2$，可以通过求解以下式子得到最优解：

$$\pi^*(\boldsymbol{\theta}_0, T) = \arg\max_i \left[\frac{\alpha_{i0}}{\gamma_{i0}}(1 + V(\boldsymbol{\theta}_1^{(i,1)}, T-1)) + \left(1 - \frac{\alpha_{i0}}{\gamma_{i0}}\right)V(\boldsymbol{\theta}_1^{(i,0)}, T-1))\right] \tag{3.11}$$

然而，计算 $V(\cdot, T-1)$ 的复杂度很高。如果我们简单地基于递归定义来计算，那么需要评估的状态总数会以 $(2K)^{T-1}$ 的方式增长。这表明贝叶斯方法存在运算局限性。对最优解的详细分析请参考 Puterman（2009）。

3.2.2　极小化极大方法

探索与利用方案也可以基于极小化极大方法来开发。极小化极大方法的核心思想是找到一种方案，将该方案的最差性能限定在合理的范围内。在该方法中，方案的性能通常由遗憾来衡量。假定臂的中奖概率是固定的，那么中奖概率最高的臂就是最优臂（拉臂方案对这一点并不知情）。在 T 次拉臂后，方案的遗憾就是拉最优臂 T 次获得的期望总奖励与根据拉臂方案拉臂获得的奖励之间的差值。

在极小化极大方法中，Auer 等（2002）提出的 UCB1 较为流行，其中 UCB 代表置信区间上界。在任意的时间点，UCB1 会为每条臂 i 计算一个优先级：

$$\frac{\alpha_i}{\gamma_i} + \sqrt{\frac{2\ln n}{\gamma_i}} \tag{3.12}$$

其中 α_i 是到目前为止拉臂 i 获得的总奖励，γ_i 是臂 i 被拉的次数，n 是拉臂总次数。然后，我们只需拉优先级最高的臂即可。在最开始 $\gamma_i = 0$ 时，每条臂都要拉一次。注意
46 公式中的 $\frac{\alpha_i}{\gamma_i}$ 是臂 i 中奖概率的当前估计值，第二项表示当前估计值的不确定性。根

据 Chernoff-Hoeffding 边界定理，Auer 证明了经过 T 次拉臂后，UCB1 遗憾的上界为 $O(\ln T)$。这个结论的意义非常重大，因为 Lai 和 Robbins（1985）证明了任何经典的赌博问题的拉臂方案经过 T 次拉臂后，遗憾至少是 $O(\ln T)$ 级别的。

我们要注意，Auer 的结论并不意味着 UCB1 在实践中可以达到最佳性能，因为大 O 式子中的常量对性能也有巨大影响。准确地说，经过 T 次拉臂后，UCB1 遗憾的上确界为

$$\left(8\sum_{i:\mu_i<\mu^*}\frac{\ln T}{\Delta_i}\right)+\left(1+\frac{\pi^2}{3}\right)\left(\sum_{i=1}^{K}\Delta_i\right) \tag{3.13}$$

其中，μ_i 是臂 i 未观测到的中奖概率，$\mu^*=\max_i \mu_i$，$\Delta_i=\mu^*-\mu_i$。在实践中，如果我们更关心平均性能，UCB1 通常会进行更多的探索以保证其最差性能。

极小化极大方法也曾应用于情形相反的赌博问题中，即每条臂的中奖概率会随时间任意改变，甚至会朝着使奖励最小化的方向改变。Auer 等（1995）研究了这个问题，并且提出了 EXP3 算法，进而产生了有界遗憾，感兴趣的读者可以阅读 Auer 等（1995）。

3.2.3　启发式赌博方案

目前已有不少启发式赌博方案被提出。接下来，我们将介绍其中的一部分。令 $\hat{p}_i=\alpha_i/\gamma_i$ 为臂 i 的中奖概率的当前估计值：

- **ε-Greedy**：这种策略以 ε 的概率随机拉动一条臂（每条臂被拉的概率相等），以 $1-\varepsilon$ 的概率拉动中奖概率估计值最高的臂，即 $\arg\max_i \hat{p}_i$。为了避免过度探索，ε 会随时间的变化而减小。例如，如果 n 是拉臂总数，我们可以令 $\varepsilon_n=\min\{1,\delta/n\}$，$\delta$ 为某个常数。Auer 等（2002）表明，δ 设置合理就可以获得一个对数级的遗憾上界。
- **SoftMax**：给定一个“温度”参数 τ，我们有以下概率会拉动臂 i：

$$\frac{\mathrm{e}^{\hat{p}_i/\tau}}{\sum_j \mathrm{e}^{\hat{p}_j/\tau}} \tag{3.14}$$

　　注意，当温度参数 τ 很高时，$\mathrm{e}^{\hat{p}_i/\tau}\to 1$，每条臂都有几乎相等的机会被选中；相反，当 τ 很低时，概率质量将集中在中奖概率估计值最高的臂上。 47

- **Thompson 采样**：假设我们用贝叶斯方法来估计每条臂的中奖概率。令 $\mathcal{P}_i$ 为臂 i 中奖概率的后验分布。为了选择一条要拉的臂，对于每条臂 i，我们先从分布 $\mathcal{P}_i$ 中采样一个随机数 p_i，然后拉动 p_i 最高的臂，这种方法最初是由 Thompson（1933）提出的。公式（3.2）和（3.3）的 β 二项式模型可用于推导臂的后验分布。
- **k-偏差 UCB**：UCB 方法也可以启发式地运用。令 $E[p_i]$ 为臂 i 中奖概率的后验分布 $\mathcal{P}_i$ 的期望，$\mathrm{Dev}[p_i]$ 为标准差。我们拉动 $s_i=E[p_i]+k\cdot\mathrm{Dev}[p_i]$ 分数最高的

臂 i，其中 k 为启发式选择出来的值，因此，分数最高的臂就是要拉的臂。β 后验分布的均值和方差在公式（3.1）中已经介绍过了。

3.2.4 方法评价

通常，贝叶斯方法的运算复杂度很高，但如果建模的假设合理，性能也会相对更好。相反，极小化极大法在最坏的情况下可以达到最佳性能，但通常平均探索次数更多。基于启发式的方法在实践中很常用，对于最坏情况或平均情况，它们的性能不一定有保证，但它们易于实现，并且经过适当调整后可以达到可接受的性能。

3.3 推荐系统中的探索与利用

现在我们来探讨推荐系统中的探索与利用，以及面临的主要挑战。

3.3.1 热门推荐

我们从热门推荐问题开始。热门推荐问题在单个槽位上向所有用户推荐最热门的物品，以最大化正响应的总数，并且我们没有利用任何与用户相关的信息（即没有个性化）。虽然很简单，但热门推荐问题涵盖了物品推荐的基本要素（如 1.2 节所述），并为

48 更复杂的技术提供了强有力的基准线。

估计物品流行度（响应率）涉及一些细节。理想情况下，为了估计物品的流行度，应该将物品展示给当前用户群体中具有代表性的用户样本。举个例子，如果利用早上收集到的数据估计物品的流行度，然后在晚上推荐早上估计的流行度最高的物品，效果可能不太好，因为早上的用户群体和晚上的用户群体是不一样的。除此之外，在使用现存系统中的历史数据时，还有一些其他因素也会使流行度估计值产生偏差。为了消除这种偏差，可以利用 Kalman 滤波器（Pole 等，1994）或者 1.2 节介绍的简单的指数加权移动平均（EWMA）等方法自适应地快速更新流行度估计值，所用数据可以通过随机的方式获得，即将给定时间区间内的一部分访问随机分配给物品池中的每件物品。因为候选物品集以及物品的响应率都会随时间而改变，因此经典赌博方案的最优方案不能应用在热门推荐问题中。3.2.3 节介绍的 ε-Greedy 方案在所有臂上进行同等随机化，并且实现起来很简单，因此是一个不错的入门方案。但是通过这种方式得到的最优解与实际网站应用的最优解可能相差甚远，因为网站应用中在每段时间间隔内可供每件物品使用的用户样本量都很小。庆幸的是，通过使用改进的赌博方案，仍然可以计算每件物品近似最优的随机化量，我们将在第 6 章介绍这些改进方案。

3.3.2 个性化推荐

对热门推荐的一种比较自然的扩展是基于人口统计数据和地理位置信息等属性将

用户粗略地分组，然后对每组用户运用热门推荐技术。如果分组比较粗糙，同时组内用户的物品关联度比较强，那么这种方法的效果很好。我们可以运用聚类和决策树（见 Hastie 等（2009）的第 9 章和第 14 章）来将用户分组。

然而，分组热门推荐方法只有在可用的每组用户访问量足以探索每件候选物品以确保响应率最高的物品能够被准确识别的情况下适用。如果物品池规模太大，个性化推荐就很难实现，因为将每件物品都展示给用户，即使只展示一次也几乎不可能实现。

在实践中，根据每个时间间隔内每件物品可用的样本数大小，通过控制段粒度的方式来运用分段热门推荐是一种简单但合理的方法。或者也可以延长时间间隔，这样就能 49
收集更多的用户样本，进而增加分组的粒度。适用于某应用的时间间隔与分组粒度之间的权衡需要通过实验决定。

3.3.3　数据稀疏性的挑战

数据稀疏性是很多推荐系统面临的主要挑战。导致数据稀疏性的主要因素包括：

- 需求个性化：用户访问的分布往往近似于长尾分布。很大一部分用户是零散用户（甚至是首次访问的用户），只有一小部分用户的访问相对更频繁。理想的方法是，一方面为频繁访问的用户进行深度个性化推荐，而对于零散用户，则运用分组热门推荐。在样本大小存在差异的情况下，设计探索与利用方案来实现个性化推荐是非常重要的。
- 大型或动态内容池：为了满足每个用户的独特兴趣，物品池必须足够大。大多数物品是时间敏感的，同时，用户对一件物品的兴趣一般也会随时间衰减。因此，在实践中，在每个时间点估计每件物品响应率的数据量很少。

3.4　处理数据稀疏性的探索与利用

在本节，我们会介绍解决数据稀疏性挑战的统计方法的主要思路。首先，利用用户和物品特征建立同质组以降低维度（3.4.1 节），然后把降维和探索与利用方法结合起来（3.4.2 节）。虽然这是一种理想的方法，但是难以获得最优解，因此实践中常用启发式方法。对于时间敏感的物品，利用最近的用户反馈在线更新模型参数也很关键，同时也要正确地初始化在线模型使得模型能够快速收敛（3.4.3 节）。

3.4.1　降维方法

我们会介绍一些有代表性且在实际推荐问题中常用的降维方法。

按层次结构分组。在一些场景中，用户和物品是分层次组织的。例如，用户居住的城市属于某个州，州又位于某个国家（如图 3-1 所示）。 50

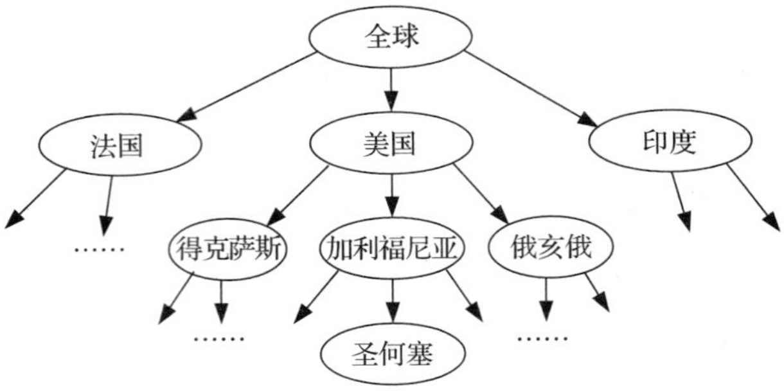

图 3-1　地理位置层次结构示例

如果数据不存在这种明显的层次结构，那么层次聚类或决策树（见 Hastie 等（2009）的第 9 章和第 14 章）可以从数据中自动构建层次结构。

我们并非一开始就为每个用户探索与利用每件物品，而是先为粗粒度的用户组探索与利用粗粒度的内容组，当获得的数据变多后，再逐渐地转变成细粒度的用户组和物品组。参见 Kocsis 和 Szepesvari（2006），以及 Pandey 等（2007）。

利用线性投影降维。另一种流行的降维方法是广义线性模型框架（Nelder 和 Wedderburn，1972）。在很多应用中，用户特征都很丰富，例如人口统计信息、地理位置以及行为活动（如搜索）等。令用户 i 的特征向量为 $\boldsymbol{x}_i=(x_{i1},\cdots,x_{iM})$，这类特征的数量 M 通常很大（成千上万，甚至百万）。广义线性模型假设用户 i 对物品 j 的响应率是特征的线性组合 $\boldsymbol{x}_i'\boldsymbol{\beta}_j$ 的单调函数，其中 $\boldsymbol{\beta}_j$ 是物品 j 的未知参数向量，可以利用用户与物品的交互数据估计出来。注意，每件物品 j 都有自己的参数向量 $\boldsymbol{\beta}_j$，用来模拟其独特的行为。虽然这种模型把估计问题从估计每个（用户，物品）对的响应率转变为估计每件物品的 M 个参数，但是当 M 很大时，运算复杂度依然很大。一种解决方法是利用一个线性投影矩阵 $\boldsymbol{B}$ 将 $\boldsymbol{\beta}_j$ 投影到低维空间，即 $\boldsymbol{\beta}_j=\boldsymbol{B}\boldsymbol{\theta}_j$，其中 $\boldsymbol{\theta}_j$ 是低维向量。投影 $\boldsymbol{B}$ 可以通过主成
51 分分析（PCA）（见 Hastie（2009）的第 14 章）或者对用户特征进行奇异值分解（2.1.2 节讨论过）等无监督方法求得。融入额外点击反馈信息的有监督方法的性能比无监督方法的性能更好，这部分内容将在第 7 章中介绍。

通过协同过滤降维。在某些特定的推荐应用中，一些用户会频繁地与推荐模块交互。如果要构建这类用户对物品的偏好特征，仅利用历史交互数据也未尝不可。而对于交互不频繁的用户，协同过滤方法可以解决特征构建的问题，这在 2.4 节讨论过。例如，基于整个用户群体的数据，我们可以估计出如“喜欢物品 A 的用户也喜欢物品 B”的关联关系。这种关联关系越强，特征的有效维度就越小，因为它们会对所有用户 – 物品对的响应率的联合分布产生软约束，即使在其他用户和物品的特征缺失的情况下，这种方法的实际效果也很好（Pilászy 和 Tikk，2009；Das 等，2007）。

目前，基于因子模型的协同过滤方法具有杰出的性能（Koren 等，2009），其思路是将用户 i 和物品 j 映射到同一欧式空间的两点 $\boldsymbol{u}_i$ 和 $\boldsymbol{v}_j$ 上，点 $\boldsymbol{u}_i$ 和 $\boldsymbol{v}_j$ 需要从数据中学到，

分别称为用户因子和物品因子。用户 – 物品的关联度则表示成 $\boldsymbol{u}_i$ 和 $\boldsymbol{v}_j$ 的内积 $\boldsymbol{u}_i'\boldsymbol{v}_j$，这也是衡量二者相似度的一种方式。我们可以将向量 $\boldsymbol{u}_i$ 和 $\boldsymbol{v}_j$ 的每一维看成一个“组”，向量 $\boldsymbol{u}_i$ 和 $\boldsymbol{v}_j$ 第 k 维的值表示用户和物品属于第 k 组的倾向度。与显式的兴趣类别不同，这些组是隐式的，并且是从历史数据中估计得到的。在应用中，通常少数因子（十几个或几百个）就能提供优异的性能。

3.4.2　降维中的探索与利用

为降维后的个性化推荐问题寻找最优的探索与利用解决方案是具有挑战性的。3.2.3 节介绍的层次结构方案在实践中较为常用。有一点需要做出调整，为某个用户预测的物品 i 的响应率 $\hat{p}_i$（例如赌博问题中的中奖概率）不再通过物品的响应次数计算，而是利用 3.4.1 节介绍的个性化模型求得。有了这一改变，ε-Greedy 和 SoftMax 便可以很容易地运用于个性化推荐，例子可以参见 Langford 和 Zhang（2007）以及 Kakade 等（2008）。有了观测数据，如果个性化模型也可以为每个用户估计每件物品的响应率后验分布，那么 Thompson 采样和 k– 偏差 UCB 可以派上用场，例子参见 Li 等 52（2010）。

在实践中，Thompson 采样和 k– 偏差 UCB 比 ε-Greedy 和 SoftMax 方法更理想，因为前者在探索与利用方法中考虑了响应率估计中的不确定性。对于 Thompson 采样方法和 k– 偏差 UCB 方法，成功的关键在于利用统计模型准确估计响应率的后验分布（不仅仅是均值）。

3.4.3　在线模型

在某些推荐问题中，物品的生命周期很短且具有时间敏感的特性。例如，在新闻推荐问题中，关于突发事件的新闻报道在几个小时内就会过时，没人关注。因此，估计这类时间敏感的物品响应率的模型需要使用最近的用户数据来不断地更新。这类在线模型一开始会利用模型参数进行初始估计，获取到新数据后会持续更新参数。例如，在因子模型中，假设估计的用户因子 $\boldsymbol{u}_i$ 比物品因子 $\boldsymbol{v}_j$ 更稳定，那么我们只需在线更新 $\boldsymbol{v}_j$。从贝叶斯的角度看，如果物品 j 没有任何点击反馈，那么就假设 $\boldsymbol{v}_j$ 服从均值为 $\boldsymbol{\mu}_j$、方差为某个值的先验分布。收到点击反馈（点击或没点击）之后，更新先验分布，得到 $\boldsymbol{v}_j$ 的后验分布，该后验分布在后续的更新步骤中又作为先验分布，如此往复，更多细节可以参考 7.3 节。对于非时间敏感物品的应用（例如电影推荐），这种频繁的在线更新对推荐效果的提升不会产生多大影响。

对于一个新的或者几乎没有收到点击反馈的物品 j，响应率的预测很大程度上取决于先验均值 $\boldsymbol{\mu}_j$，即初始估计值。我们可以把所有用户的所有物品的 $\boldsymbol{\mu}_j$ 的设置成相同的值，如 $\boldsymbol{0}$ 向量。我们也可以利用物品 j 的特征向量 $\boldsymbol{z}_j$ 初始化物品因子 $\boldsymbol{v}_j$，如 $\boldsymbol{v}_j = \boldsymbol{D}'\boldsymbol{z}_j + \boldsymbol{\eta}_j$，

其中 $\boldsymbol{D}$ 是回归系数矩阵，$\boldsymbol{\eta}_j$ 为关联项，用于学习物品特有的且不是从物品特征中捕捉的性质。可以很直观地看出，物品因子向量 $\boldsymbol{v}_j$ 首先是由基于物品特征 $\boldsymbol{z}_j$ 的回归 $D'\boldsymbol{z}_j$ 预测得到的。因为回归的输出 $\boldsymbol{v}_j$ 是一个向量（不是一个数），所以回归系数在矩阵 $\boldsymbol{D}$ 中（不是一个向量）。对于几乎没有收到点击反馈的新物品，用基于特征的回归主要是想获得物品因子。然而，物品特征也不总是预测性的，对于那些点击反馈数较多的物品，关联
53 项 $\boldsymbol{\eta}_j$ 可以捕捉到特征无法捕捉到的信息，从而能更准确地估计物品因子，用户因子也可以类似地处理。对于该问题，第 8 章有更详细的介绍。

3.5 小结

接下来对本章的内容进行小结。大多数网络推荐问题的目标是最大化一些表示用户与物品有积极互动的指标。尽管研究文献重点关注的是提高这些指标预测精确度的有监督学习技术，但推荐问题不仅仅是有监督学习问题，实际上更是探索与利用问题。然而，有监督学习技术有助于降低探索与利用问题的维度，使探索与利用方法可以快速地收敛到给定上下文中某特定用户的最佳物品。简单的启发式方法将有监督学习方法与经典多臂赌博方案相结合，在实践中表现很好。对于这种高维探索与利用问题，寻求更好的解决方法仍然是一个活跃的研究领域。

3.6 练习

考虑一个只有两件物品的热门推荐问题，两件物品的 CTR 分别是 p_1 和 $p_1+\delta(>0)$。假设将两件物品展示给用户的次数分别为 n 和 kn（$k>0$）。利用先验为均匀分布的 β 二项式分布计算第一件物品比第二件物品更好的后验概率，该后验概率对于 $n=5,10,15,\cdots,100$
54 是关于 k 和 δ 的函数。总结你的观察结果。

评估方法

提出一个推荐系统中的统计方法之后，接下来的重要步骤是性能的评估，以便之后在不同的应用中评估性能指标。根据是否部署推荐算法（更准确地说是算法中使用的模型）服务用户，评估大致分为以下两种：

1. *预部署阶段的离线评估*：在部署新模型用于服务真实用户之前，必须有明显的迹象表明其性能优于现有的基准模型。因此，在真实的用户访问上测试新模型之前，为了确定其潜力，利用历史数据计算多种性能指标，我们把这个过程称为*离线评估*。离线评估要用到记录了系统中的用户 – 物品历史交互信息的日志数据。有了这些数据，我们可以计算不同的离线评估指标，然后将模型进行比较。

2. *后部署阶段的在线评估*：如果模型在离线评估中表现优异，我们就可以把它放在一小部分真实的用户访问上测试，我们把这个过程称为*在线评估*。在线评估通常进行在线随机实验。在 Web 应用中，随机实验指的是 A/B 测试或桶测试，常用于比较新方法和已有的基准方法。测试会将两个随机的用户群体或者用户访问群体分配到实验桶和控制桶。通常，*实验桶*的大小小于*控制桶*，因为服务于实验桶的是待测试的新推荐模型，而服务于控制桶的则是现有的基准模型。*桶测试*进行一段时间后，收集两个模型对应桶中的数据用于计算性能指标，据此判断模型的性能。

在本章中，我们将介绍几种衡量推荐模型性能的方法，并分析它们的优缺点。在
4.1 节中，我们将介绍传统的离线评估指标，这类指标衡量历史评分数据上的样本外预测准确度，这里的评分具有一般性，可以是像电影星级一样的显式评分，也可以是隐式评分（也称为响应），如对推荐物品的点击（我们互换使用评分和响应）。在 4.2 节中，我们将讨论在线评估方法、评估指标，以及如何正确地进行在线桶测试。提升模型的在线性能是我们的终极目标，但在线评估也存在成本，因为表现不好的模型会严重影响用户体验。既然如此，我们能否用离线评估来近似在线性能指标呢？令人沮丧的是，答案不总是肯定的。在 4.3 节和 4.4 节中，我们将介绍两种离线方法，它们利用模拟和回放使离线评估在某些场景下可以近似为在线评估。

4.1 传统的离线评估方法

对于预测用户 i 对物品 j 评分的推荐模型，因为它们是预测性模型，自然会想到在*未观测评分*上进行测试，然后计算样本外预测准确度并将其作为评估指标。对于其他推

荐模型，如 2.3.1 节中介绍的无监督方法，它们的目标不是预测评分，可以使用排序指标来衡量模型的排序性能。实际上，排序指标的适用范围更广，因为很多推荐问题（不论使用的是预测性模型还是无监督方法）的目标是根据分数对物品进行排序，所以没有必要准确地预测用户的绝对评分，只要知道物品的相对排序即可。

离线评估方法利用的是观测到的用户对物品的历史评分。我们要注意区分观测评分、未观测评分以及预测评分。为了计算模型的样本外准确度或排序性能，首先我们要用合适的方法将观测评分划分为训练集和测试集，用测试集的评分模拟未观测评分。在介绍完数据划分方法后，我们会在 4.1.2 节中介绍常用的准确度指标，在 4.1.3 节中介绍常用的排序指标。

4.1.1　数据划分方法

在本节，我们介绍将观测评分数据划分为训练集和测试集的方法。模型所有的未知
56 参数都只能用训练集中的数据估计。之后，利用估计的模型预测测试集的物品评分或排序，通过整合这些评分或排序，最后得到模型在测试集上的准确度。为了方便说明，本节我们以准确度指标为例，因为下面的数据划分方法可以直接用于排序指标的计算。由于我们还没有准确定义准确度指标和排序指标，所以现在，我们可以把它们看作函数，其返回值用于衡量推荐模型在训练集和测试集上的性能。

数据划分方法。虽然划分训练集和测试集的目的是评估有监督学习任务中模型的性能，但是划分数据的方法取决于推荐模型自身的特性。接下来，我们介绍一些划分数据的方法以及它们的特点。

- 随机划分：随机选取观测评分数据的百分之 P 作为训练集，剩下的 $(100-P)$ 构成测试集。随机划分普遍用于计算统计模型的预测准确度，但可能不适合估计真实系统中推荐模型的期望性能，因为用户或物品的历史评分可能被划分到测试集，而新的评分却被划分到训练集。这样一来，模型最后可能会利用未来的评分数据预测历史评分，这不符合真实的应用场景。因此，如果我们只需要计算统计模型的预测准确度，那么随机划分法适合。随机划分的优点之一是我们可以在观测评分数据上进行多次随机划分，然后计算不同训练集 - 测试集划分的准确度的方差。
- 基于时间的划分：如果我们记录了用户对物品评分的时间，那么我们就能以某个确定的时间点为界，将该时间点之前的观测评分数据作为训练集，之后的数据作为测试集。基于时间的划分方法避免了用未来数据预测历史评分的问题，有利于了解真实应用场景中的模型性能。与随机划分不同的是，基于时间的划分不能生成多个划分比例相同的训练集 - 测试集划分，因为每个分割时间点对应唯一的
57 训练集 - 测试集划分。但针对这个划分法，我们可以采用自助采样法（bootstrap

sampling)(Efron 和 Tibshirani，1993）估计模型准确度的方差。例如，创建出一个训练集 – 测试集划分后，我们可以在已有的训练集和测试集上分别进行有放回的随机采样，得到多个训练集和测试集。

- *基于用户的划分*：如果目标是评估模型在还没有评分数据的*新用户*上的准确度，我们可以随机采样百分之 P 的用户，把这部分用户产生的评分数据作为训练集，剩下的百分之 $(100-P)$ 的用户产生的评分数据构成测试集。基于用户的划分方法模拟的是这样一个场景：测试集用户没有任何模型可用的历史评分数据。因此，测试集准确度衡量的是模型预测新用户评分的能力。与随机划分类似，我们可以很容易地得到多个训练集 – 测试集划分，用于评估模型在该划分法下的准确度的方差。
- *基于物品的划分*：如果目标是评估模型在还没有被评过分的*新物品*上的准确度，我们可以将物品集划分成训练物品集和测试物品集。所有训练物品集中物品的评分数据都归为训练集，所有测试物品集中物品的评分数据都归为测试集。同样，这种划分也能很容易地生成多个训练集 – 测试集划分。

交叉验证。当需要生成多个训练集 – 测试集划分时，n 折交叉验证能够保证在计算模型的测试准确度时，每条观测评分都能被使用且仅被使用一次。我们介绍随机划分的交叉验证，基于用户的划分和基于物品的划分类似。n 折交叉验证的流程如下：

- 将观测评分数据随机划分成大致相等的 n 部分；
- 对于 k 从 1 到 n：
  - 将第 k 个部分作为测试集，剩下 $n-1$ 个部分合并为训练集，
  - 在训练集上训练模型，在测试集上计算准确度指标；
- 对 n 次划分的准确度指标取平均得到最终的准确度估计值，方差和标准差也可以根据这 n 个划分的准确度求得。

调优集。模型拟合算法中通常有一些*调优参数*，这些调优参数不是由算法估计的，而是算法的重要输入。这些调优参数会影响拟合算法确定常规的模型参数。例如，正则化参数（如公式（2.15）中的 λ，公式（2.24）中的 λ_1 和 λ_2）、矩阵分解中的维度以及 SGD 方法中的步长（如公式（2.29）中的 α）等都是调优参数。那能否比较不同调优参数设置下模型的测试准确度，然后报告模型在最优参数设置下的准确度呢？一般来说，这种做法是不可取的。因为在测试集上通过调节调优参数得到的模型最优准确度通常比模型在未观测评分数据上的实际准确度要高。以一个简单的随机预测评分的模型为例，在测试集上多次运行该模型，然后报告最优的测试准确度。易知，模型实验的次数越多，性能就越好。这里的每次实验都可以当成调优参数的一种设置，对模型的性能没有实际的影响。如果测试集很大，而调优参数的设置种类数很少，那么准确度的过高估计可能不是一个严重的问题。不妨进一步将训练集分成两部分，一部分作为调优集，另一 58

部分仍然为训练集。现在训练集的作用仍然是确定模型参数，而调优集的作用是挑选一组好的调优参数。最后，在不使用测试集的前提下确定好所有未知数后，我们就可以在测试集上测试最佳调优参数下的模型，计算其准确度。完整流程如下：

- 对每组调优参数 s，执行以下步骤：
  - 在训练集上拟合调优参数设为 s 的模型，
  - 在调优集上计算该拟合模型的准确度；
- 令 s^* 为调优集准确度最高的调优参数设置；
- 在训练集（或者训练集和调优集的并集）上拟合调优参数设置为 s^* 的模型；
- 在测试集上计算该拟合模型的准确度。

以上流程没有用到交叉验证。交叉验证可以直接用于构建训练集－调优集划分，并找到模型的最佳调优参数。

4.1.2 准确度指标

令 Ω^{test} 为测试集的（用户 i，物品 j）对集合，y_{ij} 为观测到的用户 i 对物品 j 的评分，
59 $\hat{y}_{ij}$ 为模型预测的评分。准确度有多种计算方式。

- 均方根误差：对于数值评分，常用的准确度指标是预测评分与观测评分间的均方根误差（RMSE）：

$$\text{RMSE} = \sqrt{\frac{\sum_{(i,j)\in\boldsymbol{\Omega}^{\text{test}}} (y_{ij} - \hat{y}_{ij})^2}{|\boldsymbol{\Omega}^{\text{test}}|}} \tag{4.1}$$

因为 Netflix 竞赛选用 RMSE 作为准确度指标，所以近几年 RMSE 特别流行。

- 平均绝对误差：另一种常用的针对数值评分的指标是平均绝对误差（MAE）：

$$\text{MAE} = \frac{\sum_{(i,j)\in\boldsymbol{\Omega}^{\text{test}}} |y_{ij} - \hat{y}_{ij}|}{|\boldsymbol{\Omega}^{\text{test}}|} \tag{4.2}$$

- 正则化 L_p 范数：MAE 和 RMSE 是正则化的 L_p 范数在 p=1 和 2 时的两个特例：

$$\text{正则化 } L_p \text{ 范数} = \left(\frac{\sum_{(i,j)\in\boldsymbol{\Omega}^{\text{test}}} |y_{ij} - \hat{y}_{ij}|^p}{|\boldsymbol{\Omega}^{\text{test}}|}\right)^{1/p} \tag{4.3}$$

p 值越大，对误差大的（用户，物品）对的惩罚也越大。p 取极限值时，$L_\infty = \max_{(i,j)\in\boldsymbol{\Omega}^{\text{test}}} |y_{ij} - \hat{y}_{ij}|$。MAE 和 RMSE 广泛应用于实际应用中。

- 对数似然：对于预测用户对物品做出积极响应（点击或者不点击）的概率的模型，模型在测试集（不是训练集）上的对数似然是一个有效的准确度指标。令 $\hat{p}_{ij}$ 为模

型预测用户 i 对物品 j 做出积极响应的概率，$y_{ij} \in \{1, 0\}$ 为用户 i 是否真的对物品 j 做出了积极响应。然后，我们得到：

$$\begin{aligned}\text{对数似然} &= \sum_{(i,j)\in\boldsymbol{\Omega}^{\text{test}}} \log \Pr(y_{ij} \mid \hat{p}_{ij}) \\ &= \sum_{(i,j)\in\boldsymbol{\Omega}^{\text{test}}} y_{ij}\log(\hat{p}_{ij}) + (1-y_{ij})\log(1-\hat{p}_{ij})\end{aligned} \tag{4.4}$$

准确度指标是评估预测性模型的基本方法。当比较一个新的预测性模型和现有模型时，首先要确保新的模型在历史数据上的准确度比现有模型高。但我们不能仅依赖于准确度指标，因为它们有以下不足：

- 不适用于评估排序性能：大多数系统只向用户推荐排在前面的几件物品。因此，那些排位靠前的物品的准确度比排位靠后的物品的准确度更重要。例如，在二值 60 响应问题中，模型在低响应率物品和高响应率物品上的性能差距可能很大，所以低响应率估计中产生的大误差可能不会对性能产生太大影响。经典的准确度指标不会根据物品排序对误差进行适当加权。
- 难以将准确度的提高转化为实际系统性能的提升：通常，模型准确度的提高是一个振奋人心的指示，但离线准确度的提升并不一定意味着实际在线系统的性能得到了提升。例如，即使模型的 RMSE 从 0.9 降到 0.8，我们也很难说推荐系统的性能提高了多少。或者，模型的对数似然提高了百分之十，我们也不能确定用户对推荐物品的点击数能增加多少。

4.1.3 排序指标

在前面我们已经讨论过，推荐问题通常是排序问题。因此模型对高分物品的排序成为评估模型好坏的重要标准。令 s_{ij} 为模型计算的（用户 i，物品 j）对的分数，只要该分数能够反映物品与用户的关联度，并能用于对物品进行排序，那么分数的值不需要与实际评分的取值范围一致。与之前一样，我们用 y_{ij} 表示观测到的用户 i 给物品 j 的评分，将观测评分（准确地说是观测到的有评分的用户 - 物品对）划分成训练集和测试集，并利用测试集计算排序指标。

首先考虑全局排序指标，即根据模型的预测分数对整个测试集的用户 - 物品对进行排序，计算有多少评分高的用户 - 物品对排在评分低的用户 - 物品对的前面。接着，我们讨论局部排序指标，即分别对每个独立用户的测试物品进行排序，然后针对每个用户，衡量评分高的物品排在评分低的物品前面的程度，最后对所有用户求平均值。

全局排序指标。假设观测评分 y_{ij} 是二值变量（如点击），或者可以转变成二值变量（如将高于某阈值的评分当作正响应，低于该阈值的当作负响应）。令 Ω_{+}^{test} 为测试集中评分为正的（用户 i，物品 j）集合，Ω_{-}^{test} 为测试集中评分为负的（用户 i，物品 j）集合。

给定阈值 θ，令分数 $s_{ij}>\theta$ 的（i, j）对为预测为正的用户－物品对，$s_{ij}\leqslant\theta$ 的（i, j）为预测为负的用户－物品对。在表 4-1 中，我们定义了 $TP(\theta)$、$TN(\theta)$、$FP(\theta)$ 和 $FN(\theta)$。根据这些符号的定义，常用的排序指标如下：

- 精确率－召回率（P-R）曲线：模型的 P-R 曲线是一种在负无穷到正无穷的区间上取不同的 θ 值生成的二维曲线。给定一个 θ 值，曲线上对应的点为 $(\text{Recall}(\theta), \text{Precision}(\theta))$，其中

$$\text{精确率}(\theta)=\frac{TP(\theta)}{TP(\theta)+FP(\theta)}$$
$$\text{召回率}(\theta)=\frac{TP(\theta)}{TP(\theta)+FN(\theta)} \tag{4.5}$$

- 受试者工作特征曲线（ROC）：模型的受试者工作特征曲线也是一种在负无穷到正无穷的区间上取不同的 θ 值生成的二维曲线。给定一个 θ 值，曲线上对应的点为 $(FPR(\theta), TPR(\theta))$，其中

$$TPR(\theta)=\frac{TP(\theta)}{TP(\theta)+FN(\theta)} \quad \text{（真正率）}$$
$$FPR(\theta)=\frac{FP(\theta)}{FP(\theta)+TN(\theta)} \quad \text{（假正率）} \tag{4.6}$$

很容易看出，一个输出随机分数 s_{ij} 的随机模型的 ROC 曲线是一条从（0, 0）到（1, 1）的直线。

- ROC 曲线下的面积（AUC）：P-R 曲线和 ROC 曲线都是二维曲线。有时候我们会想，能否只用一个数来衡量模型的性能，ROC 曲线下的面积，即 AUC 就能很好地综合 ROC 曲线的两个指标。AUC 的范围从 0 到 1，值越大，模型的性能越好。随机模型的 AUC 为 0.5。

表 4-1　*TP*、*TN*、*FP* 和 *FN* 的定义

$TP(\theta)=\lvert\{(i, j)\in\Omega_{+}^{\text{test}}:\ s_{ij}>\theta\}\rvert$， 真的正用户－物品对的数量
$TN(\theta)=\lvert\{(i, j)\in\Omega_{-}^{\text{test}}:\ s_{ij}\leqslant\theta\}\rvert$， 真的负用户－物品对的数量
$FP(\theta)=\lvert\{(i, j)\in\Omega_{-}^{\text{test}}:\ s_{ij}>\theta\}\rvert$， 假的正用户－物品对的数量
61～62 $FN(\theta)=\lvert\{(i, j)\in\Omega_{+}^{\text{test}}:\ s_{ij}\leqslant\theta\}\rvert$， 假的负用户－物品对的数量

另一种衡量模型排序性能的方法是等级相关性，它通过比较两个物品列表来评估模型的排序性能，一个是按模型分数 s_{ij} 排序得到的测试集用户－物品对列表，另一个是按

观测评分 y_{ij} 排序得到的测试集用户 – 物品对的真实列表。两个列表越相似，模型的性能越好。斯皮尔曼等级相关系数 ρ（Spearman's ρ）和肯德尔等级相关系数 τ（Kendall's τ）是两个常用的衡量两个排序列表相似度的等级相关性指标。

- 斯皮尔曼等级相关系数 ρ 描述两个列表中元素排序等级之间的皮尔逊相关性。令 s_{ij}^* 和 y_{ij}^* 分别为（用户 i，物品 j）在两个列表中根据 s_{ij} 和 y_{ij} 排序的等级。例如，如果 s_{ij} 在测试集的所有用户 – 物品对中是第 k 高的分数，那么 $s_{ij}^* = k$。如果出现分数相等的用户 – 物品对，按如下方式处理：假设有 n 个用户 – 物品对的评分（或者分数）相等，都为 y，且有 m 个用户 – 物品对的评分（或分数）大于 y，那么这 n 个用户 – 物品对的排序等级都为平均等级 $\sum_{i=m+1}^{m+n} i/n$。令 $\bar{s}^*$ 和 $\bar{y}^*$ 为测试集中所有（i，j）对的预测排序等级 s_{ij}^* 和真实排序等级 y_{ij}^* 的平均值，皮尔逊相关系数的计算方法如下：

$$\frac{\sum_{(i,j)\in\Omega^{\text{test}}}(s_{ij}^*-\bar{s}^*)(y_{ij}^*-\bar{y}^*)}{\sqrt{\sum_{(i,j)\in\Omega^{\text{test}}}(s_{ij}^*-\bar{s}^*)^2}\sqrt{\sum_{(i,j)\in\Omega^{\text{test}}}(y_{ij}^*-\bar{y}^*)^2}} \tag{4.7}$$

- 肯德尔等级相关系数 τ 度量两个用户 – 物品对在两个排序列表中相对等级一致的倾向性。考虑测试集中任意的两个用户 – 物品对 (i_1, j_1) 和 (i_2, j_2)，定义两个指示函数，如下所示：

$$\begin{aligned}
&\text{Concordant}((i_1, j_1), (i_2, j_2)) \\
&= I((s_{i_1j_1} > s_{i_2j_2} \text{ and } y_{i_1j_1} > y_{i_2j_2}) \text{ or } (s_{i_1j_1} < s_{i_2j_2} \text{ and } y_{i_1j_1} < y_{i_2j_2})) \\
&\text{Discordant}((i_1, j_1), (i_2, j_2)) \\
&= I((s_{i_1j_1} > s_{i_2j_2} \text{ and } y_{i_1j_1} < y_{i_2j_2}) \text{ or } (s_{i_1j_1} < s_{i_2j_2} \text{ and } y_{i_1j_1} > y_{i_2j_2}))
\end{aligned}$$

令 n_c 和 n_d 分别为相对等级一致和相对等级不一致的用户 – 物品对的数目：

$$\begin{aligned}
n_c &= \frac{1}{2}\sum_{(i_1,j_1)\in\Omega^{\text{test}}}\sum_{(i_2,j_2)\in\Omega^{\text{test}}}\text{Concordant}(i_1, j_1), (i_2, j_2) \\
n_d &= \frac{1}{2}\sum_{(i_1,j_1)\in\Omega^{\text{test}}}\sum_{(i_2,j_2)\in\Omega^{\text{test}}}\text{Discordant}(i_1, j_1), (i_2, j_2)
\end{aligned} \tag{4.8}$$ 63

肯德尔等级相关系数 τ 定义如下：

$$\tau = \frac{n_c - n_d}{n(n-1)/2} \tag{4.9}$$

其中，$n = |\Omega^{\text{test}}|$ 是测试集中用户 – 物品对的总数。等级相关性指标处理的是非二值评分。除了上面介绍的处理分数相同的用户 – 物品对的方法，还有可借鉴的其他方法

（如 τ_b、τ_c）。

局部排序指标。令 $\mathcal{J}_i^{\text{test}}$ 为由用户 i 评过分的物品的集合，我们先根据 $\mathcal{J}_i^{\text{test}}$ 计算每个用户 i 的排序指标，然后计算所有用户的排序指标的平均值。我们只针对二值评分，否则，要么根据某个阈值将多值评分转变成二值变量，要么计算所有用户的平均等级相关性。常用的局部排序指标如下：

- 等级 K 的精确率（$P@K$）：对每个用户 i，根据模型的预测分（从高到低）对集合 $\mathcal{J}_i^{\text{test}}$ 中的物品进行排序。$P@K$ 是前 K 个物品中正（正反馈）物品的比例。计算完每个用户的 $P@K$ 后，计算所有用户的平均值。通常我们会考虑多个 K 值（如 1、3、5），一个好的模型应该在所有 K 值上都超过基准模型。
- 平均精度均值（MAP）：平均精度是综合所有 K 值的 $P@K$。计算方式如下：与之前一样，首先，根据模型的预测分对每个用户 $\mathcal{J}_i^{\text{test}}$ 中的物品进行排序。将平均精度定义为每个用户在不同位置 K 上 $P@K$ 的均值。因此，平均精度均值为所有用户的平均精度的均值。
- 归一化折损累积增益（nDCG）：同样，对于每个用户 i，我们要根据模型的预测评分对集合 $\mathcal{J}_i^{\text{test}}$ 中的物品进行排序。如果位置 k 上的物品被用户 i 打了正向评分，那么 $p_i(k)=1$；否则 $p_i(k)=0$。令 $n_i=|\mathcal{J}_i^{\text{test}}|$，$n_i^+$ 为 $\mathcal{J}_i^{\text{test}}$ 中被用户打了正向评分的物品的数量。折损累积增益的定义如下：

$$\mathrm{DCG}_i = p_i(1) + \sum_{k=2}^{n_i} \frac{p_i(k)}{\log_2 k} \tag{4.10}$$

用户 i 的 nDCG 是通过对 DCG 进行归一化得到的：

$$\mathrm{nDCG}_i = \frac{\mathrm{DCG}_i}{1 + \sum_{k=2}^{n_i^+} \frac{1}{\log_2 k}} \tag{4.11}$$

64 上式中的分母是用户 i 可达到的最大 DCG 值，若 $n_i^+=1$，其值为 1。最后，对所有至少有一个正向评分的用户 i 的 nDCG_i 求平均得到 nDCG。

评价。大部分排序指标一开始是为评估信息检索（IR）系统的性能而定义的，目的是衡量 IR 模型能否把与给定的查询语句相关性高的文档排在相关性低的文档前面。通常，一组查询语句基于 IR 任务的目标采样而得到，对于每条查询语句，根据期望分布采样一组文档，然后，人工评估这些文档是否与查询语句相关。

但是，当运用全局排序指标评估推荐模型时，推荐系统中没有查询语句这个定义，也没有与 IR 系统中的查询语句有清晰对应关系的概念。实际上，通过评估（用户，物品）对的评分得到的全局排序指标并不直接衡量排序模型对每个用户的物品排序的能力，相反，它们类似于有监督学习的分类任务中的准确度指标。因此，所有存在于准确度指标中的局限性，全局排序指标都有。

而在局部排序指标中，每个用户对应一条查询语句，测试集中由用户评过分的物品对应于文档，正向评分说明文档与查询语句之间存在"相关性"。局部排序指标可以有效地评估模型对物品排序的能力，但是它们存在选择偏差和难以转换成在线系统性能的局限性。

定义好的IR任务中，文档是根据确定的期望分布采样生成的，而用于计算局部排序指标的物品却存在选择偏差。对于显式评分，用户自主选择他们想评分的物品，大部分系统中的用户更愿意对他们喜欢的物品进行评分。因此，测试集中的物品（评过分的物品，很多都是用户喜欢的物品）的分布与服务于真实用户的新模型生成的物品的分布可能会非常不同。而对于隐式评分，如对推荐物品的点击，测试数据通常是从已有的推荐系统中收集到的。这样的话，系统在数据收集期间使用的模型便决定了测试集物品的分布。如果待测试的新模型倾向于为用户推荐测试数据中没有出现的物品，那我们就不能准确地测量模型的性能。

实验的最终目标是测量在线模型的性能。排序指标在判断新模型对物品的排序是否比旧模型更好上起到了指示作用。然而，根据离线指标很难得到在线用户参与度指标（如对推荐物品的点击）的性能增益。例如，很难预测排序指标10%的提升所对应的在线性能增益。 65

4.2 在线分桶测试

为了评估推荐模型的真实性能，我们应该让模型服务一部分随机选取的用户，然后观察这些用户如何响应推荐物品。我们把这种实验称为在线分桶测试或直接称为分桶测试。在本节中，我们首先探讨如何合理地设置在线分桶测试，接着介绍一些常用的指标，最后讲述如何分析分桶测试的结果。

4.2.1 设置分桶测试

为了说明方便，我们以比较两个推荐模型为例介绍分桶测试，分别将两个模型记作：模型A和模型B。首先，创建两组不相交的随机用户样本或"请求"（用户访问），在给定的一段时间内，模型A服务其中一组，模型B服务另一组。这里的每组样本就是一个桶，常用的两种桶如下：

1. *基于用户的桶*：基于用户的桶其实就是随机选取的用户集合。一种简单的将用户分配给一个桶的方式是对用户ID运用哈希函数，将哈希值在某个特定范围内的用户分配到同一个桶中。Ron Rivest提出的MD5哈希函数就是一个很好的例子。

2. *基于请求的桶*：基于请求的桶是随机选取的请求集合。一种简单的创建基于请求的桶的方法是为每个请求生成一个随机数，然后将随机数在某个特定范围内的请求分配到同一个桶中。注意，在这种类型的桶中，同一个用户的不同请求可能属于不同的桶。

基于用户的桶的桶间分离性通常比基于请求的桶高。例如，如果采用基于请求的桶，且用户的请求先由模型 B 服务，那么该用户对模型 A 服务的响应可能会受到模型 B 的影响；而在基于用户的桶中，这个问题不存在。模型对用户长期行为的影响也只能在基于用户的桶中才能测量出来。然而，如果用一个差的模型服务基于用户的桶，那么用户就会看到差的结果，从而导致用户体验变得很差。而基于请求的桶在这个问题上的敏感性较低，因为一个用户的所有请求不可能都被分配到同一个桶中。大多数情况下，基于用户的桶更受欢迎。

在控制变量实验中，除了服务于每个桶的模型不同之外，即模型 A 服务于一个桶，
66 模型 B 服务于另一个桶，桶的设置应该保持完全一致，尤其要保证创建桶的规则一致，比如，如果一个桶包含登录用户，那么另一个桶也必须只包含登录用户。

如果使用基于用户的桶，为了保证正交性，我们需要为不同的测试设计独立的哈希函数。举例来说，假设一个网页上有两个推荐模块（每个模块有两个模型需要测试），这两个模块代表两个测试：测试 1 和测试 2。每个测试 i 有两个桶，对应两个推荐模型：A_i 和 B_i。如果两个测试使用相同的哈希函数，哈希值低于某个阈值的用户分配给模型 A_i，其余用户分配给模型 B_i，那么模型 A_1 和模型 A_2 总是一起服务于同一用户样本，模型 B_1 和模型 B_2 也总是一起服务于同一用户样本，这样会导致无法对模型 A_1 和模型 B_1 进行比较。因为模型 A_1 和模型 B_1 服务的用户样本分别与模型 A_2 和模型 B_2 服务的用户样本存在交集。解决这个问题的方法是保证用户被分配到测试 1 中 A_1 的概率与被分配到测试 2 中 A_2 或 B_2 的概率相互独立。这个方法很好实现，只要保证测试 1 中从用户 ID 到哈希值的映射函数与测试 2 中的在统计学上独立即可。独立的哈希函数也可以保证当前测试和之前的测试之间的独立性。

另一种有效的测试是用同一模型服务两个桶，然后检查这些桶上的性能指标在统计学上是否相似，这就是 A/A 测试。A/A 测试不仅可以很好地估计固有的统计变异性，还能够检测出实验设置中的明显错误。或者还可以进行为期一到两周的桶测试，因为通常在不同天或不同周，用户的行为存在差异。如果一个新的模型推荐的物品是以前的模型没有推荐过的，由于*新奇效应*，用户在初始阶段会积极地点击。为了降低这种效应产生的偏差，监控测试指标时会忽略最初几天的测试结果。

除了前面的实验建议，我们也可以运用标准实验设计方法确定一个桶的大小以满足统计意义。例如，自助采样法可以确定性能指标的方差，从而帮助我们计算桶的大小。这些方法都不在本书的内容范围内，感兴趣的读者可以参考 Montgomery（2012）以及 Efron 和 Tibshirani（1993）。

4.2.2　在线性能指标

67 推荐系统应该根据应用目标选用性能指标，大多数系统的主要目标是提升用户参与

度。接下来介绍几种常用的用户参与度指标：

- 点击通过率（CTR）：推荐模块的点击通过率是模块展示的所有物品的点击数的平均值，等于模块总点击数除以模块将物品展示给用户的次数。模块中物品的点击数可以很好地反映出用户对推荐物品的兴趣。然而，一些点击对于测量用户参与度是无用的，应该剔除，比如机器人（软件）产生的点击或者其他形式的欺诈点击、快速回跳的点击（通常在物品内容与推荐模块提供的描述信息不符时产生），以及无效链接的点击（因为用户通常会多次点击这类链接）。为了限制每个（用户，物品）对的权重，同一个用户对同一件物品的多次点击最好也移除。这样一来，CTR 的分子就变为由用户点击物品产生的唯一的（用户，物品）对的数量。
- 每个用户的平均点击数：好的推荐通常会诱导用户重复访问网站。用户访问频率的增加意味着用户参与度的提升，但同时也增加了 CTR 的分母，因此可能会降低模型的 CTR。我们可以把分母替换成模型服务的桶中的用户总数，这样问题就解决了。最终得到的指标是每个用户点击数的平均值，等于总点击数除以用户总数。因为一个用户的多个请求可能由多个模型提供服务，所以比起基于请求的桶，这个指标更适用于基于用户的桶。
- 点击者比例：一些用户从来不点击推荐物品。好的模型应该引导这类用户进行点击。点击者比例指标可以量化模型的这个性能。将一个桶中点击了任意推荐物品的用户数除以桶的用户总数就能得到点击者比例。
- 点击外行为：点击只是众多用户正向行为的一种，有些系统为每件推荐物品设置了一系列按钮，使得用户可以分享、喜欢以及评论。不同种类的行为率，如分享率、喜欢率、评论率都可以用类似 CTR 的方式定义，每个用户的行为数与行为执行者的比例也可以用类似点击的方式定义。
- 时间花销：除了行为之外，用户点击推荐物品或进行其他动作之后，用户花费在物品上的时间也是一种有效的参与度指标。然而，准确估计时间花销是有一定难度的。例如，在新闻文章推荐系统中，虽然从用户打开网页文章到用户离开网页的这段时间很容易计算；但是在这段时间内，用户是真的在阅读文章还是一边把网页打开一边做其他的事情，这就无从得知了。 68

在一般的应用中，通过计算之前介绍过的所有或部分参与度指标，我们可以对模型性能有一个全方位的了解。

4.2.3 测试结果分析

在计算性能指标之前，最好进行一些“合理性检查”，以验证实验设置的有效性。

合理性检查。我们期望一些统计数据在各个桶中都是相同的，检查这些统计数据可以确保桶的设置正确。下面介绍一些有用的统计数据：

- 用户属性的统计分布：用户人口特征（如年龄、性别、地理位置、职业）、用户的使用期（用户注册时间到现在的时间差）、用户声明的兴趣等，这些信息的统计分布在各个桶中都应该相同。
- 曝光统计：当 CTR 作为主要性能指标时，有必要检查一下我们展示推荐模块的次数（也叫作曝光数）在各个大小相等的桶中是否大致相似（对于大小不等的桶，我们按桶的大小进行归一化）。
- 一个桶中随时间变化的曝光数、点击数和用户数：这类时间序列图可以表明桶是否按预期设置。出现在任一种统计数据的时间序列上的异常都可能隐含应该要排查的问题。
- 用户访问频率：用户访问频率在各个桶中的分布应该一样。我们可以利用统计检验来检测差异，如卡方检验。任何差异都可能表明实验设置或数据存在一些错误。

大多数端到端的推荐系统都很复杂，因此，利用这些指标监控系统能让我们对实验结果更加充满信心。

分段评估指标。测试一个新模型时，整个测试期间内所有用户的单一平均值指标可
69 能无法反映新模型各方面的性能。因此，为了更好地了解模型性能，我们可以计算不同类型分段的指标。

- 按照用户属性分段：在比较两个模型时，可以按照已知属性（例如年龄、性别、位置）对用户分段，检查模型在所有或大多数用户段上是否始终优于另一个模型。
- 按照用户活跃度分段：有些模型擅长为活跃度高的用户推荐物品，缺乏为活跃度低的用户提供服务的能力。还有些模型，不论用户活跃度高低与否，都能达到相似的性能。在用户活跃度不同的分段上计算性能指标可以知道模型最有益于哪个用户分段。基于活跃度的用户分段可以根据用户的月平均访问次数或行为次数来创建。
- 按时间分段：观察模型性能随时间的变化可以看出一天中某一具体时间点、工作日、周末等因素是否会对模型性能产生影响，还可用于检测时间效应，如新颖性（在实验的最开始）和趋势（当进行长时间的测试时）。

4.3 离线模拟

与离线测试相比，在线桶测试的成本更高，因为它们需要在真实用户上进行实验，如果服务方案很糟糕，用户体验可能会受到影响。因此，很难同时在线测试不同的模

型。虽然离线测试更经济，但它们可能无法准确地估计在线模型的性能。因此，我们讨论两种在满足特定假设的前提下，可以缩小估计性能与实际性能差距的离线评估方法。首先在本节介绍离线模拟方法，然后在 4.4 节介绍离线回放方法。

模拟的基本思想是创建一个可以离线模拟用户对物品的响应的真实模型，有人可能会说，如果存在这样的模型，它应该用于推荐物品，没必要再评估其他模型。当然，实践中很难建立这种模型，因此，与其建立模拟模型来捕捉用户与物品交互时的行为特点，不如选择一类更简单且在估计参数时具有能访问测试数据这一优势的模型。待测试模型不具有查看测试数据的关键优势。下面我们举例说明这个方法。 70

热门推荐的模拟。我们从 3.3.1 节的热门推荐开始，其目标是在每个时间点选择最热门的物品。假设用总体正响应率（如 CTR）来衡量物品的流行度。基于以上设置，真实模型包含以下组件：

- 每件物品 j 在每个时刻 t 的响应率 p_{jt}。通常会创建等间隔的时间区间（例如，将一段时间划分成多个 10 分钟的区间），用 t 指代第 t 个时间区间。
- 区间 t 内用户访问的次数 n_t。
- 区间 t 内的候选物品集 $\mathcal{J}_t$。

为了达到评估的目的，通常我们会从在线系统中收集数据来估计 p_{jt}、n_t 以及 $\mathcal{J}_t$，并将其看成真实值。给定一个收集数据的时间段，n_t 为区间 t 内用户访问的总次数，$\mathcal{J}_t$ 为区间 t 内的候选物品集。一种有效的收集估计 p_{jt} 的数据的方法是创建随机桶，每件候选物品都有一个正概率展示给桶中的每次用户访问。根据桶中收集到的数据，我们可以通过时间序列平滑技术或估计方法得到 p_{jt}（具体请参考 Pole 等，1994）。注意，$\{p_{jt}\}\forall_t$ 是物品 j 响应率的时间序列。如果物品池中的物品数量太多，而用户样本数很少，则很难得到每件物品可信的响应率估计值，因此在实际的评估中，我们会使用一些基准推荐模型筛选出前 K 件物品并将它们放入候选集 $\mathcal{J}_t$，限制候选集的大小。真实模型的 $\{p_{jt}\}$ 可以利用完整的时间序列，即时刻 t 前的数据和时刻 t 后的数据来估计。

为了实现模拟，我们需要假设真实值的分布。如果在时刻 t，模型有 m_{jt} 次把物品 j 推荐给用户访问，那么物品 j 的点击数 c_{jt} 是根据均值为 $p_{jt}m_{jt}$ 的分布生成的。常用的 c_{jt} 的分布为二项分布和泊松分布（如果我们允许一个用户多次点击一件物品），即：

$$c_{jt} \sim \text{Binomial}(\text{probability} = p_{jt}, \text{size} = m_{jt})$$

或

$$c_{jt} \sim \text{Poisson}(\text{mean} = p_{jt}m_{jt}) \quad (4.12)$$ 71

我们考虑一个基于概率的热门推荐模型 $\mathcal{M}$，流程如下：对于每个时间区间 t，在区间开始前，模型为该区间确定了一个服务方案，即对于每件候选物品 j，区间内有 x_{jt} 比例的用户访问被推荐的物品 j。性能指标为模型 $\mathcal{M}$ 推荐的物品的总体响应率。测试 $\mathcal{M}$ 的过程如下：

1. 对每个时间区间 t，执行以下步骤：

1）模型 $\mathcal{M}$ 决定时刻 t 内候选物品 $j \in \mathcal{J}_t$ 的用户访问比例 x_{jt}，且对于每件物品 j，满足 $x_{jt} \geqslant 0$，$\sum_j x_{jt} = 1$。令 $m_{jt} = n_t x_{jt}$ 为推荐物品 j 的用户访问数。这个决策是基于时刻 t 前的观测数据，即 $\{(c_{j\tau}, m_{j\tau})\}_{\forall j, \tau < t}$ 制定的。

2）对每件物品 j，根据 p_{jt} 和 m_{jt}，从真值分布中采样点击数 c_{jt}。

2. 计算模型 $\mathcal{M}$ 的响应率 $\left(\sum_t \sum_j c_{jt}\right) \Big/ \left(\sum_t n_t\right)$。

分段热门推荐的模拟。对热门推荐进行简单的扩展，即将用户划分成不同段，对不同段内的用户进行热门推荐。分段确定后（不比较不同用户分段方式的好坏），我们可以用类似非分段热门推荐的评估方式来评估分段热门推荐的模型。令 $\mathcal{U}$ 为用户分段的集合，p_{ujt} 为区间 t 内用户分段 $u \in \mathcal{U}$ 中所有用户对物品 j 的 CTR，n_{ut} 为区间 t 内用户分段 u 中所有用户的访问次数。分段不能太细，否则，p_{ujt} 和 n_{ut} 的估计中会存在很大的噪声，也不适合作为真值。

给定用户分段集合 $\mathcal{U}$，按照以下步骤测试分段热门推荐的模型 $\mathcal{M}$：

1. 对每个时间区间 t，执行以下操作：

1）模型 $\mathcal{M}_s$ 决定区间 t 内，待推荐物品 $j \in \mathcal{J}_t$ 在用户分段 u 中的用户访问比例 x_{ujt}，且对于所有 u，满足 $\sum_j x_{ujt} = 1$。这种决策基于区间 t 前观测到的数据 $\{(c_{uj\tau}, m_{uj\tau})\}_{\forall u, j, \tau < t}$ 而制定，其中，$c_{uj\tau}$ 是点击数且 $m_{uj\tau} = n_{ut} x_{jt}$。

2）基于 p_{ujt} 和 m_{ujt}，从真值分布中生成点击数 c_{ujt}。

72 2. 计算模型 $\mathcal{M}_s$ 的响应率为 $\left(\sum_u \sum_t \sum_j c_{ujt}\right) \Big/ \left(\sum_u \sum_t n_{ut}\right)$。

对于简单的问题设置，离线模拟是一种有效的模型比较方法。然而，当问题设置变得复杂时（例如，如何构建好的用户分段，如何判断分解模型是否比基于相似度的模型更好），真实模型便很难获得。更准确地说，当比较不同类型的模型时，真实模型的选择存在偏差，因为它对与真实模型类似的推荐模型更有利。

4.4　离线回放

在本节中，我们将通过“回放”日志中的历史推荐来对通用的问题设置进行离线评估。我们从 4.4.1 节中的简化设置开始，即仅向每次用户访问推荐固定物品集中的一件物品，然后在 4.4.2 节中讨论其他情况的处理。我们用“奖励”代指想要最大化的性能指标，例如，对物品的点击或者一些正向的行为就是一种奖励。在某些情况下，像点击这样的正向行为可以根据后续效用进行加权，例如广告收入或在目标网页（提供物品详细信息的页面，在用户点击推荐物品后显示）上花费的时间，这样就得到了加权点击奖励。我们的目标是利用过去收集的数据估计新推荐模型的预期奖励。

4.4.1　基本回放估计

考虑这样一个场景，仅向每次用户访问推荐固定物品池中的一件物品。令 x 为时间 t 时能帮助我们进行推荐的所有可用信息，具体包括以下内容：

- 用户 ID 以及相关的用户特征。
- 候选物品集、物品 ID 以及它们的特征。
- 上下文特征，例如，展示形式、布局、一天中的具体时刻以及星期几。

令 $\boldsymbol{r}$ 为奖励值向量，$r[j]$ 为推荐物品 j 的奖励。令 $\mathcal{P}$为（$\boldsymbol{x}$, $\boldsymbol{r}$）的联合概率分布。我们的目标是估计新推荐模型 h 的期望奖励。新推荐模型也是一个函数 $h(\boldsymbol{x})$，输入为 $\boldsymbol{x}$，
返回固定候选物品集中的一件物品。函数 h 可以完全取决于特征，也可以包含一些随机 73
性。例如，h 可以以概率 ϵ 均匀随机地在物品池中选择一件物品，以（$1-\epsilon$）的概率选择具有最高估计响应率的物品，物品的估计响应率通过回归模型求得。期望奖励如下：

$$E_{(\boldsymbol{x},\boldsymbol{r})\sim\mathcal{P}}\left[\sum_j r[j]\cdot \Pr(h(\boldsymbol{x})=j\mid \boldsymbol{x})\right] \tag{4.13}$$

其中，$E_{(\boldsymbol{x},\boldsymbol{r})\sim\mathcal{P}}$为 $(\boldsymbol{x},\boldsymbol{r})$ 的联合分布 $\mathcal{P}$的期望，$\Pr(h(\boldsymbol{x})=j\mid\boldsymbol{x})$ 表示在给定 $\boldsymbol{x}$ 的条件下，特征模型 h 选择物品 j 的条件概率。为了估计期望奖励，我们记录了过去的用户 – 物品互动以及相关的奖励，这些记录数据都是通过历史服务模型 s 获得的。模型 s 也是一个函数 $\boldsymbol{s}(\boldsymbol{x})$，输入为 $\boldsymbol{x}$，返回固定候选物品集中的一件物品。不同于 4.3 节的是，现在的 t 不再是时间区间，而是一次单独的用户访问。令 $\boldsymbol{x}_t$ 为第 t 次用户访问的特征，$i_t=s(\boldsymbol{x}_t)$ 为历史服务模型 s 给第 t 次用户访问选取的物品。那么，记录的数据有以下形式：

$$\boldsymbol{D}=\{(\boldsymbol{x}_t, i_t, r_t[i_t])\}_{t=1}^{T} \tag{4.14}$$

其中，T 为记录的用户总访问数。注意，对于记录数据中的每次用户访问 t，我们只能观测到奖励向量 $\boldsymbol{r}_t$ 的单个元素，也就是 $s(\boldsymbol{x}_t)$ 返回的物品 i_t 的奖励。

以下是评估新推荐函数的回放过程：

1. 对于 t，从 1 到 T，获取记录 $(\boldsymbol{x}_t, i_t, r_t[i_t])$，执行以下步骤：

1）利用 h 选择一个候选物品 j_t，$j_t=h(\boldsymbol{x}_t)$；

2）如果 $j_t=i_t$，计算奖励 $r_t[i_t]\cdot w_{jt}$，其中 w_{jt} 为该条记录的权重，之后会确定；

3）如果 $j_t\neq i_t$，略过这条记录。

2. 返回所有累计奖励除以 T 的总和。

我们把这个过程的输出称为回放估计：

$$\frac{1}{T}\sum_{t=1}^{T}\sum_{j} r_t[j]\cdot \mathbf{1}\{h(\boldsymbol{x}_t)=j \text{ 且 } s(\boldsymbol{x}_t)=j\}\cdot w_{jt} \tag{4.15}$$

当语句 X 为真时，$\mathbf{1}\{X\}$ 返回 1，否则返回 0。w_{jt} 为物品 j 对第 t 次用户访问的重要性权
74 重（待确定）。需要注意的是，

$$(h(\boldsymbol{x}_t)=j \text{ 且 } s(\boldsymbol{x}_t)=j) \Leftrightarrow j_t = i_t \tag{4.16}$$

期望奖励的无偏估计。现在我们为回放估计确定重要性权重 w_{jt}，以获得期望奖励的无偏估计。假设记录数据 $\{(\boldsymbol{x}_t,\boldsymbol{r}_t)\}_{\forall t}$ 来自 $\mathcal{P}$ 中 $(\boldsymbol{x},\boldsymbol{r})$ 的独立同分布的样本。

回放估计的期望为：

$$\frac{1}{T}\sum_{t=1}^{T} E(\boldsymbol{x}_t,\boldsymbol{r}_t)\left[\sum_{j} r_t[j]\cdot \Pr(h(\boldsymbol{x}_t)=j \text{ 且 } s(\boldsymbol{x}_t)=j \mid \boldsymbol{x}_t)\cdot w_{jt}\right]$$

如果我们令

$$w_{jt}=\frac{1}{\Pr(s(\boldsymbol{x}_t)=j \mid h(\boldsymbol{x}_t)=j, \boldsymbol{x}_t)} \tag{4.17}$$

那么根据条件概率的定义，回放估计的期望变为：

$$\frac{1}{T}\sum_{t=1}^{T} E_{(\boldsymbol{x}_t,\boldsymbol{r}_t)}\left[\sum_{j} r_t[j]\cdot \Pr(h(\boldsymbol{x}_t)=j \mid \boldsymbol{x}_t)\right]$$

上式正是期望奖励，因为 $(\boldsymbol{x}_t,\boldsymbol{r}_t)$ 和 $(\boldsymbol{x},\boldsymbol{r})$ 一样是独立同分布的。

在公式（4.17）中，概率定义在以 $\boldsymbol{x}_t$ 为条件的随机函数 h 和 s 上。在实践中，这两个函数（即新推荐模型和历史服务模型）的随机量是基于独立的随机种子生成的，因此可以把它们视为独立的。因此，我们简单地令

$$w_{jt}=\frac{1}{\Pr(s(\boldsymbol{x}_t)=j \mid \boldsymbol{x}_t)} \tag{4.18}$$

为了能更好地看出这种独立性，我们将 $h(\boldsymbol{x}_t)$ 重写为 $h^*(\boldsymbol{x}_t,\xi_t)$，将 $s(\boldsymbol{x}_t)$ 重写为 $s^*(\boldsymbol{x}_t,\eta_t)$，其中 h^* 和 s^* 是确定性函数，ξ_t 和 η_t 是随机种子。根据定义，给定 $\boldsymbol{x}_t$，只要 ξ_t 和 η_t 是独立的，那么 $h(\boldsymbol{x}_t)$ 和 $s(\boldsymbol{x}_t)$ 也是独立的。

新推荐模型 h 可以是确定性函数，但是历史服务模型 s 不行。并且对于每次用户访问 t 以及每件物品 j，历史服务模型 s 选择物品 j 的概率必须非 0，否则重要性权重 w_{jt} 将无法定义。一种简单的历史服务模型 s 是从物品池中为每次用户访问均匀随机地挑选一
75 件物品，这种方式适用于小型用户桶，因为要最小化其对用户产生的潜在消极影响。对

于这种历史服务模型，回放估计可以简单解释为在均匀随机获得的历史日志数据上的首位精确度。对物品池和用户访问的均匀随机化使新推荐模型 h 在任何不同的场景下都可以得到可靠的综合评估。

基本的回放估计可用于评估在线学习方法和探索与利用方法，其中 $h(\boldsymbol{x}_t)$ 取决于从之前通过模型 h 选择的物品中获得的奖励。然而还是存在一些局限性，因为只有当 $h(\boldsymbol{x}_t)=s(\boldsymbol{x}_t)$ 时回放方法才使用奖励，因此只能为在线学习和单位时间内访问量降低后的探索与利用方法估计期望奖励。其中，单位时间内访问量（单位时间内用户访问的数量）要降低为原始的单位时间内访问量与 $h(\boldsymbol{x}_t)=s(\boldsymbol{x}_t)$ 的概率的乘积。同样，当候选物品集很大时，$h(\boldsymbol{x}_t)=s(\boldsymbol{x}_t)$ 的概率很小，因此估计的方差也会变大。

4.4.2 回放的扩展

对于从固定候选物品集中为每次用户访问推荐一件物品的推荐系统，且候选集中的每件物品的奖励分布不随时间而变化，基本的回放估计是该系统的期望奖励的无偏估计。现在我们探讨如何将其扩展到一般情况。

不同用户访问的物品池不同。考虑这样一种情况，对于每次用户访问，物品池不同。例如，Facebook 或领英新闻源等推荐系统会为用户推荐来自他的朋友的状态更新和分享，而每个用户因为其朋友圈的不同，物品池也可能不同。在推荐时间敏感的物品，如新闻文章的应用中，物品的生命周期很短，因此物品池会随时间频繁变化。

令 $\mathcal{J}_\tau(\boldsymbol{x})$ 为在时刻 τ，为一次用户访问（特征为 $\boldsymbol{x}$）提供的候选物品集。令 $\mathcal{D}$ 为 τ 的分布，$\mathcal{P}_\tau$ 为 $(\boldsymbol{x}, \boldsymbol{r})$ 在时刻 τ 的分布，假设 $\mathcal{P}_\tau$ 不会随时间快速变化，在这种情况下，期望奖励为：

$$E_{\tau\sim D}E_{(\boldsymbol{x},\boldsymbol{r})\sim\mathcal{P}_\tau}\left[\sum_{j\in\mathcal{J}_\tau(\boldsymbol{x})} r[j]\cdot\Pr(h(\boldsymbol{x})=j,|\,\boldsymbol{x})\right] \tag{4.19}$$

76

无偏回放估计为：

$$\frac{1}{T}\sum_{t=1}^{T}\sum_{j\in\mathcal{J}_t(\boldsymbol{x}_t)} r_t[j]\cdot\mathbf{1}\{(h(\boldsymbol{x}_t)=j \text{ 且 } s(\boldsymbol{x}_t)=j\}\cdot w_{jt} \tag{4.20}$$

多槽位。一些应用可能会在多个槽位上为每次用户访问展示推荐物品。假设有 K_t 个槽位为用户访问 t 展示推荐物品。令 $r_t^{(k)}[j]$ 为在槽位 k 为用户访问 t 展示物品 j 的奖励，$h_k(\boldsymbol{x}_t)$ 为模型 h 推荐在槽位 k 展示的物品，$s_k(\boldsymbol{x}_t)$ 为历史服务模型 s 推荐在槽位 k 展示的物品，这种设置下的回放估计为：

$$\frac{1}{T}\sum_{t=1}^{T}\sum_{k=1}^{K_t}\sum_{j\in\mathcal{J}_t(\boldsymbol{x}_t)} r_t^{(k)}[j]\cdot\mathbf{1}\{h_k(\boldsymbol{x}_t)=j \text{ 且 } s_k(\boldsymbol{x}_t)=j\}\cdot w_{jt}^{(k)} \tag{4.21}$$

该估计的前提是假设一个槽位上的一件物品的奖励与同时在其他槽位上展示的物品的奖励是独立的，但是很多实际应用都不满足这个假设。例如，在新闻推荐系统中，同时推荐一则新的政治新闻与其他两则政治新闻可能会减少奖励。因此，在大部分情况下，这不是一个无偏估计。在排名非独立的情况下，获得大容量物品池的多槽位推荐的无偏估计仍然是一个开放的研究问题。

4.5 小结

评估是推荐系统开发过程中的重要组成部分。在我们部署新推荐模型服务真实用户之前，进行离线评估能有效地确保新模型没有明显的问题，也能对期望指标有一个初步了解。无偏的离线评估很难准确地预测模型部署后在真实用户上的性能。幸运的是，如果我们能够以可控的、随机的方式收集数据，则在一些简单的场景下，离线回放方法可以得到模型性能的无偏估计（例如，从相对较小的候选物品集合中为每次用户访问推荐一件物品）。而一般情况下的无偏离线评估仍有很大的研究空间。

在新的推荐模型开始用于服务真实用户之后，我们应该进行在线评估验证模型性能。
77 测试桶（新模型）和控制桶（基准模型）的设置要合理，以确保对比实验是正确的。另外，还可以用不同的方式对用户或数据记录进行分段，多方面分析指标，从而对模型行为有更深入的理解。

只有不断地提升模型性能，才能得到一个好的推荐系统。模型性能的持续提升离不开模型的评估，还需要认真选择并实现合适的评估方法和评估指标。

4.6 练习

给定物品点击数和浏览数的时间序列 $\{(c_t, n_t): t=1,\cdots,T\}$，请给出估计 CTR$\{p_t\}$ 的时间序列的方法建议。如果一个方法可以对存在于估计值中的不确定性进行估计，你认为这个方法有优点吗？如果有，在真实模型的均值估计和不确定性估计已知的情况下，
78 你会如何修改模拟方法？

第二部分

Statistical Methods for Recommender Systems

常见问题设置

第 5 章

问题设置与系统架构

推荐系统为用户挑选合适的物品以优化应用的一个或多个目标。我们已经在第 1 章介绍了一些可能的优化目标，在第 2 章回顾了经典方法，在第 3 章介绍了探索与利用的权衡以及降维的主要思想，并在第 4 章讨论了如何评估推荐模型。在本章及后续章节中，我们将讨论几种在常见场景中使用的统计方法。为此，我们只关注一类问题设置，它的主要目标是最大化用户对推荐物品的积极响应。在大部分应用场景中，点击是用户对物品做出的主要响应类型。为了最大化点击数，我们必须推荐点击通过率（CTR）较高的物品，因此，CTR 的估计值是我们关注的焦点。虽然我们把点击数和 CTR 作为主要目标，但其实其他类型的积极响应（例如分享、喜欢等）也能以类似的方式处理。我们把对多目标优化的探讨放在第 11 章。

对于一个特定的推荐问题，统计方法的选择视不同的应用而定。我们会在本章对该部分要介绍的技术进行总体概述。在 5.1 节中，我们将介绍各种不同的问题设置。在 5.2 节中，为了说明 Web 推荐系统在实际中是如何工作的，我们会介绍一个系统架构的案例，以及统计方法在这类系统中扮演的角色。

5.1 问题设置

79~81 典型的推荐系统通常以网页上一个模块的形式实现。在本节，我们先介绍一些常见的推荐模块，再详细介绍一些应用设置，最后介绍在这些设置中常用的统计方法。

5.1.1 常见的推荐模块

我们把网站分为四类：常规门户网站、个人门户网站、特定领域的网站以及社交网站。表 5-1 对这四个类型的网站进行了总结。

表 5-1 网站和推荐模块

网站类型	案例	典型推荐模块	
常规门户网站	www.yahoo.com www.msn.com www.aol.com	主页	特色模块（FM：常规和特定领域）
个人门户网站	my.yahoo.com igoogle.com	主页	特色模块（FM：个性化）

（续）

网站类型	案例	典型推荐模块	
特定领域的网站	sport.yahoo.com	主页	特色模块（FM：特定领域）
	money.msn.com music.aol.com	详情页	相关内容模块（RM）
社交网站	facebook.com	主页	网络更新模块（NM）
	linkedin.com	详情页	相关内容模块（RM）
	twitter.com		

注：参考 Agarwal 等（2013）。

常规门户网站提供的内容范围比较宽泛，如雅虎、MSN 和 AOL 等。

个人门户网站允许用户按个人喜好定制主页。例如，My Yahoo! 的用户从不同来源或发布者的内容中挑选自己需要的，按个人喜好在页面上排版，从而实现主页的定制。

特定领域的网站提供来自特定领域的内容，如体育、金融、音乐或电影等。特定领域网站上的页面大致分为两种：一种是展示网站重点内容的主页；另一种是提供详细内容的详情页，比如文章页面、电影页面和产品页面等。

社交网站允许用户之间互相连接，然后在他们构成的网络上传播信息，比如领英、Facebook 和推特，这些都是社交网站。与特定领域的网站类似，我们把社交网站上的页面也分为了两种，一种是用户的个人主页，上面罗列了与用户兴趣有关的所有信息 82
（更新来源通常是与该用户连接的其他用户）；另一种是详情页，提供了个体对象（例如用户、公司、文章）的详细内容。

这些网站上的推荐模块大致分为三类：特色模块、网络更新模块和相关内容模块。

特色模块（FM）向用户推荐近期有趣的或“有特色”的内容。图 5-1 所示的雅虎主页上的今日模块就是一个常规的 FM 示例。这种 FM 展示不同内容网站（例如体育、金融）上的异构内容，还提供内容的链接，因此它可以作为内容网络的分发渠道，将用户分发到内容网络上不同领域的内容网站中。常规门户网站也有一组特定领域的 FM，仅推荐来自特定领域的物品。图 5-2 展示了 MSN 上面向新闻、体育和娱乐三个特定领域的 FM。对于个人门户网站，个性化 FM 会提供符合用户个人兴趣的推荐。图 5-3 是 My Yahoo！上一个叫作“News for You”的个性化 FM，它给用户推荐其订阅的内容源中的内容物品。常规的和特定领域的 FM 也可以实现个性化。这三种类型的 FM 涉及的推荐方法具有很强的相似性。

图 5-1　雅虎主页上的今日模块（常规 FM）

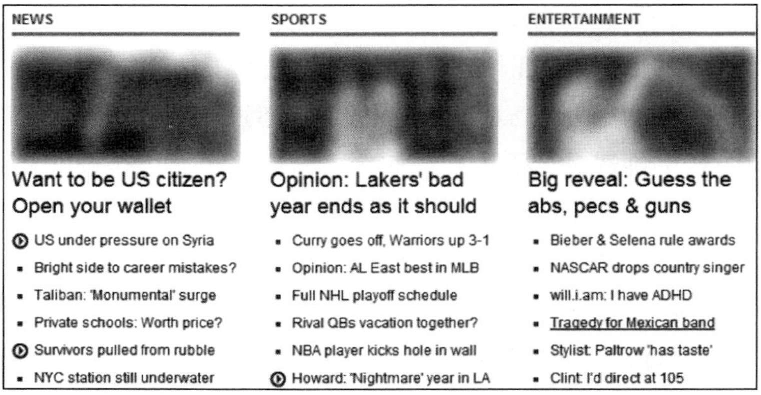

图 5-2　MSN 上特定领域的 FM

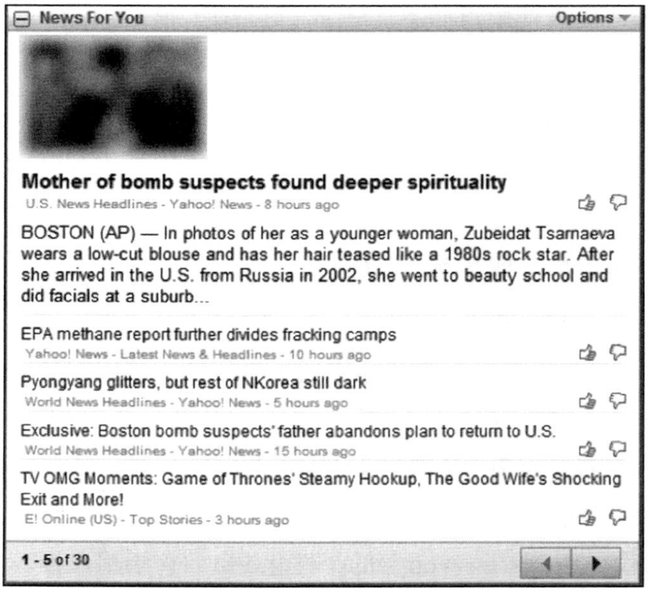

图 5-3　My Yahoo！上的“News for You”模块（个性化 FM）

网络更新模块（NM）向用户推荐社交网络上与其邻居相关的信息更新（例如状态更新、简介更新、文章和照片的分享）。与 FM 不同，NM 中展示的物品通常是仅限该用户的朋友才能看到的信息更新[⊖]，包括分享、喜欢和评论等社交行为。为了在这种设置下进行有效的推荐，通常会用物品制作者的声誉、制作者和接收者之间的关联强度以及相关社交行为的性质来扩充通用属性。 83~84

相关内容模块（RM）一般在详情页上，推荐与详情页的主要内容（如文章）"相关"的物品。不同于 FM 和 NM 的是，RM 还有一种额外的信息：上下文。详情页提供了上下文，所以推荐的物品必须与该上下文相关。图 5-4 展示了领英上的一个 RM，发布在 Jack Welch 发表的文章《The Six Deadly Sins of Leadership》中，他是一位在领导和管理方面公认的思想领袖。实现精准推荐通常要借助用户的协同观看行为（例如，阅读过物品 A 的用户也阅读过物品 B）、语义相关性、物品流行度以及物品与用户个人兴趣的匹配程度。

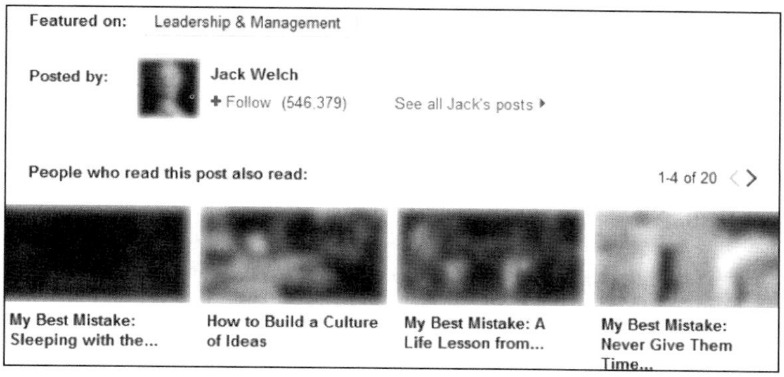

图 5-4 领英上的相关内容模块

5.1.2 应用设置

为了选择适用于某个应用的推荐方法，我们要考虑应用的特征。表 5-2 列举了几个有代表性的问题，有助于我们了解不同推荐应用的特点。

与用户相关的特征。能否实现个性化推荐取决于可靠的用户标识符是否可用。个性化门户网站和社交网站通常要求用户登录后才能阅读内容，这样便能获得可靠的用户标识符。常规的和面向特定领域的门户一般对此不作限制，因此可能没有可靠的用户标识符。cookie 浏览器可用于追踪用户并为未登录的用户提供标识符。准确地说，bcookies 是 Web 浏览器的标识符，而非用户的标识符。因此，bcookies 是噪声标识符，因为同一个浏览器可以被多个用户使用，同时，一个用户也可以使用多个浏览器，而且 bcookies 也可以被用户清除。在能够标识用户之后，我们会查看可用的用户特征，以及用户是否经常与推荐模块进行交互。当用户特征可用时，我们可以用它们来预测用户响应。如果用户特征无法获取，我们仍然可以利用协同过滤方法对活跃的用户进行个性化推荐。此 85

⊖ 因为 NM 的隐私特性，我们不展示 NM 的截图。

外，并非所有的推荐模块都需要个性化，例如，常规的和面向特定领域的门户网站上的 FM 可能不需要实现深度个性化。

表 5-2　推荐应用的特征

用户	可靠的用户标识符可用吗
	哪些用户特征（如人口统计信息、地理位置）可用
	用户会与推荐模块频繁地交互吗
物品	候选物品池的大小和质量如何
	哪些物品特征（如类别、实体、关键词）可用
	物品对时间敏感吗
上下文	上下文信息可用吗
	如果上下文信息可用，有哪些与上下文有关的特征
响应	用户响应（如点击、评分）可用吗
	我们能以多快的速度利用当前的反馈更新模型

与物品相关的特征。推荐方法的选择与物品池的大小和质量相关。相比于对大量低质量物品进行排序，对少量高质量物品进行排序更需要考虑不同的因素。对于前者，我们要在观察用户响应之前移除低质量物品，而后者的挑战是如何利用高效的探索与利用方法快速准确地估计每个物品的 CTR，同时又不会产生过高的机会成本。此外，当物品池规模较小而用户访问量较大时，物品特征就不那么重要了，因为每个物品都有足够的用户响应数据以准确地估计物品 CTR。当物品池规模很大时，我们可以使用高质量的物品特征，为每个物品设定先验信息，从而降低探索成本。还有一个需要考虑的是物品对时间是否敏感。例如，新闻文章的时效性很短，一两天就会过时，而领域内杰出人士撰写的教育文章则是常青树，人们不在乎文章的发布时间。另外，用户对不同类型物品的响应率也可能随时间而变化。因此，我们需要利用参数频繁更新的在线模型来跟踪其
86 变化。

与上下文相关的特征。一些推荐应用，如文章详情页上的 RM，要求推荐的物品与显式的上下文（如网页上的文章）相关，而其他推荐应用，如 FM，对此不作要求。但即使一个应用没有显式的上下文，也会存在隐式的上下文，如一天中的某个具体时刻、工作日还是周末，以及移动设备还是台式计算机。当上下文信息可用时，在用户 - 物品矩阵中对响应建模的推荐问题就扩展成在由用户、物品和上下文展开的三维张量中建模响应，这个问题我们将在第 10 章讨论。

与响应相关的特征。我们在本书中做出的一个重要假设是，用于建模的用户响应是存在的。但在实际中一些用户和物品可能没有任何历史响应。另外，用于建模的用户响应是瞬时的还是实时且连续的也会对建模产生显著的影响，后者是推荐时间敏感物品的基本要求。探索与利用方案的应用也离不开近实时的且连续的用户响应数据。另一个要

考虑的因素是，当用户提供多种类型的反馈（例如，点击、分享、喜欢、评论）时，到底如何定义用户响应，因为这关乎响应模型的选择（参见 2.3.2 节）。当用户产生多种类型的响应时，多变量响应的建模便能派上用场。

5.1.3　常见的统计方法

在接下来的四章中，我们将重点介绍三种统计方法——离线模型、在线模型和探索与利用方法。我们将这些方法应用于以下三种常见的应用设置中。

热门推荐。在 1.2 节和 3.3.1 节我们讨论过这类推荐问题，其目标是快速识别 CTR 最高的物品并将它推荐给所有用户。我们假设物品是时间敏感的，且近实时的用户响应可用。首先利用探索与利用方法估计一小部分高质量物品的流行度（即 CTR），然后扩展到大规模物品池，利用物品特征对每个物品的先验分布建模。借助分段热门推荐，这类方法足以实现轻度个性化，即如 3.3.2 节所述，将用户分段，分别对每个段的用户估 87
计物品流行度。概念虽然简单，但热门推荐作为更精细建模技术的基准线，通常适用于常规或面向特定领域门户网站上的 FM。以下热门推荐统计方法将在第 6 章介绍：

- *在线模型*：动态的 β- 二项式模型和 γ- 泊松模型，用于跟踪随时间变化的物品 CTR。
- *离线模型*：在 β- 二项式模型和 γ- 泊松模型中使用的先验参数最大似然估计，利用物品特征初始化在线模型以估计新物品的 CTR。
- *探索与利用*：有多种多臂赌博方案可以实现探索与利用的权衡，关键在于通过拉格朗日松弛技术获得最优解的贝叶斯近似。

个性化推荐。目标是通过准确预测用户对某特定物品的响应以实现深度个性化。假设一部分用户标识符是可用的。当唯一可用的信息是用户特征时，我们提供的一些方法也适用。我们从不考虑时间敏感性的离线模型开始，这里的主要问题是如何同时对具有大量历史响应的用户或物品以及具有少量或没有历史响应的用户或物品建模。之后，我们再扩展到时间敏感物品的在线模型。个性化推荐适用的应用设置范围很广，包括 FM 和 NM。我们将在第 7 章和第 8 章介绍以下统计方法：

- *离线模型*：具有灵活回归先验的矩阵分解（在很多应用设置中表现很好）在冷启动场景下利用特征预测用户和物品的隐因子。
- *在线模型*：降秩回归，降维使得模型快速收敛；贝叶斯状态空间模型，利用最近的响应数据逐步更新回归模型。
- *探索与利用*：Thompson 采样，置信区间上界（UCB）方法和 softmax 方法。

上下文相关推荐。目标是在由用户、物品和上下文展开的三维张量中准确预测 CTR，即预测用户在给定上下文（例如，给定上下文是一篇文章的页面，推荐的物品应与之相关）中会对物品做出何种响应。假设上下文和物品的特征是可用的，并且也可以利用特征计算各种相似度和相关性。上下文相关推荐可以帮助我们在大多数网站的详情 88

页上构建 RM，主要建模挑战之一是在三维张量中观测到的用户响应是极度稀疏的。我们将重点放在离线模型上，例如第 10 章中用于解决稀疏性问题的具有回归先验的张量分解模型和层次平滑模型，在线模型和探索与利用方法与个性化推荐中介绍的方法类似。

5.2 系统架构

在深入统计方法之前，有必要了解它们是如何与 Web 系统发生交互的。在本节中，我们首先介绍经典的 Web 推荐系统的主要组件，然后介绍一个具体案例，时间敏感物品的个性化推荐系统。

5.2.1 主要组件

图 5-5 展示了一个经典的 Web 推荐系统的架构，主要包含以下四个部分：

1. 推荐服务：该服务从 Web 服务器获取推荐请求，然后返回推荐物品。

2. 存储系统：这些系统存储用户特征（以及隐因子）、物品特征（以及因子）和模型参数，为方便检索，还存储了物品索引。

3. 离线学习：该组件从用户响应数据中学习模型参数（以及隐因子），然后按照一定的周期（如按天）将参数（以及因子）推送到在线存储系统中。因为学习过程通常比较耗时，尤其是当用户响应数据很大时，所以这个组件一般处于离线环境中，与以亚秒级延迟为用户请求提供服务的在线系统分离。

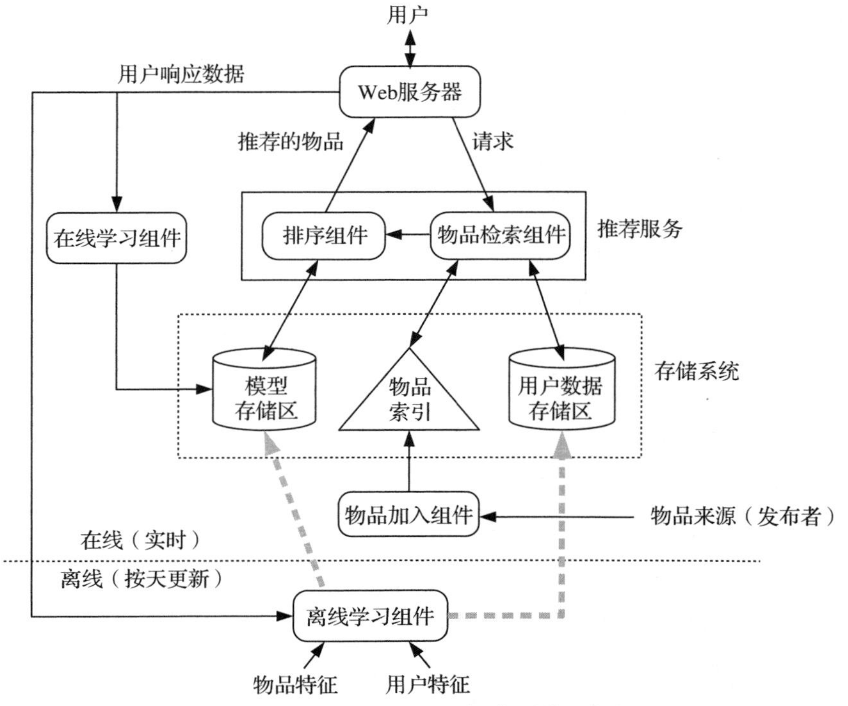

图 5-5 一个经典的 Web 推荐系统的架构

4. 在线学习：该组件利用最近的用户响应数据，不断地实时更新一些模型参数，以对模型进行调整。

5.2.2 示例系统

我们通过一个示例来具体讲解。

应用设置。考虑这样一个问题，为门户网站上的 FM 构建一个时间敏感物品（例如，新闻文章）的个性化推荐服务。候选物品池也会随时间而变化，并且在给定的任意时间点都包含大量的候选物品。用户特征可以从用户画像数据（例如，个人基本信息、声明的兴趣）中获得，物品特征（例如，词袋）则从物品中提取。在大多数情况下，假设连续收集用户响应数据的延迟最多为几分钟，我们的目标是最大化推荐物品的点击次数。

模型。考虑以下 CTR 预测模型。令 $\boldsymbol{x}_i$ 为用户 i 的特征向量，$\boldsymbol{x}_j$ 为物品 j 的特征向量，$\boldsymbol{x}_i$ 和 $\boldsymbol{x}_j$ 可能具有不同的特征，长度也可能不等。令 $\boldsymbol{u}_i$ 为用户 i 的隐因子向量，$\boldsymbol{v}_j$ 为 89~90
物品 j 的隐因子向量，二者都有待从数据中学到。当用户 i 与物品 j 发生交互时，逻辑响应模型预测 CTR 为 $1/(1+\exp(-s_{ij}))$，其中的分数 s_{ij} 为：

$$s_{ij} = \boldsymbol{x}_i'\boldsymbol{A}\boldsymbol{x}_j + \boldsymbol{u}_i'\boldsymbol{v}_j \tag{5.1}$$

$\boldsymbol{A}$ 是一个有待从数据中学习的回归系数矩阵（作用于每对用户特征和物品特征间的交互项）。假设 $\boldsymbol{A}$ 和 $\boldsymbol{u}_i$ 按天更新，因为回归系数不会随时间的推移发生显著变化，并且通常一天内用户兴趣的变化也不明显。但是，由于物品是时间敏感的，因此只要出现新的用户响应数据，就必须立即更新 $\boldsymbol{v}_j$。

存储系统。存储系统中包含候选物品、特征和模型。

- 物品索引：在这个例子中，物品加入组件监视一组生成新物品的物品源（例如，发布者）。当新物品 j 产生时，物品加入组件提取物品特征 $\boldsymbol{x}_j$，并将物品及其特征放入物品索引，以便按特征快速检索物品。有关物品索引的示例，请参见 Fontoura 等（2011）。
- 用户数据存储区：用户特征 $\boldsymbol{x}_i$ 存在于用户数据存储区中。该存储区是一个键－值存储区（例如，Voldemort ⊖），支持通过一个给定键（例如，用户 ID）快速检索出值（例如，用户特征）。因为用户隐因子 $\boldsymbol{u}_i$ 也以用户 ID 为键，所以它们也在用户数据存储区中。
- 模型存储区：回归系数矩阵 $\boldsymbol{A}$ 存储在模型存储区中，离线学习组件按天对其更新。我们将物品因子 $\boldsymbol{v}_j$ 也存储在模型存储区，因为它是在线模型的参数，需要在线学习组件持续不断地对其更新。模型存储区也是键－值存储区。物品因子由

⊖ http://www.project-voldemort.com/。

物品 ID 索引，还有一个为存储回归系数矩阵预留的特殊键。

离线学习组件。给定用户和物品特征（$\boldsymbol{x}_i$ 和 $\boldsymbol{x}_j$），以及用户响应数据，离线学习组件利用 Web 服务器日志中的数据估计模型参数和隐因子（$\boldsymbol{A}$、$\boldsymbol{u}_i$ 和 $\boldsymbol{v}_j$）。因为离线学习很容易耗费几个小时的时间，因此在这个例子中，我们每天执行一次离线学习过程，每天将学习到的模型参数和因子推送到相应的在线存储系统中。当用户响应数据很多时，通常要用到并行计算基础框架，许多 Web 应用会选择 MapReduce 框架，同时 Hadoop
91 框架[⊖]也是一种流行的且广泛使用的开源框架。

在线学习组件。给定用户和物品特征（$\boldsymbol{x}_i$ 和 $\boldsymbol{x}_j$），用户因子 $\boldsymbol{u}_i$、回归系数矩阵 $\boldsymbol{A}$ 以及来自 Web 服务器实时日志中连续的用户响应数据流，在线学习组件持续更新物品因子 $\boldsymbol{v}_j$ 以跟踪每个物品最近的行为。当给定 $\boldsymbol{x}_i$、$\boldsymbol{x}_j$、$\boldsymbol{A}$ 和 $\boldsymbol{u}_i$ 时，这个学习问题则退化为估计一组独立回归问题，一个问题对应一个物品 j。每个回归问题估计系数向量 $\boldsymbol{v}_j$ 时都将 $\boldsymbol{u}_i$ 视为特征向量，将 $\boldsymbol{x}_i'\boldsymbol{A}\boldsymbol{x}_j$ 视为偏移量（待添加到回归模型的偏差或截距项中的常数）。更多细节将在第 7 章和第 8 章讲述。在这里我们注意到，因为面向物品的回归模型彼此独立，而且单个物品的用户响应数据的数量相对较少，所以物品因子的学习过程比离线学习更快。

离线学习组件和在线学习组件之间的同步。离线学习会耗费一定的时间。当离线学习组件完成其日常工作，并将新学习到的 $\boldsymbol{A}$、$\boldsymbol{u}_i$ 和 $\boldsymbol{v}_j$ 推送到存储系统时，离线学到的物品因子 $\boldsymbol{v}_j$ 可能不是最新的，因为在离线学习开始后收集的数据还没来得及用于估计 $\boldsymbol{v}_j$。在推送离线模型期间，为了确保模型的平滑转换，可以保留两个版本的模型参数（$\boldsymbol{A}$、$\boldsymbol{u}_i$ 和 $\boldsymbol{v}_j$）。推送后，我们仍然使用旧版本的模型参数为用户提供服务，并在新版本准备好之前不断更新旧版本的参数。一旦新版本的 $\boldsymbol{A}$、$\boldsymbol{u}_i$ 和 $\boldsymbol{v}_j$（通过离线学习得到）被推送到存储系统，则用尚未在离线学习中使用的数据在线更新新版本的物品因子 $\boldsymbol{v}_j$。如果新版本的 $\boldsymbol{v}_j$ 包含了所有的在线数据，我们就会切换到新版本服务用户，停止旧版本 $\boldsymbol{v}_j$ 的在线更新。

推荐服务。一旦特征、因子以及模型参数都被推送到存储系统，并且更新完成后，推荐服务就会按照如下方式运行。

- 物品检索：对于每次请求，物品检索组件使用用户 ID i 在用户数据存储区进行查询，得到用户特征向量 $\boldsymbol{x}_i$ 和隐因子向量 $\boldsymbol{u}_i$。基于用户特征，物品检索组件查询物品索引，得到一组用户的候选物品。如果需要，我们可以使用一些简单的规则或模型，只返回前 k 件候选物品，从而降低运算复杂度。最后，将候选物品连同用户特征和因子一起发送给排序组件。
- 排序：接收到用户 i 的候选物品后，排序组件计算每件物品 j 的预测响应率的均值和方差。均值是 $\boldsymbol{x}_i'\boldsymbol{A}\boldsymbol{x}_j+\boldsymbol{u}_i'\boldsymbol{v}_j$ 的单调函数，方差的计算将在第 7 章介绍。最后，
92~93 基于所有候选物品的响应率的均值和方差，运用探索与利用方案避免物品饥饿问题（即物品缺乏可用的用户样本），并确保快速收敛到用户的最佳物品。

⊖ http://hadoop.apache.org/。

热门推荐

在第3章中，我们从原理上概述了探索与利用问题，并阐述了其对于在推荐系统中给物品评分这一问题的重要性，还特别提到了它与经典多臂赌博机（MAB）问题的联系。针对MAB问题，我们讨论了贝叶斯方法和极小化极大方法，还讨论了一些在实践中占据主流地位的启发式方法。但推荐系统中存在的一些细微差别，如动态物品池、非静态CTR以及反馈的延迟等，不符合MAB问题所做的假设。因此，本章将提出一些适用于实践的新解决方案。

大部分推荐系统根据正向行为率（如点击通过率（CTR））对物品进行评分，这种方式能最大化用户在推荐物品上的行为总数。实践中常用的一种简单的方法是推荐CTR最高的前k件物品，我们称这种方法为热门推荐。物品的热门度根据物品的CTR来衡量。热门推荐方法的概念虽然简单，但在技术实现上没那么容易，因为物品的CTR有待估计。热门推荐方法对于非个性化推荐的应用来说是一个很好的基准方法。因此，从本章开始，我们将设计几种探索与利用方案，用来解决热门推荐问题。

在6.1节中，我们将介绍一个示例应用，并分析热门推荐在这个真实应用中的特点。在6.2节中，我们将对热门推荐中的探索与利用问题进行数学形式化的定义。在6.3节中，我们将从基本原理出发，提出一个贝叶斯解决方案。6.4节将回顾一些主流的非贝叶斯解决方案。在6.5节中，我们将通过大量实验证明，当合理运用贝叶斯框架对系统建模时，贝叶斯解决方案的性能明显优于其他解决方案。最后，我们将在6.6节讨 94
论当候选物品集很大时，如何应对数据稀疏性的挑战。

6.1 应用案例：雅虎“今日”模块

在5.1.1节中，我们介绍了Web门户主页上常见的特色模块，雅虎主页上的今日模块就是一个典型的例子（见图5-1）。该模块的目标是通过推荐物品（主要是不同类型的新闻报道）最大化主页上的用户参与度，用户参与度一般以点击总数衡量。该模块是一个具有多槽位的面板，每个槽位展示一个从内容池中挑选的编辑好的物品（即新闻报道）。为了方便说明，我们把重点放在最大化模块中最显眼位置上的点击数，因为该位置的点击数占模块总点击数的比例最大。

为了更好地理解此应用的特点，我们观察一下今日模块上的物品在两天内的CTR变化曲线。图6-1中的每条曲线代表一件物品随时间变化的CTR，CTR是根据随机实验收集的数据估计得到的。实验随机选择一组用户（大约从数十万到数百万个），当用户访问雅虎主页时，我们便从内容池中均匀随机地选择一件物品展示给他。从图 6-1 中可以看出，每件物品的 CTR 随时间而变化，物品的生命周期通常很短（从几个小时到一天）。物品的生命周期从物品被编辑好并进入内容池开始，到物品被移除时结束，以此保证模块内容的新鲜度和时效性。

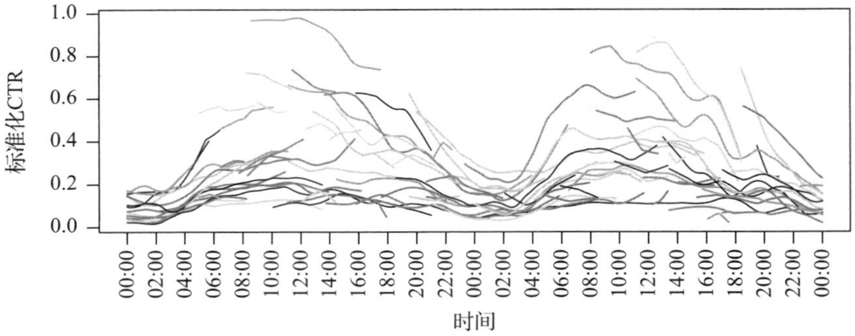

图 6-1　雅虎今日模块上的物品在两天内的 CTR 变化曲线。为了隐藏真实 CTR，y 轴数值进行了线性变换

95

时间敏感的推荐系统（如这个案例）因为其自身特点和系统约束，违反了经典 MAB 中的若干假设。3.2 节经典赌博机问题中的臂（物品）的集合是固定的，并假设未知的奖励概率（CTR）也是不变的。除此之外，还假设奖励的反馈是即时的，也就是说，拉臂（将物品展示给一次用户访问）之后，能够立即获得观测值（点击或不点击）。但是，类似雅虎今日模块的这类应用具有以下特点：

- 动态物品集：物品的生命周期通常较短，并且可用物品集会随时间的推移而变化。较短的生命周期使得经典赌博方案的遗憾界限用处不大。因为当拉臂数很少时，出于实际目的，大 O 表达式中的常数项不能被忽略。
- 非静态 CTR：每件物品的 CTR 会随时间而变化。在示例应用中，物品 CTR 曲线的最高点可以比最低点高 400%。但是，CTR 曲线通常是时间平滑的，可以利用合适的时间序列模型建模。虽然像 Auer 等（1995）中的对抗式赌博方案确实考虑了 CTR 中的非静态性，但这个特性与那些设置截然不同。
- 批量服务：由于系统性能的限制和用户反馈的延迟，点击和浏览的观测结果也会出现延迟。产生用户反馈延迟的原因是在物品浏览（即向用户展示推荐系统生成的物品）和后续的用户点击（通常在几分钟内）之间存在时间上的滞后。处理延迟的一种常用方法是将时间分割成多个时间间隔（例如，n 分钟间隔），并用探索与利用方案确定一个采样计划，指定下一个间隔分配给每件物品的浏览量的比例，而不是对每次用户访问都进行决策。

6.2 问题定义

根据观察到的雅虎今日模块案例的特点，现在我们对热门推荐方法进行严格的数学形式化。目标是寻找一个服务方案，决定在下一个时间间隔为每件物品分配多少比例的用户访问量，以最大化未来的期望总点击数。

在本节中，下标 i 和下标 t 分别代表物品 i 和时间间隔 t。令 p_{it} 为物品 i 在 t 时未观测到的时变 CTR，N_t 为用户总访问数（即网页浏览量），$\mathcal{I}_t$ 为间隔 t 的可用物品集。可用物品池是动态变化的，因此 $\mathcal{I}$ 加上了下标 t。如果 CTR p_{it} 已知，那么最优的解决方 96
案就是在 t 时刻，用物品 $i_t^* = \arg\max_i p_{it}$ 服务所有的 N_t 次用户访问。但 p_{it} 是未知的，只有通过将物品 i 展示给一些用户访问才能估计出来。假设每个间隔 t 的用户访问量 N_t 是已知的。在实践中，我们常用模型来预测 N_t。图 6-2 展示了雅虎今日模块的用户访问数 N_t 在一周内的变化。流量的变化模式是规则的，具有明显的周期性，利用标准时序方法很容易模拟这种变化趋势。

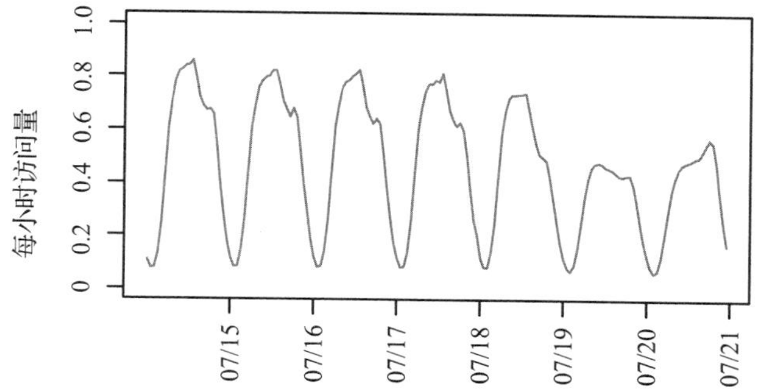

图 6-2 雅虎今日模块上每小时用户访问量在一周内的变化。y 轴数值是真实流量经线性变换得到的

定义 6.1（服务方案） 服务方案 π（也称为策略）是一个算法，在每个间隔 t，算法利用 t 前收集到的数据决定应该给每件物品分配多少比例的用户访问量。令 x_{it}^{π} 为 π 在间隔 t 内分配给物品 i 的用户访问量比例，其中 $\sum_i x_{it}^{\pi} = 1$，且对于每个间隔 t，满足 $x_{it}^{\pi} \geqslant 0$。我们把由所有物品 i 的 x_{it}^{π} 构成的集合称为间隔 t 的**服务计划**或**分配计划**。

容易知道，$x_{it}^{\pi} N_t$ 为 π 在间隔 t 内分配给物品 i 的用户访问量。这些方案与标准多臂赌博机的方案不一样，因为后者假设反馈是即时的，并且在每次用户访问后物品的状态会发生改变。当 x_{it}^{π} 在上下文中的意义清晰后，之后的讨论中可能会省略上标 π 和下标 i。

令 c_{it}^{π} 为在间隔 t 内将 $x_{it}^{\pi} N_t$ 的用户访问量分配给物品 i 后观测到的点击数，其中 c_{it}^{π} 是一个随机变量。参考 Agarwal 等（2009）的附录，假设 $c_{it}^{\pi} \sim \text{Poisson}(p_{it} x_{it}^{\pi} N_t)$，我们会发现将该假设用于其他的 Web 应用也是合理的[⊖]。令 $R(\pi, T) = \sum_{t=1}^{T} \sum_{i \in \mathcal{I}_t} c_{it}^{\pi}$ 为 T 个间隔（通常 97

⊖ 如果担心一些 CTR 的预测值可能会大于 1，那么可以直接把泊松分布替换成二项式分布。对于 CTR 比较小的应用，我们没有这种顾虑。

是几个月）内执行方案 π 获得的点击数总和（也称为奖励）。

定义 6.2（oracle 最优方案） 假设 oracle 准确地知道 p_{it} 的值，那么，oracle 方案 π^+ 在每个间隔 t 内都会选择 p_{it} 最高的物品（即 $i_t^* = \arg\max_i p_{it}$）。

定义 6.3（遗憾） 方案 π 的遗憾是 oracle 最优方案产生的奖励和 π 产生的奖励之间的差值，即 $E[R(\pi^+, T)] - E[R(\pi, T)]$。

定义 6.4（贝叶斯最优方案） 假设 p_{it} 的先验分布为 $\mathcal{P}$。给定 N_t 和 $\mathcal{I}_t(1 \leqslant t \leqslant T)$，如果 $E_{\mathcal{P}}[R(\pi^*, T)] = \max_\pi E_{\mathcal{P}}[R(\pi, T)]$，那么服务方案 π^* 就是 $\mathcal{P}$ 分布下的贝叶斯最优方案，其中 $E_{\mathcal{P}}$ 为在 $\mathcal{P}$ 分布下计算的期望。

我们的目标是寻找贝叶斯最优方案。注意贝叶斯最优方案的遗憾是非零的，因为它需要通过探索物品来估计物品的 CTR，而 oracle 最优方案不需要进行探索。

大多数已知的探索与利用方案的最优结果的前提假设都是手臂（或物品）总是可用的，并且遗憾的计算都以"最优方案"，即每次都拉最好的那条臂（如 Gittins，1979；Lai 和 Robbins, 1985；Auer, 2002）为标准。但是很多常见的 Web 应用的设置不同，例如臂的生命周期很短，或者开始时间不同（如新闻和广告）。因此，我们在依据 oracle 最优方案定义遗憾时，在每个时间点拉的都是可用的最佳手臂，不同时间点可用的最佳手臂可能不同。目前，对这类遗憾最优上界的研究还不够充分。我们不推导热门推荐问题的最优遗憾边界，但会讨论一些实际效果较好的经典赌博方案的调整和改进。这些方法通过对应用特征合理建模，在简化场景中探索贝叶斯最优方案，并利用适当的近似方法求出一般场景下的近似最优方案，之后在真实的日志数据上进行实验，对一系列方案进行评估。我们还将讨论在雅虎今日模块上进行在线桶测试的结果，然后比较实际应用中的几种探索与利用方案。这类评估是很少见的，我们在雅虎任职期间才有机会进行这样的研究。

6.3 贝叶斯方案

在本节中，我们将介绍一种贝叶斯探索与利用方案，为了确保运算的可行性，该方
98 案会使用近似技巧。我们分步设计这个贝叶斯方案。首先，在物品集固定的简单场景下寻找最优解；然后，寻找一般情况下的近似最优解，该求解过程类似于索引策略（通过解决 k 个一维问题来解决一个 k 维问题）。

为了简化符号，我们考虑单件物品，舍去下标 i。物品在间隔 t 的 CTR 服从先验分布 $p_t \sim \mathcal{P}(\boldsymbol{\theta}_t)$，其中向量 $\boldsymbol{\theta}_t$ 是分布的状态或参数。在展示物品 $x_t N_t$ 次并获得 c_t 次点击后，我们获得了 t+1 时刻的后验分布（更新过的先验），$p_{t+1} \sim \mathcal{P}(\boldsymbol{\theta}_{t+1})$，注意 c_t 是一个随机变量。为了强调 $\boldsymbol{\theta}_{t+1}$ 是 c_t 和 x_t 的函数，有时会写成 $\boldsymbol{\theta}_{t+1}(c_t, x_t)$。我们考虑 Gamma-Poisson 模型，且假设 CTR 是静态的，动态模型在 6.3.3 节讨论。

Gamma-Poisson 模型（GP）。参照 Agarwal 等（2009），假设在时间 t，先验分布 $\mathcal{P}(\boldsymbol{\theta}_t)$ 是一个均值为 α_t/γ_t、方差为 α_t/γ_t^2 的 Gamma (α_t,γ_t)。假定物品服务了 x_tN_t 次用户访问，并且获得了 c_t 次点击，其中点击数的分布是 $(c_t \mid p_t, x_tN_t) \sim \text{Poisson}(p_tx_tN_t)$。根据共轭性，$\mathcal{P}(\boldsymbol{\theta}_{t+1}) = \text{Gamma}(\alpha_t + c_t, \gamma_t + x_tN_t)$。从直观上看，$\alpha_t$ 和 γ_t 分别代表到目前为止观测到的点击数和浏览数。在计算间隔 t 分配给物品的用户访问量比例时，物品状态 $\boldsymbol{\theta}_t = [\alpha_t, \gamma_t]$ 是已知的。但 $\boldsymbol{\theta}_{t+1}(c_t, x_t)$ 是随机变量 c_t 的函数，因为我们还未观测到 c_t，所以只有把物品分配给 x_tN_t 次用户访问后才能得到点击数 c_t。

向前看一步。考虑只有一个时间间隔（即间隔 1）情况下的最优方案（即我们想要找到 x_{i1}，使得期望总点击数最大）。

$$\max_{x_{i1}} E\left[\sum_{i\in\mathcal{I}_1} x_{i1}N_1p_{i1}\right] = \max_{x_{i1}} \sum_{i\in\mathcal{I}_1} x_{i1}N_1E[p_{i1}]$$

对于所有的 i，满足 $\sum_{i\in\mathcal{I}_1} x_{i1} = 1$ 且 $0 \leqslant x_{i1} \leqslant 1$。很容易看出，我们只要把期望 CTR 最高的物品展示给全部用户访问就能得到最大值，即如果 $E[p_{i^*1}] = \max_i E[p_{i1}]$，则 $x_{i^*1} = 1$，否则 $x_{i1} = 0$。

6.3.1　2×2 案例：两件物品，两个间隔

现在，我们考虑另一个简化场景，该场景的最优解可以高效地求解，我们称其为 2×2 案例，即在两件物品和两个时间间隔的情况下进行优化。很早之前就有学者 99
研究过两臂赌博机的问题（如 DeGroot, 2004；Sarkar, 1991），但其基于的前提假设不同，与热门推荐问题没有密切关联。为了让探讨过程更简单，假设我们确定无疑地已知其中一件物品的 CTR。用 0 和 1 标记两个时间间隔，因为只有两件物品，所以符号也可以简化：

- N_0 和 N_1 分别为时间间隔 0 和 1 的用户访问量。
- q_0 和 q_1 分别是确定物品在时间间隔 0 和 1 的 CTR。
- $p_0 \sim \mathcal{P}(\boldsymbol{\theta}_0)$ 和 $p_1 \sim \mathcal{P}(\boldsymbol{\theta}_1)$ 分别是非确定物品在时间间隔 0 和 1 的 CTR 分布。
- x 和 x_1 分别代表在时间间隔 0 和 1 内分配给非确定物品的用户访问量的比例；（$1-x$）和 $(1-x_1)$ 表示分配给确定物品的用户访问量比例。
- c 是一个随机变量，代表非确定物品在时间间隔 0 内获得的点击数。
- $\hat{p}_0 = E[p_0]$，$\hat{p}_1(x,c) = E[p_1 \mid x, c]$；对于 GP 模型，$\hat{p}_0 = \alpha/\gamma$，$\hat{p}_1(x,c) = (c + p_0\gamma)/(\gamma + xN_0)$。

当前状态 $\boldsymbol{\theta}_0 = [\alpha, \gamma]$ 已知，但 $\boldsymbol{\theta}_1$ 是 c 的函数，因此也是随机的。决策 x_1 是 c 的函数，为了体现这点，我们记成 $x_1(c)$，且令 $\mathcal{X}_1$ 为所有这类函数的集合。我们的目标是寻找 $x \in [0,1]$ 及 $x_1 \in \mathcal{X}_1$，使得两个时间间隔的期望总点击数（定义如下）最大：

$$E[N_0(xp_0+(1-x)q_0)+N_1(x_1p_1+(1-x_1)q_1)]$$
$$=E[N_0x(p_0-q_0)+N_1x_1(p_1-q_1)]+q_0N_0+q_1N_1$$

因为 q_0N_0 和 q_1N_1 是常量，所以我们只需最大化期望项，即找到 x 和 x_1，使得以下式子的函数值最大：

$$\text{Gain}(x,x_1)=E[N_0x(p_0-q_0)+N_1x_1(p_1-q_1)] \tag{6.1}$$

$\text{Gain}(x,x_1)$ 是以下两种方案获得的期望点击数的差值：（1）方案 1 将用户访问分配给两件物品（xN_0 和 x_1N_1 为在时间间隔 0 和 1 内分配给非确定物品的用户访问量）；（2）方案 2 将用户访问量全部分配给确定物品。从直观上看，该函数值量化的是探索非确定物
100 品的收益，因为该物品有潜在的可能会比确定物品更好。

命题 6.5　给定 $\boldsymbol{\theta}_0$、q_0、q_1、N_0 和 N_1，

$$\max_{x\in[0,1],\,x_1\in\mathcal{X}_1}\text{Gain}(x,x_1)=\max_{x\in[0,1]}\text{Gain}(x)$$

其中

$$\text{Gain}(x)=\text{Gain}(x,\boldsymbol{\theta}_0,q_0,q_1,N_0,N_1)=N_0x(\hat{p}_0-q_0)+N_1E_c[\max\{\hat{p}_1(x,c)-q_1,0\}]$$

注意，$\hat{p}_0$（对于 Gamma 分布，$\hat{p}_0=\alpha/\gamma$）和 $\hat{p}_1(x,c)$（对于 Gamma 分布，$\hat{p}_1(x,c)=(c+p_0\gamma)/(\gamma+xN_0)$）是 $\boldsymbol{\theta}_0$（对于 Gamma 分布，$\boldsymbol{\theta}_0=[\alpha,\gamma]$）的函数。式中最后一项期望 $E_c\left[\max\{\hat{p}_1(x,c)-q_1,0\}\right]$ 与 c 的边际分布有关。因为时间间隔 1 是最后的时间间隔，参考向前看一步的案例，当最大化收益时，$x_1(c)$ 不是 1 就是 0，这取决于 $\hat{p}_1(x,c)-q_1$ 是否大于 0。

最优解。表达式 $\max_{x\in[0,1]}\text{Gain}(x)$ 在 2×2 案例中是点击数的最优值。给定分布 $\mathcal{P}$ 的类型，可以获得最优 x 的数值解。为了提高运算效率，我们使用正态分布来近似，假设 $\hat{p}_1(x,c)$ 是近似正态的分布。这里我们只将后验 $(p_1\,|\,x,c)$ 近似为正态分布，仍然假设先验 p_0 为 Gamma 分布。令 σ_0^2 为 p_0 的方差，特别地，在 Gamma 分布中，$\sigma_0^2=\alpha/\gamma^2$。利用关于分布 $(c\,|\,p_1)$ 和 p_1 的迭代期望法则进行推导，我们得到：

$$E_c[\hat{p}_1(x,c)]=\hat{p}_0=\alpha/\gamma$$

$$\text{Var}_c[\hat{p}_1(x,c)]=\sigma_1^2(x)=\frac{xN_0}{\gamma+xN_0}\sigma_0^2$$

利用正态近似获得的是最后一项期望的解析解。

命题 6.6（正态近似）　令 ϕ 和 Φ 为标准正态分布的密度函数和分布函数：

$$\text{Gain}(x,\boldsymbol{\theta}_0,q_0,q_1,N_0,N_1)\approx N_0x(\hat{p}_0-q_0)$$
$$+N_1\left[\sigma_1(x)\phi\left(\frac{q_1-\hat{p}_0}{\sigma_1(x)}\right)+\left(1-\Phi\left(\frac{q_1-\hat{p}_0}{\sigma_1(x)}\right)\right)(\hat{p}_0-q_1)\right]$$

正态近似使 Gain(x) 成为具有一些良好属性的可微函数。图 6-3a 展示了三种先验均值不同的 Gain 函数。特别要指出的是，Gain(x) 最多只有一个最小值，并且最多只有一个最大值（不包括边界值）。另外，还可以看出 $\frac{\mathrm{d}^2}{\mathrm{d}x^2}\mathrm{Gain}(x)=0$ 在 $0<x<1$ 内至多有一个解，如果解存在则记作 c。对于 $0<x<C$，$\frac{\mathrm{d}^2}{\mathrm{d}x^2}\mathrm{Gain}(x)>0$；对于 $C<x<1$，$\frac{\mathrm{d}^2}{\mathrm{d}x^2}\mathrm{Gain}(x)<0$。 101
因此，$\frac{\mathrm{d}}{\mathrm{d}x}\mathrm{Gain}(x)$ 在 $C<x<1$ 上是递减的。如果解存在，利用二分搜索可以快速找到 $\frac{\mathrm{d}}{\mathrm{d}x}\mathrm{Gain}(x)=0$ 的解 $C<x^*<1$。那么最优解就是 x=0、x^* 或 1。

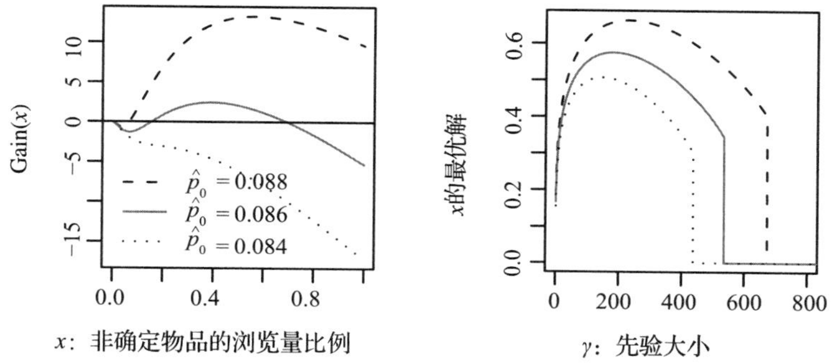

a）收益函数　　b）最优解

图 6-3　a）当 $\gamma=500$，$N_0=2K$，$N_1=40K$，$q_0=q_1=0.1$ 时，不同 $\hat{p}_0$ 下的 Gain(x)。b）x 的最优解（$\arg\max_x \mathrm{Gain}(x)$）与 γ 的函数关系

命题 6.7　令 x^* 为正态近似的最优解。找到满足 $|x-x^*|<\epsilon$ 的解 x 的时间复杂度是 $O(\log 1/\epsilon)$。

显然，该命题成立，因为最优解可以通过二分法求得。

Gain 函数的属性。图 6-3b 展示的是最优探索量随非确定物品在不同均值下的不确定性变化（γ 越小意味着不确定性越大）的函数。与预期的相反，随着不确定性的下降（即 γ 上升），探索量并非单调递减。事实上，当不确定性很大（即 γ 比较小）时，我们不应该探索太多。该方案是谨慎的，并没有给具有高度不确定性的物品分配太多观测量。之所以出现这种情况，是因为我们考虑的是两个时间间隔的向前看策略。

6.3.2　$K\times 2$ 案例：K 件物品，两个间隔

现在我们考虑 K 件物品的情况，时间间隔还是两个。求解这个问题的计算复杂度很高，因此，我们参考 Whittle（1988）的方法，应用拉格朗日松弛技术寻找近似最优解。 102

回想一下，$p_{it}\sim\mathcal{P}(\boldsymbol{\theta}_{it})$ 为物品 i 在时间 $t\in[0,1]$ 的 CTR。令 $\mu(\boldsymbol{\theta}_{it})=E[p_{it}]$。为了简化符号，我们使用向量标记：$\boldsymbol{\theta}_t=[\boldsymbol{\theta}_{1t},\cdots,\boldsymbol{\theta}_{Kt}]$，$\boldsymbol{x}_t=[x_{1t},\cdots,x_{Kt}]$ 以及 $\boldsymbol{c}_0=[c_{10},\cdots,c_{K0}]$，其中 x_{it} 是在时间 $t\in\{0,1\}$ 分配给物品 i 的浏览量比例，c_{i0} 是一个随机数，表示物品 i 在时

间 0 获得的点击数。我们的目标是求解 $\boldsymbol{x}_0$ 和 $\boldsymbol{x}_1$，使得两个时间间隔的总期望点击数最大。在做决策时，当前状态 $\boldsymbol{\theta}_0$ 是已知的，$\boldsymbol{\theta}_1=\boldsymbol{\theta}_1(\boldsymbol{x}_0,\boldsymbol{c}_0)$ 取决于 $\boldsymbol{x}_0$ 和 $\boldsymbol{c}_0$。$\boldsymbol{x}_0$ 也是一个数值向量，但是 $\boldsymbol{x}_1=\boldsymbol{x}_1(\boldsymbol{\theta}_1)$ 是 $\boldsymbol{\theta}_1$ 的函数。令 $\boldsymbol{x}=[\boldsymbol{x}_0,\boldsymbol{x}_1]$。

期望总点击数为

$$R(\boldsymbol{x},\boldsymbol{\theta}_0,N_0,N_1)=N_0\sum_i x_{i0}\mu(\boldsymbol{\theta}_{i0})+N_1\sum_i E_{\boldsymbol{\theta}_1}[x_{i1}(\boldsymbol{\theta}_1)\mu(\boldsymbol{\theta}_{i1})]$$

我们的目标是找到

$$R^*(\boldsymbol{\theta}_0,N_0,N_1)=\max_{0\leqslant x\leqslant 1}R(\boldsymbol{x},\boldsymbol{\theta}_0,N_0,N_1)$$

使得对于所有可能的 $\boldsymbol{\theta}_1$，满足

$$\sum_i x_{i0}=1 \text{ 且 } \sum_i x_{i1}(\boldsymbol{\theta}_1)=1$$

拉格朗日松弛。为了使前面的优化问题在计算上可行，我们放宽了时间间隔 1 上的约束。之前要求对所有可能的 $\boldsymbol{\theta}_1$，$\sum_i x_{i1}(\boldsymbol{\theta}_1)=1$；而现在，我们只要求平均的 $\sum_i x_{i1}(\boldsymbol{\theta}_1)=1$。因此，优化问题变为

$$R^+(\boldsymbol{\theta}_0,N_0,N_1)=\max_{0\leqslant x\leqslant 1}R(\boldsymbol{x},\boldsymbol{\theta}_0,N_0,N_1)$$

满足

$$\sum_i x_{i0}=1 \text{ 且 } E_{\boldsymbol{\theta}_1}\left[\sum_i x_{i1}(\boldsymbol{\theta}_1)\right]=1$$

接下来，我们定义值函数 V 为

$$\begin{aligned}V(\boldsymbol{\theta}_0,q_0,q_1,N_0,N_1)=\max_{0\leqslant x\leqslant 1}\{&R(\boldsymbol{x},\boldsymbol{\theta}_0,N_0,N_1)\\&-q_0N_0(\sum_i x_{i0}-1)-q_1N_1(E\left[\sum_i x_{i0}\right]-1)\}\end{aligned}$$

其中，q_0 和 q_1 是拉格朗日乘数。在宽松条件下，

$$R^+(\boldsymbol{\theta}_0,N_0,N_1)=\min_{q_0,q_1}V(\boldsymbol{\theta}_0,q_0,q_1,N_0,N_1)$$

103 接下来，我们说明 V 函数之所以能够简化计算的两个重要属性。

命题 6.8（凸性） $V(\boldsymbol{\theta}_0,q_0,q_1,N_0,N_1)$ 是关于 (q_0,q_1) 的凸函数。

因为 V 关于 (q_0,q_1) 是凸的，所以利用标准的凸优化工具可以找到最优解。如果我们想在给定 (q_0,q_1) 的情况下高效地计算 V，就需要用到接下来介绍的可分离性。

命题 6.9（可分离性）

$$V(\boldsymbol{\theta}_0, q_0, q_1, N_0, N_1) = \sum_i \left(\max_{0 \leqslant x_{i0} \leqslant 1} \text{Gain}(x_{i0}, \boldsymbol{\theta}_{i0}, q_0, q_1, N_0, N_1)\right) + q_0 N_0 + q_1 N_1 \tag{6.2}$$

其中 Gain 已在命题 6.5 中定义。

得益于可分离性，我们可以通过对每件物品（在 x_{i0} 上）独立地进行最大化来计算 V 函数。这种独立最大化退化为命题 6.5 的增益最大化，且可以使用命题 6.6 高效地求解。因此，我们得以在 K 维空间中通过求解 K 个独立的一维优化问题来解决联合最大化（在 $x_{10}, \cdots, x_{K0}$ 上）问题。这种解耦的思想与 Gittins（1979）指数策略的计算类似。

近似最优解。为了计算在时间间隔 0 内分配给每件物品 i 的用户访问比例，我们用常规的凸优化工具来计算 $\min_{q_0, q_1} V(\boldsymbol{\theta}_0, q_0, q_1, N_0, N_1)$。令 q_0^* 和 q_1^* 为最优解，那么

$$x_{i0}^* = \arg\max_{0 \leqslant x_{i0} \leqslant 1} \text{Gain}(x_{i0}, \boldsymbol{\theta}_{i0}, q_0^*, q_1^*, N_0, N_1)$$

就是分配给物品 i 的用户访问比例。拉格朗日松弛技术被 Whittle（1988）首次应用于赌博问题。对几个相关却不尽相同的问题的研究表明，拉格朗日松弛技术得到的通常是近似最优解，就像 Glazebrook 等（2004, 57）所述的：“层出不穷的实验证据验证了 Whittle 的指数策略 [基于拉格朗日松弛技术] 的强劲表现。”

6.3.3 一般解

现在我们讨论一般的热门推荐问题的解。一般的热门推荐问题具有很多未来时间间隔，以及一个由非静态 CTR 的物品构成的动态候选物品集。我们从两个阶段的近似开始，先解决两个以上未来间隔的情况，再扩展到动态候选物品集。最后，我们讨论如何使用动态 Gamma-Poisson 模型解决非静态物品 CTR 的问题。 104

两个阶段的近似

假设我们有 K 件物品和 T+1 个未来时间间隔（t=0, ⋯, T）。先假定在未来的每个时间间隔内都存在 K 件可用物品。与 $K \times 2$ 的情况类似，在我们运用拉格朗日松弛技术后，凸性和可分离性仍然成立（公式稍有修改），但计算复杂度以 T 的指数倍增长。为了计算的高效性，我们只用两个阶段来近似 T+1 个时间间隔的情况：第一个阶段（用 0 指代）是包含 N_0 次用户访问的时间间隔 0，第二个阶段（用 1 指代）是包含 $\sum_{t \in [1, T]} N_t$ 次用户访问的剩余的 T 个时间间隔。那么，我们便可以把第二个阶段看成是 $K \times 2$ 案例中的第二个时间间隔。因此，通过求解 $K \times 2$ 案例（将 N_1 替换成 $\sum_{t \in [1, T]} N_t$）就能获得近似解。

动态候选物品集

我们将 $K \times 2$ 案例的近似最优解拓展到多个未来时间间隔的动态物品集上。此时允

许物品集 $\mathcal{I}_t$ 随时间而变化。令 $s(i)$ 和 $e(i)$ 分别为物品 i 的开始时间和终止时间，物品的终止时间可能是随机的，可以通过边际化值函数将其纳入我们的框架。为了方便说明，我们假定终止时间 $e(i)$ 是确定的。$\mathcal{I}_0$ 是满足 $s(i)\leqslant 0$ 且 $e(i)\geqslant 0$ 的物品 i 的集合，集合中的物品称为实时物品，在当前时间 t=0 前开始。令 $T=\max_{i\in\mathcal{I}_0} e(i)$ 为剩余生命周期最长的实时物品的终止时间。令 $\mathcal{I}^+$ 为满足 $1\leqslant s(i)\leqslant T$ 的物品 i 的集合，这些物品称为未来物品。令 $T(i)=\min\{T,e(i)\}$。

在我们运用拉格朗日松弛技术后，凸性和可分离性仍然成立（公式稍有修改），但是计算复杂度随时间间隔数的增加呈指数型增长。为了提高计算效率，我们对每件物品 i 进行两个阶段的近似：物品的第一个时间间隔（$\max\{0,s(i)\}$）是探索阶段，其余的时间间隔（从 $\max\{0,s(i)\}+1$ 到 $T(i)$）为利用阶段。这两个阶段分别对应于 $K\times 2$ 案例中的 t=0 和 t=1。两个阶段的近似只用于计算时间间隔 t=0 的服务计划，因为我们在 t=1, …, $T(i)$ 期间不是纯利用。在 t=1 时，我们会把 $\max\{1,s(i)\}$ 当成物品 i 的探索阶段，然后根据
105 t=0 及在这之前观测到的数据来计算物品 i 的服务计划。

经过两个阶段的近似后，目标函数 V（命题 6.9）变为

$$
\begin{aligned}
&V(\boldsymbol{\theta}_0,q_0,q_1,N_0,\cdots,N_T)\\
&=\sum_{i\in\mathcal{I}_0}\max_{0\leqslant x_{i0}\leqslant 1}\text{Gain}\left(x_{i0},\boldsymbol{\theta}_{i0},q_0,q_1,N_0,\sum_{t=1}^{T(i)}N_t\right)\\
&\quad+\sum_{i\in\mathcal{I}^+}\max_{0\leqslant y_i\leqslant 1}\text{Gain}\left(y_i,\boldsymbol{\theta}_{i0},q_1,q_1,N_{s(i)},\sum_{t=s(i)+1}^{T(i)}N_t\right)\\
&\quad+q_0N_0+q_1\sum_{t\in[1,T]}N_t
\end{aligned}
\tag{6.3}
$$

运用常规的凸最小化技术寻找使得 V 函数最小的 q_0^* 和 q_1^*。当之前的 Gain 函数（第二行）中的 $q_0=q_0^*$，$q_1=q_1^*$ 时，使得 Gain 函数最大的 x_{i0} 就是在下个时间间隔内分配给物品 i 的用户访问量比例。

现在我们来解释公式（6.3）。我们需要将实时物品 $\mathcal{I}_0$（第二行）与未来物品 $\mathcal{I}^+$（第三行）区别看待。我们对每件物品进行两个阶段的近似。对于实时物品 $i\in\mathcal{I}_0$，第一个阶段是时间 0，有 N_0 次浏览，第二个阶段从时间 1 到 $T(i)$，有 $\sum_{t\in[1,T(i)]}N_t$ 次浏览；对于未来物品 $i\in\mathcal{I}^+$，第一个阶段是 $s(i)$（$s(i)$>0），第二个阶段从 $s(i)$+1 到 $T(i)$。因为我们的目标是决定在时间 0 如何服务实时物品（即 x_{i0}），我们用不同的变量 y_i 标记在时间 0 后进入系统的未来物品 i。

在公式（6.3）中，拉格朗日乘数 q_0 和 q_1 确保优化工具分配的浏览数与确定的总浏览数一致。实际上，q_0 确保在时间 0 时，$\sum_i x_{i0}N_0=N_0$，q_1 确保在 1 到 T 的时间内，$E\left[\sum_{t\in[1,T]}\sum_i x_{it}N_t\right]=\sum_{t\in[1,T]}N_t$。未来物品 $\mathcal{I}^+$ 只在时间 1 到 T 出现，因此，公式（6.3）第三

行的 Gain 函数出现了两次 q_1，没有出现 q_0。

变量 $\boldsymbol{\theta}_{i0}$ 代表当前我们对物品 i 的 CTR 的信任度：对于实时物品 $i \in \mathcal{I}_0$，$\boldsymbol{\theta}_{i0}$ 为物品 CTR 模型的当前状态；对于未来物品 $i \in \mathcal{I}^+$，$\boldsymbol{\theta}_{i0}$ 为物品 CTR 的先验信任度（可以根据物品特征预测得到）。

定义 6.10（贝叶斯通用方案） 我们把公式（6.3）的解称为贝叶斯通用方案。

贝叶斯通用方案需要解决一个关于 q_0 和 q_1 的二维凸性不可微的最小化问题。为了满 106
足约束条件，最小化需要很高的精度，这会导致执行时间很长。为了达到更高的效率，我们考虑以下近似。

定义 6.11（贝叶斯 2×2 方案） 该方案利用 CTR 估计值最高的物品 i^* 的 CTR，即 $\max_i \mu(\boldsymbol{\theta}_{i,0})$ 来近似 q_0 和 q_1，然后固定 q_0 和 q_1，寻找每个 x_{i0} 的最优解。从直观上看，假定最佳物品 i^* 的 CTR 是确定的，然后利用 2×2 方案比较每件物品 i 与最佳物品 i^*。因为 $\sum_i x_{i0}$ 可能不为 1，将分配给物品 i 的比例设置为 ρx_{i0}，其中 ρ 是全局调优参数。因为将 i^* 与其自身进行比较不合适（这使得 x_{i^*0} 总为 1），所以我们将分配给 i^* 的比例设置为 $\max\left\{1-\sum_{i \neq i^*} \rho x_{i0}, 0\right\}$。

在 6.5 节中，我们会说明贝叶斯 2×2 方案与贝叶斯通用方案很类似。注意 ρ 是基于模拟调节的，并且我们发现贝叶斯 2×2 方案的性能对于 ρ 的设置并不特别敏感。

非静态 CTR

利用时间序列模型将非静态性融入我们的解决方案，使物品 CTR 的分布能够随时间更新。一般来说，任何能够准确估算 CTR 预测分布的模型都可以嵌入贝叶斯解决方案。参照 Agarwal 等（2009），我们使用动态 Gamma-Poisson 模型（DGP）。假设物品 i 在 t–1 的 CTR $p_{i,t-1}$ 服从 $\text{Gamma}(\alpha, \gamma)$。为了捕获 CTR 随时间的变化情况，给予最近的数据更大的权重。一种简单的方法是在每个时间间隔后减少有效样本大小 γ 的权重。也就是说，时间 t 的先验均值是时间 t–1 的后验均值，方差是通过利用衰减因子 w 放大时间 t–1 的后验方差而得到的（方差取决于有效样本的大小）。关于状态空间模型衰减部分的详细内容参考 West 和 Harrison（1997）。具体地说，在 t 时观测到物品的 c 次点击及 v 次浏览后，时间 t 的先验 $p_{i,t} \sim \text{Gamma}(w\alpha + c, w\gamma + v)$，其中 $w \in (0,1]$ 是预设的衰减因子，在训练数据上调参。DGP 模型可以直接融入 2×2 案例的解决方案。当计算 Gain 函数时，我们利用 w 减小第二个时间区间的 α 和 γ 的权重。将正态近似重新定义为：

$$\text{Var}_c\left[\hat{p}_1(x,c)\right] = \sigma_1(x)^2 \equiv \frac{xN_0}{w\gamma + xN_0}\sigma_{0w}^2, \quad \text{其中 } \sigma_{0w}^2 = \frac{\alpha}{w\gamma^2} \tag{6.4}$$

6.4 非贝叶斯方案

在本节中，我们将把经典多臂赌博问题的文章中的一些非贝叶斯方法（UCB、

107 POKER 以及 Exp3）应用到推荐问题中，以解决动态物品集、非静态 CTR 和批量服务（6.1 节中讨论过）的问题。我们也将介绍一些基准方法，并在 6.5 节中通过实验比较这些方法与贝叶斯方法的不同。为了便于说明，令 $\hat{p}_{it} = E[p_{it}]$ 为 DGP 模型的估计值。

B-UCB1。UCB1 方案由 Auer（2002）提出，是一种流行的用于一次一个服务方式的方案。它为到来的网页浏览提供优先权最高的物品 i，物品的优先权在每次反馈后更新（假设是实时的）。物品 i 的优先权定义为：

$$\hat{p}_{it} + \sqrt{\frac{2\ln n}{n_i}} \tag{6.5}$$

其中 n_i 是到目前为止分配给物品 i 的总浏览数，$n = \sum_i n_i$，但是这些在我们的场景中都不适用，将方案修改如下：

- 为了融入非静态 CTR，我们用物品 i 状态为 $[\alpha_{it}, \gamma_{it}]$ 的 DGP 模型估计 $\hat{p}_{it} = \alpha_{it} / \gamma_{it}$，然后将 n_i 替换成有效样本大小 γ_{it}。
- 为了适应时变 $\mathcal{I}_t$，我们将 n 替换成 $\sum_{i \in \mathcal{I}_t} \gamma_{it}$。
- 对于批量服务，我们提出了一种假想运行技术，以引入延迟反馈的影响。主要思想是以假想的方式运行 UCB1，在下一个时间间隔内一个接一个地服务每次的网页浏览。因为我们并没有真的服务任何页面，所以在每次“假想”服务（由 UCB1 提供服务）后都没有观察到任何奖励。于是，我们假设服务物品 i 的奖励是其当前的 CTR 估计值。对下一个时间间隔内的所有用户访问都进行假想服务后，分配给物品 i 的浏览量比例就是我们对物品 i 进行的假想服务的比例。

总而言之，按以下方式在下一个时间间隔内顺序遍历 N_t 次用户访问。对于 k=1 到 N_t，假设给优先权最高的物品 i^* 第 k 次网页浏览，令 m_i 为一个计数器，追踪在假设运行过程中分配给物品 i 的浏览量。在第 k 次假想运行期间，将样本大小更新为 $n_i = \gamma_{it} + m_i$，$n = \sum_{i \in \mathcal{I}_t} n_i$。物品 i 的优先权为

$$\text{未调整：}\ \hat{p}_{it} + \sqrt{\frac{2\ln n}{n_i}}$$

或

108
$$\text{调整后：}\ \hat{p}_{it} + \left(\frac{\ln n}{n_i} \min\left\{\frac{1}{4}, \mathrm{Var}(i) + \sqrt{\frac{2\ln n}{n_i}}\right\}\right)^{\frac{1}{2}} \tag{6.6}$$

其中 $\mathrm{Var}(i) = \hat{p}_{it}(1 - \hat{p}_{it})$。假想运行结束后，$m_i$ 是在间隔 t 内分配给物品 i 的用户访问量，因此，我们令 $x_{it} = m_i / \sum_j m_j$。我们把这种方案称为 Batch-UCB1 或 B-UCB1。在我们的

实验中，调整后的方案一致优于未调整方案。

B-POKER。POKER 方案由 Vermorel 和 Mohri（2005）提出，与 UCB1 类似，但是优先权函数不同。令 $K=|\mathcal{I}_t|$，不失一般性，假设 $\hat{p}_{1t}\geqslant\cdots\geqslant\hat{p}_{Kt}$。遵循 B-UCB1 的过程，将 POKER 用于我们的设置，只是将优先权函数替换为：

$$\hat{p}_{it}+\Pr(p_{it}\geqslant\hat{p}_{1t}+\delta)\delta H$$

其中 $\delta=(\hat{p}_{1t}-\hat{p}_{\sqrt{K},t})/\sqrt{K}$，$H$ 是调优参数，第二项的概率计算基于假设 $p_{it}\sim\mathcal{P}(\alpha_{it}+m_i\hat{p}_{it},\gamma_{it}+m_i)$，其中 $\mathcal{P}$ 是 Gamma 分布。

Exp3。Exp3 由 Auer 等（1995）提出，专为对抗性、非静态奖励分布而设计。令 G_i（初始为 0）为物品 i 到目前为止收到的“校正过的”总点击数。令 $\epsilon\in(0,1]$，$\eta>0$ 为两个调优参数，对于每个时间间隔 t，执行以下步骤：

1. 在 t 时分配 x_{it} 比例的用户访问给物品 i，其中 $x_{it}=(1-\epsilon)r_{it}+\epsilon/|\mathcal{I}_t|$，$r_{it}\propto e^{\eta G_i}$。
2. 在时间间隔 t 结束时，假设物品 i 收到 c_{it} 次点击，将 G_i 更新为 $G_i=G_i+c_{it}/x_{it}$。

作为基准方法的启发式方案。ε-Greedy 比较简单，在每个时间间隔内分配固定比例 ϵ 的用户访问以均匀探索所有的实时物品，剩余的用户访问分配给 CTR 估计值最高的物品。另一种简单的方案是 SoftMax，它令 $x_{it}\propto e^{\hat{p}_{it}/\tau}$，其中的温度参数 τ 是一个调优参数。

为了便于比较，我们也引入非批量的 UCB1 和 POKER，称为 WTA-UCB1 和 WTA-POKER，其中 WTA 代表“winner takes all”(赢者通知)，意味着我们将一个时间间隔内的所有用户访问都分配给优先权最高的物品。

6.5 实验评估

在本节中，我们将对本章前面讨论的探索与利用方案进行实验评估。从评估雅虎今日模块的方案开始，该模块在数据收集期间的任意时间点都有大约 20 件可供选择的实时物品。然后，对假设情景进行评估，其中实时物品的数量范围为从 10 到 1000。接下来，分析把多臂赌博方案应用于用户分段的优点。最后，在雅虎今日模块的一小部分随机用户访问上展示在线桶测试的结果。 109

6.5.1 比较分析

雅虎今日模块场景。该应用在每个 5 分钟的时间间隔内从大约 20 件实时物品中选择最热门的物品。为了进行模拟实验，我们收集了 4 个月的历史数据，以获得每个时间间隔内的实时物品集和用户访问数。如 Agarwal 等（2009）提出的，应用含波长的 loess 拟合估计每个时间间隔内每件物品的真实 CTR，从而最小化残差中的自相关。我们的数据是从随机桶中收集的，随机桶包含了一组随机选择的用户。内容池中的每件实时物品会以等概率展示给随机桶中的用户，桶中的访问数足以可靠地估计每个时间间隔内每件实时物品的 CTR。利用 t 之前和之后的历史数据估计 t 时物品的 CTR 比仅利用 t 之前的数据估计 CTR 更准确。

为了评估方案在样本大小不同的情况下的性能，我们令 $N_t' = a \cdot N_t$，a 取不同的值。这里的 N_t 是从时间间隔 t 的数据中观测到的实际浏览数。在间隔 t 时，物品 i 在方案分配的浏览量 N_{it}' 上的点击数 c_{it} 是利用 CTR 的历史估计值从 Poisson$(p_{it}N_{it}')$ 中模拟得到的。除了 Exp3，其他所有的方案都是利用 DGP 模型中后验均值的估值来预测非静态 CTR。贝叶斯方案如 B-UCB1（其中的 n_i 是从模型中获得的有效样本大小，相当于已知方差）、WTA-UCB1、B-POKER 以及 WTA-POKER 也都使用了模型中的方差估计。我们预留第一个月的数据来确定方案的调优参数（如果有的话），并在剩余的三个月的数据中测试所有方案。为了调节方案的参数，我们尝试了 10 到 20 组参数设置。对于每组参数设置，我们在第一个月的数据上进行了模拟，然后选择了性能最佳的参数设置。图 6-4a 展示
110 了每个方案的遗憾百分比与流量（每个时间间隔内的平均用户访问次数）的函数关系。

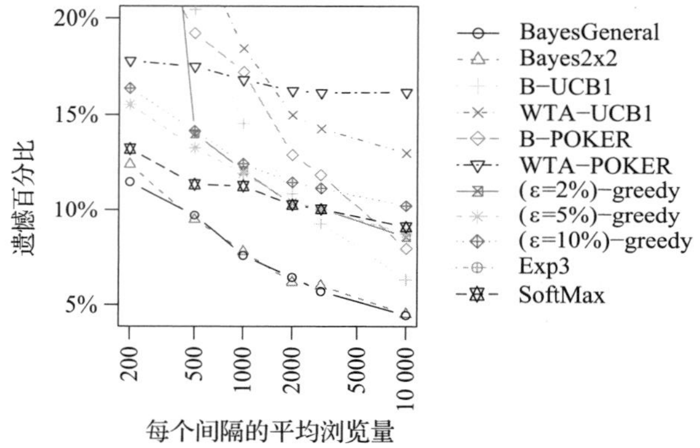

a）雅虎今日模块场景

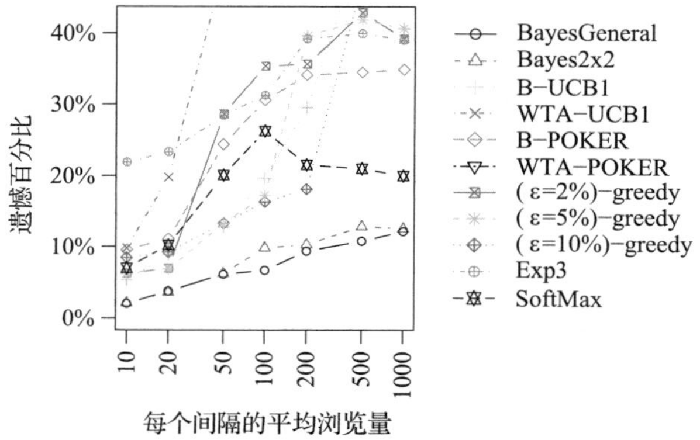

b）假想场景

图 6-4 探索与利用方案实验对比；x 轴的数值进行了对数变换。注意，在图 a）中，WTA-UCB1 和 Exp3 的遗憾都超过了 20%。在图 b）中，WTA-POKER 的遗憾超过了 40%

方案 S 的遗憾百分比定义如下：

$$\frac{\text{点击数(Opt)}-\text{点击数}(S)}{\text{点击数(Opt)}} \quad (6.7)$$

其中，Opt 是在假定真实值已知的情况下的 oracle 最优方案。在不同的时间间隔内，Opt 可能会选择不同的物品，而在常规赌博问题中使用的最优方案是在所有时间间隔内都选择同一件物品。因此与之相比，Opt 能够更好地表示遗憾。更多细节请参见 Auer 等（1995）。 111

假想场景。通过改变时间间隔内实时物品的数量来构建几个假想场景。对于每个场景，我们把每个间隔的浏览量固定为 1000 次，每件物品的生命周期从均值为 20 个时间间隔的 Poisson 分布中采样，每件物品的真实 CTR 从 Gamma 分布中采样，均值和方差都根据真实的应用数据估计。我们将时间跨度设置为 1000 个时间间隔，共运行 10 次。图 6-4b 展示了每个方案的遗憾百分比与每个时间间隔内实时物品数量的函数关系。由于此处的数据是合成的，因此遗憾值可能与图 6-4a 中的数据不匹配。

结果总结。结果如下：

- 贝叶斯通用方案与贝叶斯 2×2 方案一致优于其他方案，并且随着数据稀疏性的增加，性能差距也越大。计算效率更高的贝叶斯 2×2 方案（含调优参数 ρ）的性能与贝叶斯通用方案很接近。
- 批量方案（B-UCB1 和 B-POKER）的性能通常比其他非批量方法更好，特别是当每个时间间隔内的用户访问量很多时。但在数据极度稀疏的情况下，WTA-POKER 优于 B-POKER。
- ε-Greedy 方案通常可以达到合理的性能，但是ϵ的最优取值取决于不同的应用。
- Exp3 的性能总是最差的，也许是因为它是为对抗设置设计的。而 SoftMax 在 τ 调节好的情况下可以获得比较合理的性能。

这里的所有结论都具有统计意义，在几个附加数据集上的重复实验也能证实这一点。

6.5.2 方案刻画

对每个方案的探索与利用属性的直观解释有助于我们理解某些方案为什么比其他方案表现更好。倾向于贪婪的方案会为后验均值最高的物品快速地分配更多的用户访问，但在更大的时间跨度内可能会流失点击数。相反，将更多的用户访问谨慎地分配给后验均值较高的物品的方案可能会慢慢收敛到最佳物品。

为了量化赌博方案的探索与利用的权衡，我们使用三个标准来刻画赌博方案。在给定时间点，把某方案中 CTR 估计值最高的物品称为该方案的估计最热门（EMP）物品。因为分配给每件物品的样本大小不同，不同的方案在同样的时间点可能会选择不同的 EMP 物品，即使它们使用的是同样的统计估计技术。令 n_{it} 为方案在 t 时分配给物品 i 的浏览数，p_{it} 为物品 i 在 t 时的真实 CTR，$p_t^* = \max_i p_{it}$，不失一般性，假设 i=1 为方案决 112

定的 EMP 物品。

我们定义以下三个指标来刻画一个方案：

1. EMP 展示比例：$\sum_t n_{1t} / \sum_t \sum_i n_{it}$ 是方案展示 EMP 物品的浏览量比例。该值量化了方案利用有关物品的当前知识而获得的流量。

2. EMP 遗憾：$\sum_t n_{1t}(p_t^* - p_{1t}) / \sum_t n_{1t}$ 是方案展示 EMP 物品产生的遗憾。该值量化了方案识别并利用最佳物品（或好物品）的能力。当方案探索不够时，EMP 遗憾可能会很高，因为它没有进行足够的观测来识别最佳物品。

3. 非 EMP 遗憾：$\sum_t \sum_{i \neq 1} n_{it}(p_t^* - p_{it}) / \sum_t \sum_{i \neq 1} n_{it}$ 是方案展示所有非 EMP 物品产生的遗憾。该值量化了探索的成本，因为如果方案准确知道物品的 CTR，那么它应该总是展示 EMP 物品。

图 6-5a 对比了每个方案的 EMP 遗憾和非 EMP 遗憾。我们对每个方案进行了三次模拟（对应于图中三个点），三次模拟的每个时间间隔的物品数分别为 20、100 和 1000。模拟的设置与 6.5.1 节中假想场景的设置一样，好的方案在图的左下角。图 6-5b 对比了每个方案的 EMP 遗憾和 EMP 展示次数比例，好的方案在右下角。

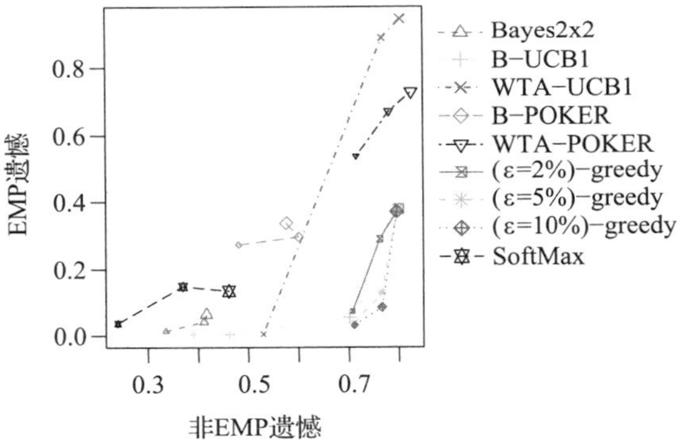

a）遗憾：EMP VS 非EMP

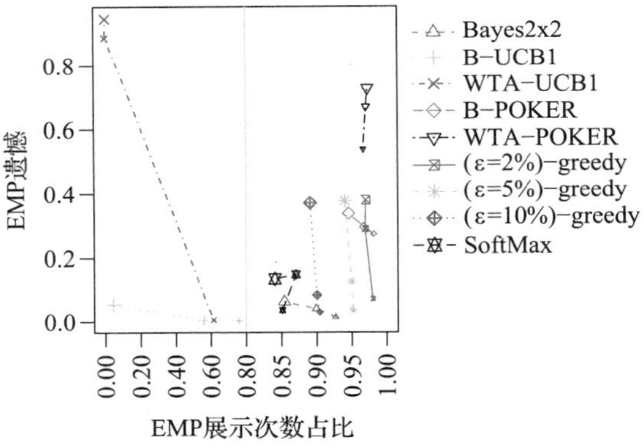

b）EMP遗憾 VS EMP展示次数比例

图 6-5　赌博方案的特点。每一个点代表方案的一次模拟。对方案进行三次模拟，对应每个时间间隔内的物品数分别为 20（小点）、100（中等大小的点）和 1000（大点）。图中省略了贝叶斯通用方案，因为其特点与贝叶斯 2 × 2 方案几乎一样。在 b）中，我们放大了 x 轴数值 ≥ 0.8 的图像

贝叶斯方案在两个图中都是最好的方案之一，即使物品数量很多，其性能仍然很好。非批量方案（WTA-UCB1 和 WTA-POKER）通常无法识别最佳物品，因为它们在每个时间间隔内仅展示一件物品。当物品生命周期平均只有 20 个时间间隔时，它们无法在物品到期之前收集到足够的观测来识别好的物品。B-UCB1 的 EMP 遗憾较低，说明它能较好地识别好物品，但是，这种方案通常探索过多。这三种 ϵ-greedy 方案具有非常相似的特征，它们的 EMP 展示比例固定在 $1-\epsilon$。由于完全随机化，它们的非 EMP

遗憾很大。随着物品数量的增加，它们识别好物品的能力也会下降。SoftMax 竞争力极强，特别是当物品数量很少时，但是，它在所有模拟设置上的整体性能明显比贝叶斯方案差。除此之外，我们还发现这个方案对温度参数过于敏感，必须仔细调节该参数，但 SoftMax 确实具有无须估计不确定性的优点。

6.5.3 分段分析

根据已知的用户特征如年龄、性别、地理位置和浏览行为（历史搜索记录、访问过的网页、点击广告等）创建用户分段，然后在用户分段上运行个性化推荐方案，最后展示方案的效果。我们也评估了几种其他的用户特征，发现它们的预测性很弱。每件物品由人工进行标签并分配至一个内容类别 C。根据大量的历史数据，我们按如下方式生成用户段。 113~114

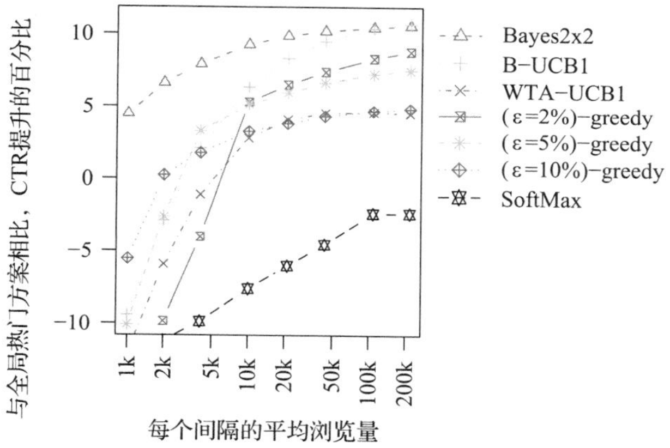

图 6-6 分段分析

令 y_{uit} 为 t 时用户 u 对物品 i 的响应（点击或未点击），$\boldsymbol{x}_{ut}$ 为用户特征（浏览行为是动态的，因此加了下标 t）。然后，拟合一个逻辑回归模型 $y_{uit} \mid p_{uit} \sim \text{Bernoulli}(p_{uit})$，其中 $\log(p_{uit}/(1-p_{uit})) = \boldsymbol{x}'_{ut}\boldsymbol{\beta}_c(i)$，$\boldsymbol{\beta}_k$ 为类别 k 的隐因子，$c(i)$ 为物品 i 的类别。利用估计的 $\boldsymbol{\beta}_k$，可以将每个用户的特征 $\boldsymbol{x}_{ut}$ 映射到类别空间 $[\boldsymbol{x}'_{ut}\boldsymbol{\beta}_1, \cdots, \boldsymbol{x}'_{ut}\boldsymbol{\beta}_C]$。对这些映射进行聚类，仔细分析之后，选择五个用户段（簇），这些分段也会由负责雅虎今日模块应用的新闻编辑进行分析和解释。与回归模型相比，分段在编码目标内容物品方面为编辑提供了更好的可解释性。图 6-6 展示了方案相对于未分段 oracle 最优方案的 CTR 提升，最大的 CTR 提升约为 13%。贝叶斯方案一致优于其他所有方案，并且在所有流量值上的提升值都为正值。B-UCB1 和 ε-greedy 在高流量时表现得相当不错，但它们在低流量时的性能迅速变差。令人惊讶的是，SoftMax 在这个实验中表现不佳，因为我们对所有的分段只使用了一个 τ。由于 τ 对物品 CTR 的范围比较敏感，并且段与段之间的物品 CTR 分布非常不同，因此所有分段都使用一个 τ 值导致其性能不佳。

6.5.4　桶测试结果

现在报告在雅虎今日模块上的一部分实时流量上进行实验的结果。

实验设置。我们创建了一组大小相等的随机用户样本（桶）。每个用户由网站保存在用户的 Web 浏览器中的标识符（cookie）标识，我们剔除了不接受 cookie 的用户。这个用户群较小，但不会影响实验的有效性。对不同的桶运行不同的服务方案，并比较同一时间段内多个方案的性能。考虑三种方案，贝叶斯 2×2、B-UCB1 以及 ε-greedy，根据两周内每个桶的总体 CTR 来衡量对应方案的性能。理想情况下，我们希望一个方案能够完全掌控分配到与其对应的桶中的所有流量，然而，为了防止过度探索从而影响用户体验，在任意时间点，每个方案最多只探索桶的 15%（探索流量），剩下的 85% 分配给方案决定的当前 EMP（利用流量）。分别报告探索流量和利用流量上的性能。贝叶斯 2×2 和 B-UCB1 分配 85% 的浏览量给 CTR 估计值最高的物品，融入已经分配给 CTR 最高的物品 85% 的流量反馈后，再分配剩余的 15%。对于 ε-greedy，我们使用 15% 的流量来随机探索每件可用的物品。出于保密的原因，我们不会公开桶的真实 CTR，只报告相对于随机服务每件可用物品的桶的 CTR 的提升。

表 6-1 展示了测试结果。在利用流量上，所有方案都有几乎相等的 CTR 提升。然而在探索流量上，贝叶斯 2×2 明显比 B-UCB1 更好，也比随机方案有更大提高。每个 5 分钟的时间间隔内大约有 270 次浏览用于探索大约 20 件物品，所有方案都可以轻松找到当前最好的物品，但贝叶斯 2×2 更经济，从图 6-7 中以天为单位的结果也能得出同样的结论。贝叶斯 2×2 在探索桶中不同天的性能时比其他方案都好。

表 6-1　桶测试结果

服务方案	探索过程的 CTR 提升（%）	利用过程的 CTR 提升（%）	两周内的浏览数
Bayes 2×2	35.7%	38.7%	7 781 285
B-UCB1	12.2%	40.1%	7 753 184
ε-greedy	0.0%	39.4%	7 805 165

注：在统计上少于 5% 的差别都是不显著的。探索过程中，每个间隔内的平均浏览数大约为 270。

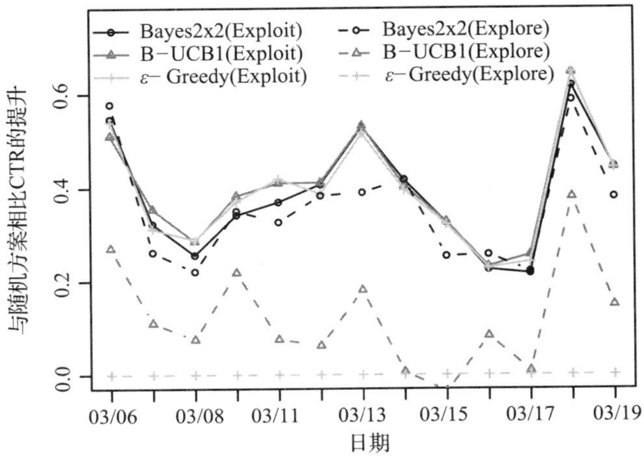

图 6-7　为期两周的在线桶测试结果

6.6 大规模内容池

到目前为止，我们已经在大小适当的内容池（候选物品的数量比用户访问次数更少）中对热门推荐进行了分析。而在某些应用中，内容池可能非常大，即使每件物品只探索几次也难以实现。在这些场景下，为了降低探索成本，最好在向用户推荐物品之前就获取物品的 CTR 先验估计值。自然而然想到的一种方法是利用物品特征获取每件物品在其生命周期开始时有价值的先验分布，一旦观察到浏览数和点击数，就不断更新先验 CTR，这种方式也能在探索与利用方案中用于计算服务计划。

继续使用 Gamma-Poisson 模型。令 c_{it} 和 n_{it} 为物品 i 在 t 时的点击数和浏览数。令 x_{it} 115~117
为物品 i 在 t 时的特征，可能包含物品的类别信息、物品 i 的词袋表征、物品的年龄（即物品创建以来的时间）以及一天中的不同时刻。假定我们也要基于 x_{it} 把物品分成几段，令 $s(i)$ 为物品 i 所属的分段，那么我们得到的模型如下：

$$
\begin{aligned}
&c_{it} \sim \text{Poisson}(p_{it} \cdot n_{it}) \\
&p_{it} \sim \text{Gamma}(\text{mean} = f(x_{it}),\ \ \text{size} = \gamma_{s(i)})
\end{aligned} \tag{6.8}
$$

注意，p_{it} 为 t 时未观测到的物品 i 的 CTR。因为 Gamma-Poisson 共轭，p_{it} 很容易边际化。特别地，$(c_{it} \mid f(\boldsymbol{x}_{it}), \gamma_{s(i)})$ 的分布是一个负二项分布。令 **Obs** 为过去观测到的 (i, t) 对的集合，且令 $\alpha_{it} = f(\boldsymbol{x}_{it}) \cdot \gamma_{s(i)}$。对数似然函数如下：

$$
\sum_{(i,t)\in \mathbf{Obs}} \log \frac{(\gamma_{s(i)})^{\alpha_{it}} \cdot \Gamma(c_{it} + \alpha_{it})}{(n_{it} + \gamma_{s(i)})^{(c_{it}+\alpha_{it})} \cdot \Gamma(\alpha_{it})} + \text{常数} \tag{6.9}
$$

其中 $\Gamma(\cdot)$ 是 Gamma 函数。因为 Gamma 分布的均值为正，预测函数通常选用 $f(\boldsymbol{x}_{it}) = \exp(\boldsymbol{\beta}'\boldsymbol{x}_{it})$，其中 $\boldsymbol{\beta}$ 是回归系数向量。最大似然估计可以通过最大化对数似然函数（6.9）（如利用梯度下降法）获得。为了让模型拟合更稳定，通常会在损失函数（即负对数似然函数）中加上 L_2 正则项 $\lambda \cdot \|\boldsymbol{\beta}\|^2$，其中 λ 是调优参数。

6.7 小结

在 Web 推荐热门物品的问题中，最简单的就是探索与利用问题。虽然它与长期研究的经典多臂赌博问题有很强的联系，但几个关键的假设并不成立，因此需要开发一套新的方法。我们提出了一种贝叶斯决策理论方法，它从基本原理出发尝试解决这个问题。我们还介绍了经典技术的一些改进方法。实验评估表明，当使用贝叶斯框架对系统进行合理建模时，贝叶斯方案明显优于其他解决方案。但是，如果合理建模工作量太大，作为经典赌博方案的改进算法的简单启发式算法也是一个不错的选择。在这些启发

式方法中，我们推荐 B-UCB1、SoftMax（需要适当调参），以及最简单的ϵ -greedy（需
118 要适当调参）。

6.8 练习

1. 提供命题 6.5 和 6.6 的详细证明。此外，验证命题 6.6 之后的 Gain 函数的属性。

119 2. 提供命题 6.8 和 6.9 的详细证明。此外，推导公式（6.3）。

第 7 章

Statistical Methods for Recommender Systems

基于特征回归的个性化

为用户推荐符合其兴趣和需求的物品至关重要，而仅根据物品全局流行度进行推荐通常无法达到要求。为了实现个性化推荐，可以简单地扩展热门推荐方法，根据用户属性如年龄、性别和地理位置创建用户段（例如，住在东海岸的 20 岁至 40 岁男性用户构成一个用户段），然后为每个用户段推荐段内最热门的物品。然而，这种方式也存在缺陷：当用户段很多时，由于数据的稀疏性，难以获得每个用户段的物品流行度的可靠估计值；此外，用户访问往往遵循幂律分布，即频繁访问网站的只是一小部分用户，其余的都是访问网站的零星用户。一方面，对于过去多次访问网站的活跃用户，我们希望为他们构建个性化模型。举例来说，如果 Mary 上周访问了雅虎首页一百次，并有明确迹象表示，比起其他类型的新闻，她更偏爱棒球新闻。那么 Mary 下一次访问时，应该赋予内容池中的棒球文章更高的优先权。另一方面，对于偶尔访问的不活跃用户，通常我们通过整合相似用户的数据来满足他们的个性化需求。因此，相似度的定义成了问题的关键，一般会参考用户特征如基本信息、行为属性和社交网络信息，而准确地结合这些信息也颇具挑战性。另外，许多用户处于灰色地带，即介于活跃与不活跃之间，因此，我们需要借助一种方法，为用户的历史交互以及与其相似的用户的历史交互自动分配合适的权重。

对于用户、物品以及二者各自的行为不随时间改变的推荐系统，使用在稳定的历史数据上训练的离线模型可能就足够了，第 2 章已经介绍过这类模型。然而，在很多应用中，新物品会频繁加入，用户的行为和兴趣也会随时间改变，因此，为了捕捉这种不稳定性，推荐模型也需要不断更新。 120

本章的重点是基于特征的回归，利用回归方法捕捉相似性，从而实现时间敏感物品的个性化推荐。在第 8 章中，我们将使用矩阵分解方法改进这些基于特征的模型，矩阵分解能赋予相似度和用户的历史行为适当的权重。

两种常用的经典方法是基于特征的离线回归和传统的在线回归，这两种方法虽然很容易实现，但都有不足。在基于特征的离线回归中，用户 i 和物品 j 分别用特征向量 $\boldsymbol{x}_i$ 和 $\boldsymbol{x}_j$ 表示。离线回归模型在训练时把 $\boldsymbol{x}_i$ 和 $\boldsymbol{x}_j$ 当成特征，然后预测用户 i 与物品 j 交互时的预期响应 s_{ij}。如果用户行为、物品行为以及它们之间的交互行为能够被特征完全捕捉到，那么这类模型就很有效。但是找到这样一组详尽的具有预测性的特征很有挑战。我们时常发现，特征非常相似的物品在一个给定的用户段中的流行度却不尽相同，原因很简单：有限的特征组无法捕捉到数据中所有的异构性；不仅如此，新物品和新用户的加入还会增加异构性，需要不断地调整模型中的特征。另外一种常规方法是为每个用户或每件物品构建一个在线回归模型。考虑这样一个场景：为一组用户特征学习一个面向物品的回归。我们可以利用广义线性模型$f(s_{ij})=\boldsymbol{x}_i'\boldsymbol{\beta}_j$模拟期望响应$s_{ij}$（或一些单调变换），其中$\boldsymbol{\beta}_j$是物品$j$在用户特征$\boldsymbol{x}_i$上的回归系数向量。当用户特征向量的维度很小时，这种方法很有吸引力，因为在在线场景中，维度高的$\boldsymbol{\beta}_j$通常会导致收敛速度慢且性能差。我们也注意到，$\boldsymbol{\beta}_j$需要利用用户对物品j的响应数据来训练，而对物品数很多的内容池来说，在物品生命周期结束前，我们可能没有足够多的用户响应来准确地学习$\boldsymbol{\beta}_j$。

本章的目标是提供具有以下特点的方法：

- *物品或用户行为的快速学习*：为了克服基于特征回归的局限性，我们想站在单件物品或单一用户的角度上模拟用户与物品的交互行为。这种想法可以通过扩展基于特征的模型使其包含物品因子或用户因子来实现，所谓的物品因子或用户因子
121 就是物品或用户的一组回归系数。新物品和新用户的因子是未知的，需要在线快速学习，以便及时提供好的个性化推荐。
- *冷启动问题的有效处理*：对于没有响应数据来确定物品因子或用户因子的新物品和新用户，我们也需要提供好的推荐。
- *可扩展性*：具有大规模物品池和高访问频率的应用非常常见。因此，在线学习方法应该具有运算高效性和可扩展性。

在本章中，我们将讨论包含物品因子或用户因子的模型，但不会同时对两者进行讨论。为了便于说明，我们考虑利用用户特征，同时学习物品因子的模型。在需要时，可以直接互换用户和物品的角色。同时包含用户因子和物品因子的模型将在第 8 章讨论。

虽然物品因子模型是同时包含物品因子和用户因子模型的一个特例，但前者的运算更简单，且容易扩展。在大部分访问来自不活跃用户的应用程序中，只需学习物品因子的模型的运算更简单。考虑到复杂模型在实际推荐系统中服务用户的成本，研究更简单的替代方案就显得尤为重要。牺牲少量准确度却能显著降低服务的实施成本的简单模型在应用中通常更具吸引力。

7.1 快速在线双线性因子模型

本节将介绍一种主要模型——快速在线双线性因子模型（Fast Online Bilinear Factor Model，FOBFM）。我们将在 7.1.1 节对该模型进行概述，在 7.1.2 节进行详细讲解。

7.1.1 FOBFM 概述

从概念上来看，FOBFM 包含两个主要组件：（1）一个基于特征的函数，作用是利用历史数据初始化在线模型；（2）为在线组件设计的降维步骤，使我们只需在线学习降维后的参数。

用一个基于特征的回归模型预测用户 i 对物品 j 的期望响应 s_{ij}：

$$\boldsymbol{x}_i'\boldsymbol{A}\boldsymbol{x}_j + \boldsymbol{x}_i'\boldsymbol{v}_j,\text{其中}\ \boldsymbol{v}_j = \boldsymbol{B}\boldsymbol{\delta}_j$$

其中 $\boldsymbol{x}_i$ 是用户 i 的特征向量，$\boldsymbol{x}_j$ 是物品 j 的特征向量。如 2.3.2 节所述，$\boldsymbol{A}$ 是一个模拟了 $\boldsymbol{x}_i$ 和 $\boldsymbol{x}_j$ 之间的交互的回归权重矩阵（有待在离线训练过程中学习）。用户和物品特征的 122 示例可以参考第 2 章。$\boldsymbol{v}_j$ 的维度与 $\boldsymbol{x}_i$ 相等且通常很大，所以我们将其分解成一个所有物品共享的全局线性投影矩阵 $\boldsymbol{B}$，以及一个每件物品都有的低维物品因子向量 $\boldsymbol{\delta}_j$。$\boldsymbol{B}$ 在离线训练过程中学习，$\boldsymbol{\delta}_j$ 则通过在线训练学习。该模型有以下四个主要思路：

基于特征的初始化。离线双线性基于特征的回归模型 $\boldsymbol{x}_i'\boldsymbol{A}\boldsymbol{x}_j$ 为 $\boldsymbol{\delta}_j$ 的基于特征 $\boldsymbol{x}_i$ 和 $\boldsymbol{x}_j$ 的在线学习提供了一个好的偏移（初始点）。因此，在线模型只需学习这个偏移的“校正”。实际上，在观察到任何在线数据之前（即当 $\boldsymbol{\delta}_j$ =0 时），预测响应的就是这个离线回归模型。例如，如果男性用户对运动文章的点击率是女性用户的四倍，那么离线学习过程会将这个知识运用到新的运动文章上，并加速在线物品因子估计的收敛过程。依赖基于特征的组件捕获数据中大部分信息的应用不需要在线组件，不过这种情况在 Web 推荐问题中很少见。

降维。向量 $\boldsymbol{v}_j$ 是每件物品 j 在用户因子上（一个用户特征一个系数）的回归系数向量（每件物品都有自己的系数向量）。在实际中，要合理设置 $\boldsymbol{v}_j$ 的维度（即用户特征空间的维度）才能很好地对数据建模。然而，$\boldsymbol{v}_j$ 也需要在线学习，为了更快收敛，需要对其进行降维，特别是在物品生命周期的早期阶段。在回归的背景下，可以通过收缩估计技术来实现上述降维过程，它利用历史数据估计一个有价值的先验来约束 $\boldsymbol{v}_j$ 的自由度。这种方式看起来很吸引人，但运算的复杂度很高，因为它仍然需要在线更新大量参数。为了同时实现“收缩”和“快速更新”，我们推荐一种较为古老的叫作降秩回归（Anderson, 1951）的技术，在估计大量相关的回归时它利用低维投影降低参数空间的维度。因此，$\boldsymbol{v}_j = \boldsymbol{B}\boldsymbol{\delta}_j$，其中，$\boldsymbol{B}$ 通过离线学习得到。这样一来，只有每件物品的低维向量 $\boldsymbol{\delta}_j$ 需要在线学习。实际上，降秩相当于在参数向量 $\boldsymbol{v}_j$ 上施加线性约束，即在参数上施加“硬”约束，而收缩方法是通过先验在 $\boldsymbol{v}_j$ 上施加“软”约束。 123

快速在线回归。因为 $\boldsymbol{\delta}_j$ 的维度很小，即使样本数较少，我们也能获得每件物品可靠的在线估计，并且 $\boldsymbol{\delta}_j$ 也可以独立地学习，因此不同物品的模型可以并行地拟合。

在线模型选择。降秩参数 $k = \text{rank}(\boldsymbol{B})$ 起到关键作用，需要合理地估计。我们可以同时为每件物品 j 拟合 k 个不同秩的在线模型，然后选择当前预测对数似然最好的模型。

7.1.2 FOBFM 详解

FOBFM 的一些细节总结在表 7-1 中。我们用 (i, j) 表示与用户 i 和物品 j 对应的用户 – 物品对，令 y_{ijt} 为在时间 t 将物品 j 展示给用户 i 后观测到的响应（评分或点击）。按照惯例，令 $\boldsymbol{x}_{it}$ 为用户在时间 t 的特征向量，$\boldsymbol{x}_j$ 为物品 j 的特征向量，$\boldsymbol{x}_{ijt}$ 为用户 – 物品

对 (i, j) 在时间 t 的特征向量。向量 $\boldsymbol{x}_{it}$ 可能包含用户的个人信息、地理位置、浏览行为等，$\boldsymbol{x}_j$ 可能包含内容类别，如果物品有文本描述的话，还可能包含从标题或正文中提取出的单词等。虽然物品特征可能对时间敏感，但大部分例子都不具有这类特征，因此物品特征 $\boldsymbol{x}_j$ 没有下标 t。最后，$\boldsymbol{x}_{ijt}$ 向量中的特征不完全是用户或物品的属性，有可能是物品展示在网页上的位置，物品展示的具体时间等。如果不需要下标 t，我们可能会省略它。

表 7-1　快速在线双线性因子模型

观测	$y_{ijt} \sim \text{Normal}(s_{ijt}, \sigma^2)$
	$y_{ijt} \sim \text{Bernoulli}(p_{ijt}), s_{ijt} = \log \frac{p_{ijt}}{1-p_{ijt}}$
离线模型	$s_{ijt} = \boldsymbol{x}'_{ijt}\boldsymbol{b} + \boldsymbol{x}'_{it}\boldsymbol{A}\boldsymbol{x}_j + \boldsymbol{x}'_{it}\boldsymbol{v}_{jt}$
	$\boldsymbol{v}_{jt} = \boldsymbol{B}\boldsymbol{\delta}_j$
	$\boldsymbol{\delta}_j \sim N(\boldsymbol{0}, \sigma_v^2\boldsymbol{I})$
在线模型	$s_{ijt} = \boldsymbol{x}'_{ijt}\boldsymbol{b} + \boldsymbol{x}'_{it}\boldsymbol{A}\boldsymbol{x}_j + \boldsymbol{x}'_{it}\boldsymbol{B}\boldsymbol{\delta}_{jt}$
	只有 $\boldsymbol{\delta}_{jt}$ 通过在线回归学习

响应模型

令 s_{ijt} 为用户 i 在时间 t 给物品 j 的未观测到的真实评分。我们的目标是基于观测到
124 的响应 y_{ijt}（可能有噪声）以及一些特征 $\boldsymbol{x}_{it}$、$\boldsymbol{x}_j$ 和 $\boldsymbol{x}_{ijt}$，为任意给定的用户 – 物品对 (i, j) 估计 s_{ijt}。2.3.2 节中介绍的响应模型都可以使用，这里我们只讨论其中的两个。

- 适用于数值响应的高斯模型：通常我们假设数值响应（或评分）服从以下高斯分布：

$$y_{ijt} \sim N(s_{ijt}, \sigma^2) \tag{7.1}$$

其中，σ^2 是用户响应中噪声的方差，需要从数据中估计。这里的 s_{ijt} 代表用户 i 给物品 j 的数值评分的均值。

- 适用于二值响应的逻辑模型：如果用户对物品的响应是二值变量（如是否点击、是否分享），通常我们有以下假设：

$$y_{ijt} \sim \text{Bernoulli}(p_{ijt}) \quad 且 \quad s_{ijt} = \log \frac{p_{ijt}}{1-p_{ijt}} \tag{7.2}$$

其中，p_{ijt} 是用户 i 在时间 t 会对物品 j 做出正响应的概率（如点击概率）。

在线回归 + 基于特征的偏移

最主要的建模挑战是随时间的推移估计捕捉用户 i 和物品 j 之间的交互的 s_{ijt}。FOBFM 在建模时将 s_{ijt} 表示成基于特征的回归和单件物品的回归两者的结合：

$$s_{ijt} = (\boldsymbol{x}'_{ijt}\boldsymbol{b} + \boldsymbol{x}'_{it}\boldsymbol{A}\boldsymbol{x}_j) + \boldsymbol{x}'_{it}\boldsymbol{v}_{jt} \tag{7.3}$$

在基于特征的回归项 $(\boldsymbol{x}'_{ijt}\boldsymbol{b} + \boldsymbol{x}'_{it}\boldsymbol{A}\boldsymbol{x}_j)$ 中，$\boldsymbol{b}$ 和 $\boldsymbol{A}$ 是未知的回归权重，可以从大量的历史数据中估计得到。注意，我们并没有将物品的 ID 当成特征。虽然这个回归已经提供了一个好的性能基准线，且在单件物品的水平上融合了异构性，但增加了每件物品的回归项 $\boldsymbol{x}'_{it}\boldsymbol{v}_{jt}$ 后，预测性能还是会大幅提高。式中的 $\boldsymbol{v}_{jt}$ 是物品因子向量，因为新物品并没有出现在历史数据中，因此 $\boldsymbol{v}_{jt}$ 需要在线学习。

基于特征的回归项 $(\boldsymbol{x}'_{ijt}\boldsymbol{b} + \boldsymbol{x}'_{it}\boldsymbol{A}\boldsymbol{x}_j)$ 为物品因子的在线学习提供了一个强有力的偏移，我们只需在线学习这个偏移的“校正”。当特征具有适当的预测性时，校正的方差很小，在线模型收敛得更快。

一般情况下，$\boldsymbol{x}_{it}$ 和 $\boldsymbol{x}_j$ 的维度会很高，因此，回归权重矩阵 $\boldsymbol{A}$ 会很大。不过 $\boldsymbol{x}_{it}$ 和 $\boldsymbol{x}_j$ 通常很稀疏，许多学习方法（如 Lin 等，2008）能够运用这种稀疏性以可扩展的方式获得 $\boldsymbol{A}$ 的估计值。 125

物品因子 $\boldsymbol{v}_{jt}$ 会增加模型的复杂性，还会使参数估计具有一定的挑战性。例如，如果用户特征向量 $\boldsymbol{x}_{it}$ 有几千个元素，我们可能不得不使用相当少的观测样本（因为新物品的样本量很少）来估计包含几千件物品的中等大小库存池的数百万个参数。

降秩回归

通过在物品回归参数上施加线性约束，物品间的参数得以共享，在线阶段的计算复杂度也大幅下降。假设 $\boldsymbol{v}_{jt}$ 属于由未知的投影矩阵 $\boldsymbol{B}_{r\times k}(k \ll r)$ 的列向量展开的 k 维线性子空间，即对于所有物品 j，

$$\boldsymbol{v}_{jt} = \boldsymbol{B}\boldsymbol{\delta}_{jt} \tag{7.4}$$

所有物品共享同一个投影矩阵 $\boldsymbol{B}$，一旦给定了 $\boldsymbol{B}$，我们只需在线学习每件物品 j 的一个 k 维向量 $\boldsymbol{\delta}_{jt}$。

为了避免数值计算的病态问题，假定 $\boldsymbol{\delta}_{jt} \sim \text{MVN}(\boldsymbol{0}, \sigma_\delta^2\boldsymbol{I})$，其中 MVN 为多元正态分布。对 $\boldsymbol{\delta}_{jt}$ 边际化，很容易看出 $\boldsymbol{v}_{jt} \sim \text{MVN}(\boldsymbol{0}, \sigma^2\boldsymbol{B}\boldsymbol{B}')$，因为 $\text{rank}(\boldsymbol{B}) = k < r$，这使所有的概率质量都被放入由 $\boldsymbol{B}$ 的列展开的低维子空间。更好的方式是运用一个更健壮的模型，即假设 $\boldsymbol{v}_{jt} = \boldsymbol{B}\boldsymbol{\delta}_{jt} + \epsilon_{jt}$，其中 $\epsilon_{jt} \sim \text{MVN}(\boldsymbol{0}, \tau^2\boldsymbol{I})$ 是白噪声过程，能够在 k 维线性投影后捕捉剩余的特性。该假设避免了矩阵秩亏的问题，并移除了 $\boldsymbol{v}_{jt}$ 的边际分布 $\boldsymbol{v}_{jt} \sim \text{MVN}(\boldsymbol{0}, \sigma^2\boldsymbol{B}\boldsymbol{B}' + \tau^2\boldsymbol{I})$。这种模型虽然很容易应用于高斯响应，但显著地增加了逻辑模型的计算复杂度，因此，我们假设 $\tau^2 = 0$。

7.2 离线训练

拟合 FOBFM 模型的算法包括离线训练算法（将在本节介绍）和在线学习算法（将

在 7.3 节介绍）。离线训练算法基于最大期望（Expectation-Maximization，EM）算法，利用过去观测到的响应数据估计参数 $\boldsymbol{\Theta}=(\boldsymbol{b}, \boldsymbol{A}, \boldsymbol{B}, \sigma^2, \sigma_v^2)$。简洁起见，去除时间下标 t，令 $\boldsymbol{y}=\{y_{ij}\}$ 为观测值集合，使用未观测到的物品因子 $\Delta=\{\boldsymbol{\delta}_j\}_{\forall j}$ 扩充这些“不完整”的数据，从而得到完整的数据。最大期望算法（EM）的目标是找到能够最大化“不完整”数
126 据的似然 $\Pr(\boldsymbol{y}\,|\,\boldsymbol{\Theta})=\int \Pr(\boldsymbol{y}, \boldsymbol{\Delta}\,|\,\boldsymbol{\Theta})\mathrm{d}\boldsymbol{\Delta}$ 的参数 $\boldsymbol{\Theta}$，该似然函数通过边际化 $\boldsymbol{\Delta}$ 的分布得到（因为未被观测到），这种边际化的运算成本很高，所以我们借助于 EM 算法。

7.2.1　EM 算法

在高斯模型中，完整数据的对数似然 $L(\boldsymbol{\Theta}; \boldsymbol{y}, \boldsymbol{\Delta})$ 为：

$$
\begin{aligned}
L(\boldsymbol{\Theta}; \boldsymbol{y}, \boldsymbol{\Delta}) &= \log \Pr(\boldsymbol{y}\,|\,\boldsymbol{\Theta}, \boldsymbol{\Delta}) \\
&= -\frac{1}{2\sigma^2}\sum_{ij}(y_{ij}-\boldsymbol{x}_{ij}'\boldsymbol{b}-\boldsymbol{x}_i'\boldsymbol{A}\boldsymbol{x}_j-\boldsymbol{x}_i'\boldsymbol{B}\boldsymbol{\delta}_j)^2-\frac{D}{2}\log\sigma^2 \\
&\quad -\frac{1}{2\sigma_v^2}\sum_j \boldsymbol{\delta}_j'\boldsymbol{\delta}_j-\frac{Nk}{2}\log\sigma_v^2
\end{aligned}
\tag{7.5}
$$

其中，D 是观测数，N 是物品数，$\boldsymbol{\delta}_j$ 是一个 k 维的向量。对于逻辑模型（$y_{ij}\in\{0,1\}$），我们有：

$$
\begin{aligned}
& L(\boldsymbol{\Theta}; \boldsymbol{y}, \boldsymbol{\Delta}) \\
&= -\sum_{ij}\log(1+\exp\{-(2y_{ij}-1)(\boldsymbol{x}_{ij}'\boldsymbol{b}+\boldsymbol{x}_i'\boldsymbol{A}\boldsymbol{x}_j+\boldsymbol{x}_i'\boldsymbol{B}\boldsymbol{\delta}_j)\}) \\
&\quad -\frac{1}{2\sigma_v^2}\sum_j \boldsymbol{\delta}_j{}'\boldsymbol{\delta}_j-\frac{Nk}{2}\log\sigma_v^2
\end{aligned}
\tag{7.6}
$$

令 $\boldsymbol{\Theta}^{(h)}$ 为第 h 次迭代时估计的参数。EM 算法按照下面的两个步骤进行迭代，直至收敛：

1. E 步骤：计算 $\boldsymbol{\Theta}$ 的函数 $q_h(\boldsymbol{\Theta})=E_{\boldsymbol{\Delta}}[L(\boldsymbol{\Theta}; \boldsymbol{y}, \boldsymbol{\Delta})\,|\,\boldsymbol{\Theta}^{(h)}]$，其中，期望在 $(\boldsymbol{\Delta}\,|\,\boldsymbol{\Theta}^{(h)}, \boldsymbol{y})$ 的后验分布上取得。这里的 $\boldsymbol{\Theta}=(\boldsymbol{b}, \boldsymbol{A}, \boldsymbol{B}, \sigma^2, \sigma_v^2)$ 是函数 q_h 的输入变量，但 $\boldsymbol{\Theta}^{(h)}$ 由前一次迭代中确定的已知量组成。给定 $\boldsymbol{y}$ 和 $\boldsymbol{\Theta}^{(h)}$，令 $\hat{\delta}_j$ 和 $\hat{V}\left[\delta_j\right]$ 为后验均值和方差，对于高斯模型，我们有：

$$
\begin{aligned}
q_h(\boldsymbol{\Theta}) &= E_{\boldsymbol{\Delta}}\left[L(\boldsymbol{\Theta}; \boldsymbol{y}, \boldsymbol{\Delta})\,|\,\boldsymbol{\Theta}^{(h)}\right] \\
&= -\frac{1}{2\sigma^2}\sum_{ij}\left((y_{ij}-\boldsymbol{x}_{ij}'\boldsymbol{b}-\boldsymbol{x}_i'\boldsymbol{A}\boldsymbol{x}_j-\boldsymbol{x}_i'\boldsymbol{B}\hat{\boldsymbol{\delta}}_j)^2+\boldsymbol{x}_i'\boldsymbol{B}\hat{V}[\boldsymbol{\delta}_j]\boldsymbol{B}'\boldsymbol{x}_i\right) \\
&\quad -\frac{D}{2}\log\sigma^2-\frac{1}{2\sigma_v^2}\sum_j\left(\hat{\boldsymbol{\delta}}_j'\hat{\boldsymbol{\delta}}_j+\mathrm{tr}(\hat{V}[\boldsymbol{\delta}_j])\right)-\frac{Nk}{2}\log\sigma_v^2
\end{aligned}
\tag{7.7}
$$

127

逻辑模型将在 7.2.2 节介绍。在 E 步骤我们要计算 $q_h(\boldsymbol{\Theta})$ 的充分统计量（如所有的物品 j 的 $\hat{\boldsymbol{\delta}}_j$ 和 $\hat{V}[\boldsymbol{\delta}_j]$）。

2. M 步骤：找到使 E 步骤中计算的期望最大的 $\boldsymbol{\Theta}$：

$$\boldsymbol{\Theta}^{(h+1)} = \arg\max_{\boldsymbol{\Theta}} q_h(\boldsymbol{\Theta}) \tag{7.8}$$

对于高斯模型，我们找到 $(\boldsymbol{b}, \boldsymbol{A}, \boldsymbol{B}, \sigma^2, \sigma_v^2)$，使得公式（7.7）最大，公式（7.7）中的 $\hat{\boldsymbol{\delta}}_j$ 和 $\hat{V}[\boldsymbol{\delta}_j]$ 在前面的 E 步骤中计算。

现在我们来看 E 步骤和 M 步骤的一些细节。

7.2.2　E 步骤

E 步骤的目标是计算后验均值 $\hat{\boldsymbol{\delta}}_j$ 和每件物品 j 的因子向量的方差 $\hat{V}[\boldsymbol{\delta}_j]$。令 $o_{ij} = \boldsymbol{x}_{ij}'\boldsymbol{b} + \boldsymbol{x}_i'\boldsymbol{A}\boldsymbol{x}_j$，$\boldsymbol{z}_i = \boldsymbol{B}'\boldsymbol{x}_j$。

高斯模型。重写高斯模型如下：

$$\begin{aligned} y_{ij} &\sim N(o_{ij} + \boldsymbol{z}_i'\boldsymbol{\delta}_j, \sigma^2) \\ \boldsymbol{\delta}_j &\sim N(\boldsymbol{0}, \sigma_v^2 \boldsymbol{I}) \end{aligned} \tag{7.9}$$

这是包含（线性变换的）特征向量 $\boldsymbol{z}_i$ 和偏移 o_{ij} 的贝叶斯线性回归的标准形式。根据高斯共轭性，我们得到：

$$\begin{aligned} &\hat{V}\left[\boldsymbol{\delta}_j\right]\left(\frac{1}{\sigma_v^2}\boldsymbol{I} + \sum_{i \in \mathcal{I}_j} \frac{\boldsymbol{z}_i \boldsymbol{z}_i'}{\sigma^2}\right)^{-1} \\ &\hat{\boldsymbol{\delta}}_j = \hat{V}\left[\boldsymbol{\delta}_j\right]\left(\sum_{i \in \mathcal{I}_j} \frac{(y_{ij} - o_{ij})\boldsymbol{z}_i}{\sigma^2}\right) \end{aligned} \tag{7.10}$$

逻辑模型。类似地，重写逻辑模型如下：

$$\begin{aligned} &y_{ij} \sim \text{Bernoulli}(p_{ij}), \quad \log\frac{p_{ij}}{1 - p_{ij}} = o_{ij} + \boldsymbol{z}_i'\boldsymbol{\delta}_j \\ &\boldsymbol{\delta}_j \sim N(\boldsymbol{0}, \sigma_v^2 \boldsymbol{I}) \end{aligned} \tag{7.11}$$

这是一个包含高斯先验的标准贝叶斯逻辑回归。但是，$\boldsymbol{\delta}_j$ 的后验均值和方差没有解析解，不过可以利用拉普拉斯近似法估计。具体而言，$\boldsymbol{\delta}_j$ 的后验密度为： 128

$$\begin{aligned} &p(\boldsymbol{\delta}_j \mid \boldsymbol{y}) = p(\boldsymbol{\delta}_j, \boldsymbol{y}) / p(\boldsymbol{y}) \\ &\propto p(\boldsymbol{\delta}_j, \boldsymbol{y}) = \sum_i \log f((2y_{ij} - 1)(o_{ij} + \boldsymbol{z}_i'\boldsymbol{\delta}_j)) - \frac{1}{2\sigma_v^2} \| \boldsymbol{\delta}_j \|^2 \end{aligned} \tag{7.12}$$

其中 $f(x) = (1 + \mathrm{e}^{-x})^{-1}$ 是 sigmoid 函数。我们用后验众数来近似后验均值，即：

$$\hat{\boldsymbol{\delta}}_j \approx \arg\max_{\boldsymbol{\delta}_j} p(\boldsymbol{\delta}_j, \boldsymbol{y}) \tag{7.13}$$

并且将在该众数下评估的二阶泰勒级数展开来近似后验方差，即：

$$\hat{V}[\boldsymbol{\delta}_j] \approx \left[(-\nabla^2_{\delta_j} p(\boldsymbol{\delta}_j, \boldsymbol{y}))|_{\boldsymbol{\delta}_j = \hat{\boldsymbol{\delta}}_j} \right]^{-1} \tag{7.14}$$

令 $g_{ij}(\boldsymbol{\delta}_j) = f((2y_{ij}-1)(o_{ij} + \boldsymbol{z}_i'\boldsymbol{\delta}_j))$。那么，任意梯度方法都能找到 $\hat{\boldsymbol{\delta}}_j$，其中一阶偏导和二阶偏导如下：

$$\begin{aligned} \nabla_{\delta_j} p(\boldsymbol{\delta}_j, \boldsymbol{y}) &= \sum_i (1 - g_{ij}(\boldsymbol{\delta}_j))(2y_{ij} - 1)\boldsymbol{z}_i - \frac{1}{\sigma_v^2}\boldsymbol{\delta}_j \\ \nabla_{\delta_j} p(\boldsymbol{\delta}_j, \boldsymbol{y}) &= -\sum_i g_{ij}(\boldsymbol{\delta}_j)(1 - g_{ij}(\boldsymbol{\delta}_j))\boldsymbol{z}_i\boldsymbol{z}_i' - \frac{1}{\sigma_v^2}\boldsymbol{I} \end{aligned} \tag{7.15}$$

7.2.3 M 步骤

M 步骤的目标是找到使以下函数最大的 $\boldsymbol{\Theta}$：

$$q_h(\boldsymbol{\Theta}) = E_{\Delta}[L(\boldsymbol{\Theta}; \boldsymbol{y}, \Delta) \mid \boldsymbol{\Theta}^{(h)}]$$

高斯模型。高斯模型的 $q_h(\boldsymbol{\Theta})$ 在公式（7.7）中定义过。步骤如下：

1. 估计回归系数 $(\boldsymbol{b}, \boldsymbol{A}, \boldsymbol{B})$：为了运算的高效性，我们做如下近似：

$$\begin{aligned} & E\left[\sum_{ij} (y_{ij} - \boldsymbol{x}_{ij}'\boldsymbol{b} - \boldsymbol{x}_i'\boldsymbol{A}\boldsymbol{x}_j - \boldsymbol{x}_i'\boldsymbol{B}\boldsymbol{\delta}_j)^2 \right] \\ \approx & \sum_{ij} (y_{ij} - \boldsymbol{x}_{ij}'\boldsymbol{b} - \boldsymbol{x}_i'\boldsymbol{A}\boldsymbol{x}_j - \boldsymbol{x}_i'\boldsymbol{B}\hat{\boldsymbol{\delta}}_j)^2 \end{aligned} \tag{7.16}$$

使用嵌入估计来近似准确的公式是加速计算的一种常见做法（如 Mnih 和 Salak-
129 hutdinov，2007；Celeux 和 Govaert，1992），这意味着我们要忽略优化目标中的协方差项 $\boldsymbol{x}_i'\boldsymbol{B}\hat{V}[\boldsymbol{\delta}_j]\boldsymbol{B}'\boldsymbol{x}_j$。现在，我们得到一个标准的最小二乘回归问题：

$$\begin{aligned} \arg\max_{\boldsymbol{b}, \boldsymbol{A}, \boldsymbol{B}} & \sum_{ij} (y_{ij} - \boldsymbol{x}_{ij}'\boldsymbol{b} - \boldsymbol{x}_i'\boldsymbol{A}\boldsymbol{x}_j - \boldsymbol{x}_i'\boldsymbol{B}\hat{\boldsymbol{\delta}}_j)^2 \\ & + \lambda_1 \|\boldsymbol{b}\|^2 + \lambda_2 \|\boldsymbol{A}\|^2 + \lambda_3 \|\boldsymbol{B}\|^2 \end{aligned} \tag{7.17}$$

我们在上面的公式中加入了 L_2 正则项以使估计更稳定。任何正则化方法和拟合方法都可以应用于该标准最小二乘问题。我们把 $\hat{\boldsymbol{b}}$、$\hat{\boldsymbol{A}}$ 和 $\hat{\boldsymbol{B}}$ 记为估计的回归系数。

2. 估计观测方差 σ^2：令 $q_h(\boldsymbol{\Theta})$ 关于 σ^2 的一阶导等于 0，我们得到：

$$\hat{\sigma}^2 = \frac{1}{D}\sum_{ij}((y_{ij} - \boldsymbol{x}_{ij}'\boldsymbol{b} - \boldsymbol{x}_i'\boldsymbol{A}\boldsymbol{x}_j - \boldsymbol{x}_i'\boldsymbol{B}\hat{\boldsymbol{\delta}}_j)^2 + \boldsymbol{x}_i'\boldsymbol{B}\hat{V}[\boldsymbol{\delta}_j]\boldsymbol{B}'\boldsymbol{x}_i) \tag{7.18}$$

3. 估计先验方差 σ_v^2：令 $q_h(\boldsymbol{\Theta})$ 关于 σ_v^2 的一阶导等于 0，我们得到：

$$\frac{1}{Nk}\sum_{j}\left(\hat{\boldsymbol{\delta}}_j'\hat{\boldsymbol{\delta}}_j + \mathrm{tr}(\hat{V}[\boldsymbol{\delta}_j])\right) \tag{7.19}$$

逻辑模型。与高斯模型类似，我们进行如下近似：

$$E\left[\sum_{ij}\log\left(1+\exp\{-(2y_{ij}-1)(\boldsymbol{x}_{ij}'\boldsymbol{b}+\boldsymbol{x}_i'\boldsymbol{A}\boldsymbol{x}_j+\boldsymbol{x}_i'\boldsymbol{B}\boldsymbol{\delta}_j)\}\right)\right]$$
$$\approx\sum_{ij}\log\left(1+\exp\{-(2y_{ij}-1)(\boldsymbol{x}_{ij}'\boldsymbol{b}+\boldsymbol{x}_i'\boldsymbol{A}\boldsymbol{x}_j+\boldsymbol{x}_i'\boldsymbol{B}\hat{\boldsymbol{\delta}}_j)\}\right) \tag{7.20}$$

现在，$(\boldsymbol{b}, \boldsymbol{A}, \boldsymbol{B})$ 的估计就是一个标准的逻辑回归问题，任何正则化方式和拟合方法都适用于此。我们也可以看到，σ_v^2 的估计方式与高斯模型一样。

7.2.4　可扩展性

E 步骤为每件物品解决一个独立的贝叶斯回归问题。由于这种独立性，我们可以轻松地按物品划分响应数据，并行地解决所有回归问题。用于解决单个问题的数据量通常很小，即使数据量很大，因为 $\boldsymbol{\delta}_j$ 的维度很小，所以随机抽取子样本通常不会导致精度损失太大。M 步骤中的主要运算是估计 $(\boldsymbol{b}, \boldsymbol{A}, \boldsymbol{B})$，这是一个标准最小二乘问题或逻辑回归 130
问题，可以使用任何可扩展的拟合方法，如随机梯度下降法（SGD）、共轭梯度法（CG）来解决。

7.3　在线学习

离线训练的输出包括回归系数 $(\boldsymbol{b}, \boldsymbol{A}, \boldsymbol{B})$ 和先验方差 σ_v^2，这些都将用于在线学习。物品 j 的在线模型已在表 7-1 中给出，重写如下：

$$\begin{aligned} s_{ijt} &= \boldsymbol{x}_{ijt}'\boldsymbol{b}+\boldsymbol{x}_{it}'\boldsymbol{A}\boldsymbol{x}_j+\boldsymbol{x}_{it}'\boldsymbol{B}\boldsymbol{\delta}_{jt} \\ &= o_{ijt}+\boldsymbol{z}_{it}'\boldsymbol{\delta}_{jt} \end{aligned}$$

其中，$o_{ijt}=\boldsymbol{x}_{ijt}'\boldsymbol{b}+\boldsymbol{x}_{it}'\boldsymbol{A}\boldsymbol{x}_j$ 是偏移，$\boldsymbol{z}_{it}=\boldsymbol{B}'\boldsymbol{x}_{it}$ 是降维后的用户特征向量，$\boldsymbol{\delta}_{jt}$ 是回归系数向量。因为在线模型是独立的（每个物品 j 都有一个），并且 $\boldsymbol{\delta}_j$ 的维度很小，所以模型更新很高效，且可扩展，还可以并行计算。通常，我们可以使用标准卡尔曼滤波器（West 和 Harrison，1997），通过 $\boldsymbol{\delta}_j$ 将先验均值设置为 0，方差设置为 σ_v^2 来顺序更新模型。接下来，我们将详细介绍高斯模型和逻辑模型的在线学习，然后讨论探索与利用方案以及 $\boldsymbol{\delta}_j$ 维度的在线选择。

7.3.1　在线高斯模型

对于任意物品 j，令 $\boldsymbol{\mu}_{j0}=\boldsymbol{0}, \boldsymbol{\Sigma}_{j0}=\sigma_v^2\boldsymbol{I}$，作为 $\boldsymbol{\delta}_j$ 的方差的初始先验均值，$\mathcal{I}_{jt}$ 是时间

t（通常表示某一时间段）与物品 j 交互的用户 i 的集合。假设响应数据是从 $\mathcal{I}_{jt}$ 中收集来的，高斯模型定义如下：

$$\begin{aligned} y_{ijt} &\sim N(o_{ijt} + \boldsymbol{z}_{it}'\boldsymbol{\delta}_{jt}, \sigma^2), \quad i \in \mathcal{I}_{jt} \\ \boldsymbol{\delta}_{jt} &\sim N(\boldsymbol{\mu}_{j,t-1}, \rho\boldsymbol{\Sigma}_{j,t-1}) \end{aligned} \tag{7.21}$$

为了给最近的观测更高的权重，公式中的 $\rho \geqslant 1$（通常接近于 1）会随时间增大先验方差。根据高斯共轭性，我们有：

131

$$\begin{aligned} \boldsymbol{\Sigma}_{jt} &= \left(\frac{1}{\rho}\boldsymbol{\Sigma}_{j,t-1}^{-1} + \sum_{i \in \mathcal{I}_{jt}} \frac{1}{\sigma^2} \boldsymbol{z}_{it}\boldsymbol{z}_{it}' \right)^{-1} \\ \boldsymbol{\mu}_{jt} &= \boldsymbol{\Sigma}_{jt} \left(\boldsymbol{\Sigma}_{j,t-1}^{-1}\boldsymbol{\mu}_{j,t-1} + \sum_{i \in \mathcal{I}_{jt}} \frac{(y_{ijt} - o_{ijt})\boldsymbol{z}_{it}}{\sigma^2} \right) \end{aligned} \tag{7.22}$$

7.3.2　在线逻辑模型

在线逻辑模型定义如下：

$$\begin{aligned} & y_{ijt} \sim \text{Bernoulli}(p_{ijt}) \\ & \log \frac{p_{ijt}}{1 - p_{ijt}} = o_{ijt} + \boldsymbol{z}_{it}'\boldsymbol{\delta}_{jt}, \quad i \in \mathcal{I}_{jt} \\ & \boldsymbol{\delta}_{jt} \sim N(\boldsymbol{\mu}_{j,t-1}, \rho\boldsymbol{\Sigma}_{j,t-1}) \end{aligned} \tag{7.23}$$

就像 7.2.2 节的逻辑模型一样，$\boldsymbol{\delta}_{jt}$ 的后验均值和方差没有解析解，于是我们使用拉普拉斯近似法来近似：

$$\begin{aligned} p(\boldsymbol{\delta}_{jt}, \boldsymbol{y}) = & \sum_{i \in \mathcal{I}_{jt}} \log f((2y_{ijt} - 1)(o_{ijt} + \boldsymbol{z}_{it}'\boldsymbol{\delta}_{jt})) \\ & - \frac{1}{2\rho}(\boldsymbol{\delta}_{jt} - \boldsymbol{\mu}_{j,t-1})'\boldsymbol{\Sigma}_{j,t-1}^{-1}(\boldsymbol{\delta}_{jt} - \boldsymbol{\mu}_{j,t-1}) \end{aligned} \tag{7.24}$$

其中，$f(x) = (1 + \mathrm{e}^{-x})^{-1}$ 是 sigmoid 函数。我们使用后验众数近似后验均值，即：

$$\boldsymbol{\mu}_{jt} \approx \arg\max_{\boldsymbol{\delta}_{jt}} p(\boldsymbol{\delta}_{jt}, \boldsymbol{y}) \tag{7.25}$$

并且展开在该众数下评估的二阶泰勒级数来近似后验方差，即：

$$\boldsymbol{\Sigma}_{jt} \approx \left[(-\nabla_{\boldsymbol{\delta}_{jt}}^2 p(\boldsymbol{\delta}_{jt}, \boldsymbol{y}))\big|_{\boldsymbol{\delta}_{jt} = \boldsymbol{\mu}_{jt}} \right]^{-1} \tag{7.26}$$

令 $g_{ijt}(\boldsymbol{\delta}_{jt}) = f((2y_{ijt} - 1)(o_{ijt} + \boldsymbol{z}_{it}'\boldsymbol{\delta}_{it}))$。那么，$\boldsymbol{\mu}_{jt}$ 可以用任意的梯度方法求得，其一阶偏导和二阶偏导如下：

$$\nabla_{\delta_{jt}} p(\boldsymbol{\delta}_{jt}, \boldsymbol{y}) = \sum_i (1 - g_{ijt}(\boldsymbol{\delta}_{jt}))(2y_{ijt} - 1)\boldsymbol{z}_{it} - \frac{1}{\rho}\boldsymbol{\Sigma}_{j,t-1}^{-1}(\boldsymbol{\delta}_{jt} - \boldsymbol{\mu}_{j,t-1})$$
$$\nabla_{\delta_j}^2 p(\boldsymbol{\delta}_j, \boldsymbol{y}) = -\sum_i g_{ij}(\boldsymbol{\delta}_j)(1 - g_{ij}(\boldsymbol{\delta}_j))\boldsymbol{z}_i\boldsymbol{z}_i' - \frac{1}{\rho}\boldsymbol{\Sigma}_{j,t-1}^{-1} \quad (7.27)$$

7.3.3　探索与利用方案

为了估计物品 j 的因子向量 $\boldsymbol{\delta}_{jt}$，需要获得用户对物品的响应。为此，我们需要利用探索与利用方案探索具有不确定因子估计的物品，尤其是新物品。虽然在热门推荐场景中贝叶斯探索与利用方案的性能胜过许多其他方案，但其计算成本高，不容易扩展成个性化模型。以下是几种在实践中常用的探索与利用方案：

- **ε-greedy**：分配少量比例ϵ的用户（或访问）给推荐模块上某特定位置的物品，用于随机探索没有任何观测数据的物品。剩余用户则为其推荐预测响应率最高的物品。 132
- **SoftMax**：对于每次用户访问 i，我们以如下概率挑选物品 j:

$$\frac{\mathrm{e}^{\hat{s}_{ijt}/\tau}}{\sum_j \mathrm{e}^{\hat{s}_{ijt}/\tau}} \quad (7.28)$$

其中，温度参数 τ需要进行实验调参，$\hat{s}_{ijt}$是模型预测的评分。

- **Thompson 采样**：对于每次用户访问 i，每件候选物品 j，从 $N(\boldsymbol{\mu}_{jt}, \boldsymbol{\Sigma}_{jt})$ 中采样 $\boldsymbol{\delta}_{jt}$，然后基于该采样的因子向量计算评分 $\hat{s}_{ijt}$，之后再根据评分对物品进行排序。
- **d 偏差 UCB**：对于每次用户访问 i，每件候选物品 j，计算 d 偏差 UCB 分数：

$$o_{ijt} + \boldsymbol{z}_{it}'\boldsymbol{\mu}_{jt} + d(\boldsymbol{z}_{it}'\boldsymbol{\Sigma}_{jt}\boldsymbol{z}_{it})^{\frac{1}{2}} \quad (7.29)$$

然后，根据这些分数对物品进行排序，其中，d 需要进行实验调参。

7.3.4　在线模型选择

每件物品因子的数量 k（向量 $\boldsymbol{\delta}_j$ 的长度）会对模型性能造成影响，尤其是在物品生命周期的早期。例如，当一件物品的用户响应（即观测）数很少时，参数很多的模型会难以学习。这种情况下，k 值较小的模型的表现会更好。但是，k 值较小的模型的灵活度不够，且通常无法捕捉到用户与物品交互行为的细节。所以，如果物品的观测数较多，k 值较大的模型有望表现更优。

为了选择最好的 k，我们进行在线模型选择。具体来说，对于每件物品，我们维护多个模型，每个模型都有一个预定的 k 值（如，k=1, ⋯, 10）。假设一件物品最好的 k 值是该物品获得的观测数 n 的函数，记为 $k^*(n)$。为了确定 $k^*(n)$，我们将预测的对数似然作为选择标准。令 $\ell(k, n, j)$ 为模型预测物品 j 的第（n+1）次观测的对数似然，该模型是

在物品的前 n 次观测上训练的，且物品的因子数为 k。令 $\mathcal{J}(n)$ 为获得 n 次观测的候选物品集，因为候选物品集和每件物品的观测数都会随时间变化，所以 $\mathcal{J}(n)$ 也会随时间
133 变化。在 n 个观测上训练的 k 因子模型的平均对数似然为：

$$\ell(k,n)=\frac{\sum_{j\in\mathcal{J}(n+1)}\ell(k,n,j)}{|\mathcal{J}(n+1)|} \tag{7.30}$$

对于给定的任意一个观测数为 n 的物品，我们选择使 $\ell(k,n)$ 最大的 k，即 $k^*(n)=\arg\max_k \ell(k,n)$。然而，当 $|\mathcal{J}(n+1)|$ 很小时，$\ell(k,n)$ 可能会存在噪声，我们用一个简单的指数加权方法来平滑 $\ell(k,n)$。令 $0<w\leqslant 1$ 为预设的权重，平滑后的平均对数似然 $\ell^*(k,n)$ 通过以下公式得到：

$$\begin{aligned}&\ell^*(k,1)=\ell(k,1)\\&\ell^*(k,n)=w\ell(k,n)+(1-w)\ell^*(k,n-1),\quad n>1\end{aligned} \tag{7.31}$$

7.4　雅虎数据集上的效果展示

在本节中，我们将在两个数据集上展示 FOBFM 的效果，这两个数据集分别收集自用户访问雅虎首页和 My Yahoo! 页面的部分服务器日志。每条观测要么是一个正向事件，即用户点击了一件物品（文章链接）；要么是一个负向事件，即用户浏览了物品但没有点击。实验表明，在冷启动场景中大规模使用没有适当初始化的特征的在线模型的效果很差。没有进行适当初始化的主成分回归模型（PCR）也有这个问题。相反，FOBFM 有效地加速了在线学习，并且在应用场景中明显优于其他基准模型。

将每个数据集划分为两个不相交的事件集合：

1. 训练集：训练集的数据用于估计离线模型参数（如 FOBFM 中的 $\boldsymbol{\Theta}=(\boldsymbol{b},\boldsymbol{A},\boldsymbol{B},\sigma^2)$）。必要时，从训练集中进一步划分出一个调优集，用于一些基准模型的调参。注意，FOBFM 不需要进行调参，所有参数都由 EM 算法在训练数据上估计。

2. 测试集：测试集的数据用于计算模型的性能指标。当模型对一件测试事件进行预测之后，该事件可用于在线学习模型（例如，用于更新参数估计 $\boldsymbol{\delta}_{jt}$，以及选择 FOBFM 的秩 k）。

为了报告模型随时间变化的性能，我们根据时间戳对测试集中的事件进行排序，将每件物品的前 n 个事件分配给桶 a，接下来的 n 个事件分配给桶 b……依此类推（大多数情况下，设 n=10）。然后计算每个桶的性能指标，例如，桶 b 中的事件由模型通过参
134 数估计值评估，而参数估计值是根据桶 b 之前所有事件的观测获得的。令 p_c 为桶 b 中第 c 个测试事件的预测点击率。令 S^+ 为所有正向事件的 p_c 的集合，S^- 为所有负向事件的 p_c 的集合。我们来观察两个性能指标：

1. 测试集对数似然：$\sum_{p_c \in S^+} \log p_c + \sum_{p_c \in S^-} \log(1-p_c)$，它量化了测试事件在模型下发生的可能性（直观地说，它表示模型预测点击率的准确度）。

2. 测试集等级相关：因为我们利用模型计算的分数来对两个应用程序中的文章进行排序，所以，可以考虑根据 y_c（真实标签）和 p_c 之间的肯德尔等级相关系数 τ 来比较模型。肯德尔等级相关系数 τ 的定义见 4.1.3 节。

比较的方法有以下几种：

- FOBFM：这里的 FOBFM 包括以在线的方式对模型的秩 k 的自动估计。FOBFM 不需要进行调参。
- 离线：利用仅基于离线特征的历史数据训练双线性回归模型，即 $s_{ijt} = \boldsymbol{x}'_{ijt}\boldsymbol{b} + \boldsymbol{x}'_{it}\boldsymbol{A}\boldsymbol{x}_j$，该模型没有在线学习。
- No-init：这是一个未初始化的饱和的面向物品的在线回归模型，即 $s_{ijt} = \boldsymbol{x}'_{it}\boldsymbol{v}_j$，其中，$\boldsymbol{v}_j$ 是在已知先验 $MVN(0, \sigma^2\boldsymbol{I})$ 的情况下以在线的方式学习到的。方差 σ^2 利用调优集估计，我们只报告最好 σ^2 的性能。该模型有大量参数需要在线估计——每对（物品 ID，用户特征）对应一个参数。
- PCR：这是一个不包含离线双线性回归的主成分回归模型，即 $s_{ijt} = \boldsymbol{x}'_{it}B\boldsymbol{\delta}_j$，其中，$B$ 包含用户特征的前 m 个主成分。B 只需要根据训练集中的 $\boldsymbol{x}_{it}$ 来确定，m 在调优集上进行调参，我们只报告最好的 m 值的性能。
- PCR-B：这是一个主成分回归模型，包含离线双线性回归，即 $s_{ijt} = \boldsymbol{x}'_{ijt}\boldsymbol{b} + \boldsymbol{x}'_{it}\boldsymbol{A}\boldsymbol{x}_j + \boldsymbol{x}'_{it}B\boldsymbol{\delta}_j$，其中 B 包含用户特征的前 k 个主成分。B 只需要根据训练集中的 $\boldsymbol{x}_{it}$ 来确定，但是 A 是基于训练集中的 y_{ijt} 以有监督的方式估计得到的。同样，我们只报告根据调优集估计的最好的 k 值的性能。

7.4.1　My Yahoo! 数据集

My Yahoo!（http://my.yahoo.com/）是一种个性化的新闻阅读服务，其个性化功能基于用户显式订阅的 RSS 频道实现。 135

在本节，我们考虑如何根据用户与推荐文章的交互为该用户提供来自所有 My Yahoo! 渠道（不仅仅是用户订阅的渠道）的个性化推荐。因为这个应用是时间敏感的，所以文章一旦发布，用户就会尽可能快地阅读，因此要在冷启动场景下进行推荐。

数据收集自 2009 年 8 月到 9 月，包含 13 808 件物品（文章）和大约 300 万个用户。物品特征包括热门关键词和上层 URL 主机。用户特征包含年龄、性别、用户兴趣类别以及用户在不同雅虎网站上的活跃程度（Chen 等，2009）。当一个用户点击了一件物品，我们就将该行为记为一个正向事件而在被点击物品所处的模块中，对于排在其前面的物品未被该用户点击的情况，我们将其记为负向事件。训练集由与前 8000 件物品（根据物品发布的时间排序）相关的事件组成，剩下的数据则构成了测试集。

图 7-1 和图 7-2 展示了模型性能随观测数（x 轴）的变化情况，其中观测数用于更新每件物品的模型。我们分别从测试集对数似然和等级相关性的角度对比了不同模型，还报告了每个模型相较离线模型在对数似然和等级相关性上的提升情况。从图中可以看出，FOBFM 明显优于其他所有模型，并且在所有的时间段上效果的提升也一致优于其他模型。从 Offline 模型较差的对数似然和等级相关性上可以明显地看出，这个数据集的物品特征并非具有较强的预测性。Offline 模型的性能太差，使得在线模型的性能提升很大。

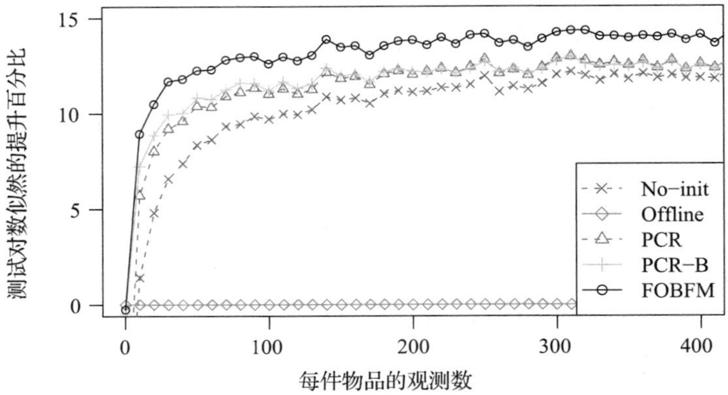

图 7-1 不同模型在 My Yahoo! 数据集上的测试集对数似然（离线模型的对数似然大约是 –0.64）

136

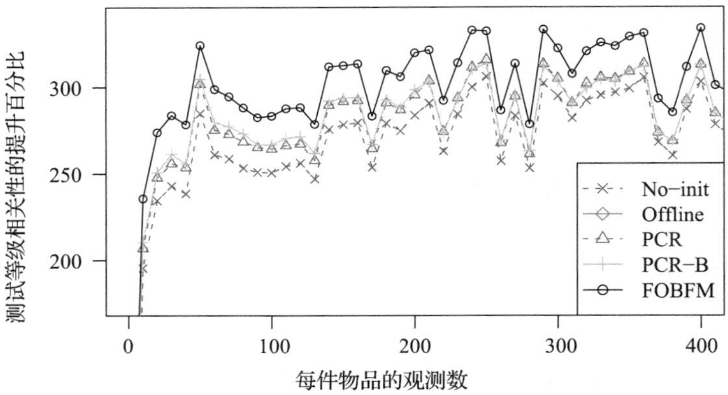

图 7-2 不同模型在 My Yahoo! 数据集上的测试集等级相关性（离线模型的等级相关性大约为 0.12）

在线模型选择的有效性。为了调查 FOBFM 中在线模型选择（秩 k 的选择）的有效性，我们绘制了降秩回归模型在秩参数 k 取不同值的情况下的对数似然提升曲线，如图 7-3 所示，类似的行为也能在等级相关性提升曲线中观测到。从直观上看，秩越大，模型收敛所需的观测数就越多。大致地说，在一件物品获得 1000 次用于在线学习的观测之前，每件物品秩为 1 的模型的性能比其他模型更好，紧随其后的是秩为 3 的模型，然后是秩为 5 的模型，依此类推。在该数据集上，秩为 1 的模型在曲线的起始部分占据主导地位，接着是秩为 3 的模型。从图 7-3 中我们还可以看出，在线模型选择方案提供了一致的更好的性能。

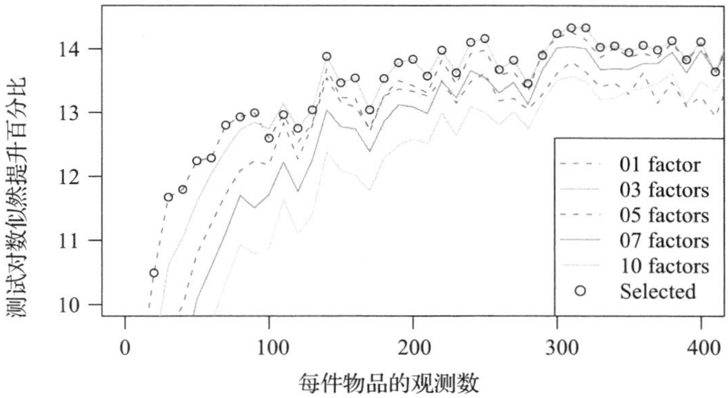

图 7-3 不同因子数的模型在 My Yahoo! 数据集上的测试集对数似然

7.4.2 雅虎首页数据集

我们在本节对雅虎首页数据集进行了分析。雅虎主页上的今日模块（http://www.yahoo.com 主页的顶部中心模块）为每个访问该页面的用户展示 4 篇最近的新闻报道。我们重点关注的应用场景是根据用户特征进行个性化推荐。

我们收集了从 2008 年 11 月到 2009 年 4 月共 6 个月的数据，包含 4396 件物品，大约 1350 万个事件。这个应用中的每件物品都由编辑标记上了一组类别标签，用户特征与 My Yahoo! 数据集的一样。如果用户点击了模块中第一个位置的物品，则该事件为正向事件；如果将一件物品放置在模块的第一个位置展示给一个用户却没有被该用户点击，并且将该物品放于其他位置也没有被该用户点击，那么该事件为负向事件。我们将前 4 个月的数据用作训练集，最后 2 个月的数据用作测试集。

图 7-4 和 7-5 展示了不同模型在测试集上的对数似然和等级相关性。我们报告每个模型相较 Offline 模型在对数似然和等级相关性上的提升情况。像 My Yahoo! 数据集一样，随着时间的变化，FOBFM 一致优于其他模型。因为雅虎首页数据集的物品特征更具预测性（如编辑标记的类别），所以与基于物品特征的模型相比，不是基于物品特征的 No-init 模型和 PCR 模型的表现更差。同样，因为基于预测性物品特征的基准模型（Offline 模型）的性能比在 My Yahoo! 数据集上更好，所以性能提升较小。

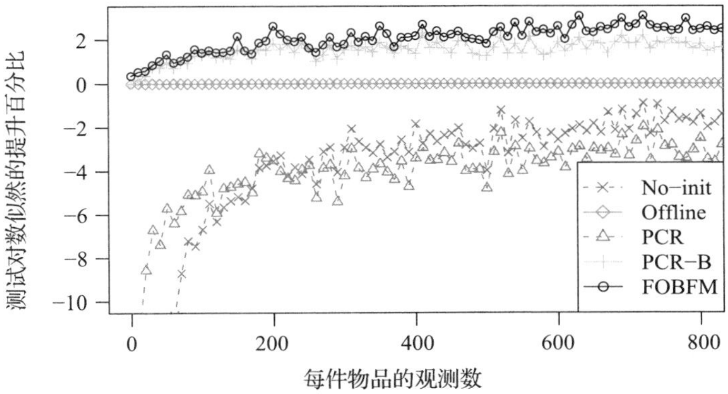

图 7-4 不同模型在雅虎首页数据集上的测试集对数似然（离线模型的对数似然大约为 −0.39）

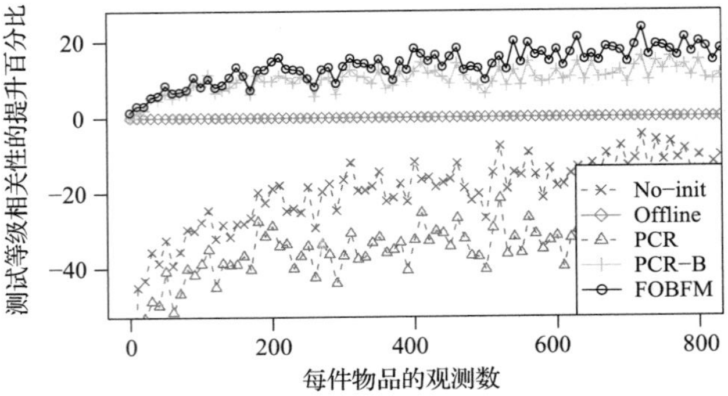

图 7-5　不同模型在雅虎首页数据集上的测试集等级相关性（离线模型的等级相关性级为 0.34）

图 7-6 展示了在线模型选择方案的有效性。在这种情况下，曲线的波动性比图 7-3 更高，然而，几乎在所有时间段 FOBFM 都一致更好，这再次强调了在线模型选择方案的有效性。

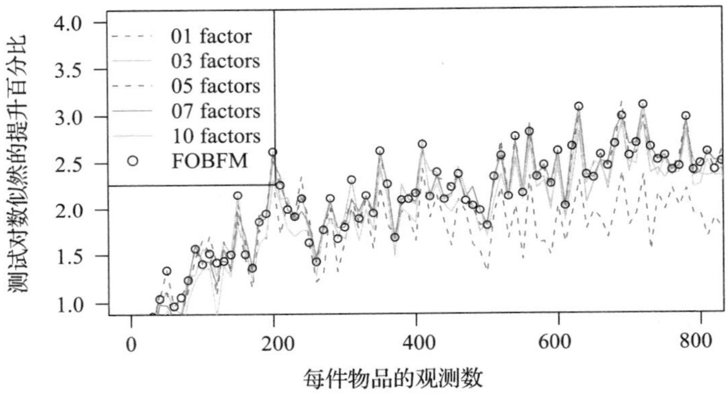

137～139　图 7-6　因子数不同的模型在雅虎首页数据集上的测试集对数似然

因为雅虎首页的流量很大，而我们处理的物品池较小，所以我们可以在更长的时间跨度内（用于每件物品在线学习的观测更多）研究模型的性能。有人会认为，如果在线场景中的观测很多，那么饱和的 No-init 模型将优于其他模型，我们乐于看到上述两种模型性能的转换。但是，图 7-7 表明，即使 No-init 和 FOBFM 之间的差距随时间的推

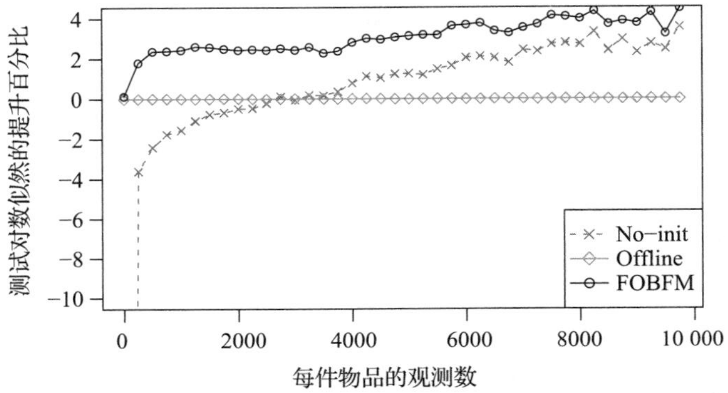

图 7-7　No-init 模型在获得大量观测后性能提升

移而减小，在每件物品已经具有 10 000 次观测数之后前者的性能也不会超过后者。这就说明物品系数中存在冗余，当它能被利用时（如在 FOBFM 中），它会使每件物品的在线模型快速收敛。

7.4.3 不包含离线双线性项的 FOBFM

现在我们研究预测性物品特征对 FOBFM 性能的影响。图 7-8 展示了包含离线双线性项 ($\boldsymbol{x}_{ijt}'\boldsymbol{b}+\boldsymbol{x}_{it}'A\boldsymbol{x}_j$) 和不包含离线双线性项的 FOBFM 在雅虎首页数据集和 My Yahoo! 数据集上的性能差百分比。如我们所观察到的，不包含离线双线性项的模型性能只比包含离线双线性项的模型差一点点。对于 My Yahoo! 数据集，因为物品特征不具有预测性，所以两个模型的性能差不多。对于雅虎首页数据集，物品经过编辑标记标签后具有了预测性，但这两个模型之间的差距依然很小。这表明在历史数据很多的情况下，为了估计投影矩阵 $\boldsymbol{B}$，构建预测性的物品特征所需的额外成本可能并不会为推荐系统带来显著的好处。 140

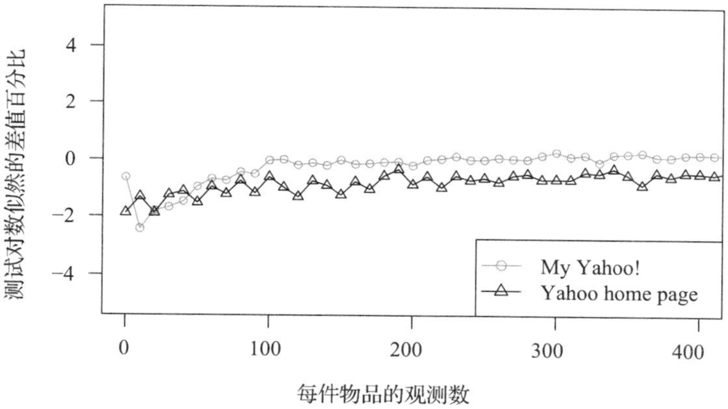

图 7-8 包含离线双线性项的 FOBFM 模型与不包含离线双线性项的 FOBFM 模型之间的性能差百分比

7.5 小结

现在对本章内容进行总结，我们将总结从一系列实验中获得的启发和见解。FOBFM 中的降秩方法有效地为每件物品的在线模型的快速学习提供了有效的初始化。我们也观察到，模型性能与模型的秩 k 相关。在物品生命周期的早期阶段，k 值较小的模型的性能更好，但随着观测数的增加，k 值较大的模型更好。基于最大化样本外预测对数似然的在线模型选择策略是一个有效的模型选择方法。有趣的是，与降秩模型相比，包含所有物品系数的饱和模型的收敛速度更慢。我们还发现，在雅虎首页应用上，利用预测性的物品特征对 FOBFM 进行初始化获得的额外收益很小。如果这个结论适用于大部分 Web 应用，那么我们可以显著地降低在 Web 推荐应用中收集物品元数据时所需的成本。

7.6 练习

141 考虑另一种形式，假设 $\boldsymbol{v}_{jt} \sim N(B\boldsymbol{\delta}_{jt}, \tau^2\boldsymbol{I})$，而不是 $\boldsymbol{v}_{jt} = B\boldsymbol{\delta}_{jt}$。描述这个模型的拟合算法。

基于因子模型的个性化

在第 7 章中，我们研究了如何利用基于特征的回归模型来实现个性化。在第 2 章中，我们回顾了物品相似度模型、用户相似度模型以及矩阵分解模型。在实际应用中，矩阵分解在*暖启动场景*下的预测准确率更高。暖启动指的是，模型在预测（用户，物品）对的响应时，训练集包含大量用户和物品的观测记录。而对于在训练集中响应数据很少甚至没有的用户（或物品），预测准确率会变低，这种情况通常称为*冷启动场景*。在 8.1 节中，我们将介绍面向回归的隐因子模型（Regression-based Latent Factor Model，RLFM），该模型对矩阵分解进行扩展，以便同时利用可用的用户和物品特征。这种方法有助于提升单一框架在冷启动和暖启动场景下的性能。之后，我们将在 8.2 节中开发模型拟合算法，并在 8.3 节中展示 RLFM 在一系列数据集上的性能表现。最后，我们将在 8.4 节中讨论在大规模数据集上训练 RLFM 的模型拟合策略，并在 8.5 节中评估这些模型拟合方法的性能。要知道，大规模数据在现代 Web 推荐系统中是很常见的。

8.1 面向回归的隐因子模型

RLFM 对矩阵分解进行了扩展，以便在单一建模框架中同时运用特征和用户对物品的历史响应（Agarwal 和 Chen，2009；Zhang 等，2011）。它是一个结合了协同过滤方法和基于内容的方法的优点的标准框架。如果历史响应数据不足以确定一个用户或一件物品的隐因子，RLFM 会利用基于特征的回归模型估计它们，否则就像矩阵分解一样估计隐因子。RLFM 的主要优势是能够从冷启动到暖启动连续地实现无缝转换。 142

数据和符号。按照惯例，我们用 i 表示一个用户，j 表示一件物品，y_{ij} 为用户 i 对物品 j 的响应。响应的类型有很多种，就像在 2.3.2 节中介绍的，包括用高斯响应模型建模的数值响应（如数值评分），以及用逻辑响应模型建模的二值响应（如是否点击）。

除了响应数据之外，我们还有每个用户和每件物品可用的特征。令 $\boldsymbol{x}_i$、$\boldsymbol{x}_j$ 和 $\boldsymbol{x}_{ij}$ 分别为用户 i、物品 j 以及（i，j）对的特征向量。用户 i 的特征向量 $\boldsymbol{x}_i$ 可能包含用户个人信息、地理位置以及浏览行为。物品特征向量可能包含内容类别，如果物品有文本描述的话，可能还包括从标题或正文中提取的单词。向量 $\boldsymbol{x}_{ij}$ 是将物品 j 推荐（或将要推荐）给用户 i 时的特征向量，例如可以是物品在页面的展示位置、展示的时间以及任何可以捕捉用户 u 和物品 j 之间的交互或相似度的特征。特别要说明的是，向量 $\boldsymbol{x}_i$、$\boldsymbol{x}_j$ 和 $\boldsymbol{x}_{ij}$ 包含的特征不同，维度也不同。推荐问题中的更多特征示例请参考本书第 2 章。

8.1.1　从矩阵分解到 RLFM

在矩阵分解中，我们预测 y_{ij} 为 $\boldsymbol{u}_i'\boldsymbol{v}_j$，其中 $\boldsymbol{u}_i$ 和 $\boldsymbol{v}_j$ 为两个 r 维的隐因子向量（细节请参考 2.4.3 节）。我们把 $\boldsymbol{u}_i$ 称为用户 i 的因子向量，$\boldsymbol{v}_j$ 称为物品 j 的因子向量。r 为维度，它比用户数和物品数要小得多。每个用户、每件物品都有一个 r 维的参数向量。由于用户和物品数据的异构性以及存在于响应数据中的噪声，为了准确地估计活跃用户和物品的因子，通常会选用较大的 r 值（从几十到几百），但同时也要对因子进行正则化，避免不活跃用户和物品的因子出现过拟合。最常见的正则化方法是将因子“压缩”至接近 0。例如，当用户 i 的历史响应数据很少甚至没有时，因子向量 $\boldsymbol{u}_i$ 则被限制接近中值 0，这种方法等价于假设所有用户 i 的 $\boldsymbol{u}_i$ 都有一个均值为 0 的高斯先验，这其实是概率矩阵分解（PMF）。注意，对于没有任何历史响应数据的新用户 i，$\boldsymbol{u}_i=\boldsymbol{0}$，这也意味着对于所有的物品 j，$\boldsymbol{u}_i'\boldsymbol{v}_j=0$。因此，仅使用矩阵分解无法为新用户推荐物品。

从概念上讲 RLFM 的思想很简单。与其压缩 $\boldsymbol{u}_i$ 使其接近于 0，不如利用 r 维回归函数 $G(\boldsymbol{x}_i)$ 把它压缩至接近一个与用户特征相关的非 0 值。更准确地说，与其假设 $\boldsymbol{u}_i$ 的先
143 验均值为 0，不如假设 $\boldsymbol{u}_i$ 的先验均值为 $G(\boldsymbol{x}_i)$。因子 $\boldsymbol{u}_i$ 和回归函数 G 作为模型拟合过程的一部分可以同时学习，同样的思路也适用于 $\boldsymbol{v}_j$。虽然 RLFM 的底层建模思路很简单，但“估计”是一个非同小可且具挑战性的任务。

从直观上看，RLFM 将每个用户（或每件物品）的因子向量限定在利用特征估计的某点处，并允许因子向量以平滑的方式偏离该点，实际的偏离量取决于样本大小以及观测之间的相关性。数据量少的用户（或物品）会积极地收缩至基于特征的点。所以，虽然用户和物品的因子根据特征进行初始化，但随着数据量的增加，因子会逐步得到优化。这种在考虑到样本大小、相关性和异构性的不同后以平滑的方式从粗粒度解过渡到细粒度解的能力是一个准确的、可扩展的和通用的个性化推荐预测方法所必备的。

考虑一个一维隐因子空间，即 $r=1$，这样一来，$\boldsymbol{u}_i$ 就是一个标量。图 8-1 展示了三种模型分别为雅虎首页的活跃用户和非活跃用户样本估计的隐因子向量的分布：

1. RLFM：$\boldsymbol{u}_i$ 服从均值 mean $=G(\boldsymbol{x}_i)$ 的先验。

2. FactorOnly：$\boldsymbol{u}_i$ 服从均值 mean $=0$ 的先验，与 PMF 一样。

3. FeatureOnly：$\boldsymbol{u}_i=G(\boldsymbol{x}_i)$，即 y_{ij} 的预测值为 $G(x_i)'H(x_j)$，H 为物品的回归函数。该预测值仅与特征相关，因此与基于特征的点毫无偏离。

对于非活跃用户，FactorOnly 将因子压缩至接近于 0，未利用用户特征和物品特征中可用的信息。相反，RLFM 则回归到基于特征的点，从而缓解了数据稀疏性的问题。对于活跃用户，FactorOnly 有过拟合数据的倾向，而 RLFM 以平滑的方式偏离先验均值，并且能更好地实现正则化。

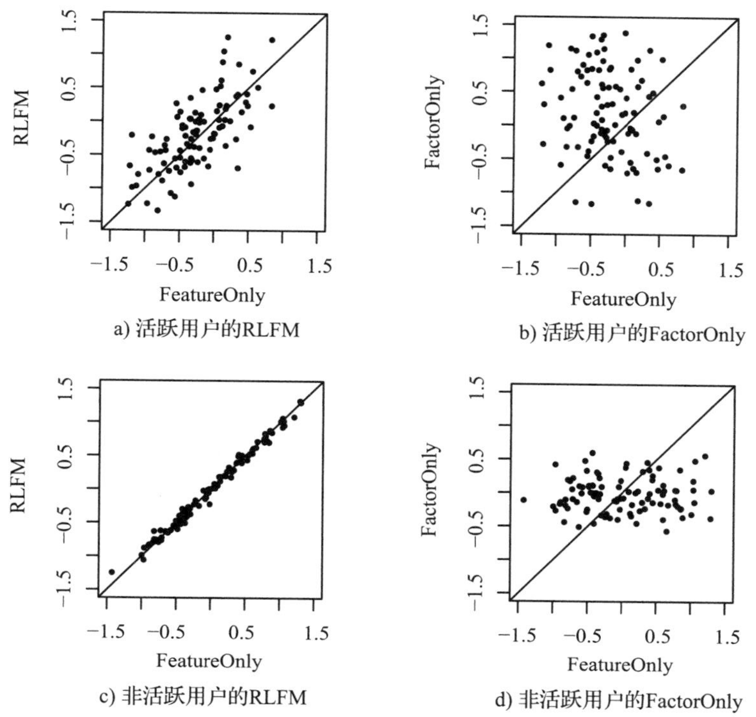

a) 活跃用户的RLFM　b) 活跃用户的FactorOnly

c) 非活跃用户的RLFM　d) 非活跃用户的FactorOnly

图 8-1　RLFM、FactorOnly 和 FeatureOnly 估计的隐因子对比。图中每个点 (x, y) 的 x 和 y 分别代表两种方法估计的一个用户的第一个隐因子的值（具体方法标记在坐标轴边）。对于非活跃用户，FactorOnly 趋向于 0，而相对地，RLFM 趋向于 FeatureOnly

8.1.2　模型详解

响应模型。令 s_{ij} 为未观测到的用于量化用户 i 对物品 j 响应的真实评分。我们的目标是基于所有观测到的响应 y_{ij} 以及特征 $\boldsymbol{x}_i$、$\boldsymbol{x}_j$ 和 $\boldsymbol{x}_{ij}$，为任意给定的 $(i,\ j)$ 对估计 s_{ij}：

- 适用于数值响应的高斯模型：对于数值响应（评分），我们通常假设（有时会对响应进行转化）：

$$y_{ij} \sim N(s_{ij}, \sigma^2) \tag{8.1}$$

  其中 σ^2 是用户响应中噪声的方差，需要从数据中估计，s_{ij} 是用户 i 给物品 j 的响应均值。

- 适用于二值响应的逻辑模型：如果用户响应是二值变量（如是否点击、是否喜欢、是否分享），那么我们通常假设：

$$y_{ij} \sim \text{Bernoulli}(p_{ij}) \text{ 且 } s_{ij} = \log\frac{p_{ij}}{1-p_{ij}} \tag{8.2}$$

  其中 p_{ij} 是用户 i 会积极响应物品 j 的概率。 144~145

分解。建模 s_{ij} 如下：

$$s_{ij} = b(\boldsymbol{x}_{ij}) + \alpha_i + \beta_j + \boldsymbol{u}_i'\boldsymbol{v}_j \tag{8.3}$$

模型由以下几部分组成：

- 函数 $b(\boldsymbol{x}_{ij})$ 是一个关于特征向量 x_{ij} 的回归函数，可以利用 2.3 节介绍的任意一个方法求得，比如 $b(\boldsymbol{x}_{ij}) = \boldsymbol{x}_i'\boldsymbol{A}\boldsymbol{x}_j$，其中，$\boldsymbol{A}$ 是通过设置 $\boldsymbol{x}_{ij} = (\boldsymbol{x}_i, \boldsymbol{x}_j)$（即拼接两个特征向量）后从数据中学到的。
- α_i 是有待从数据中学习的标量，代表用户 i 的偏差，因为相比其他用户，一些用户对物品的响应更积极（或更消极）。
- β_j 也是有待从数据中学习的标量，代表物品 j 的流行度。
- 向量 $\boldsymbol{u}_i$ 是用户 i 的 r 维隐因子向量，需要从数据中估计。它概括了用户与物品的历史交互信息。
- 向量 $\boldsymbol{v}_j$ 是物品 j 的 r 维隐因子向量，也需要从数据中估计。它概括了与物品 j 相关的交互信息。内积 $\boldsymbol{u}_i'\boldsymbol{v}_j$ 代表用户和物品的关联度。

模型中的维度 r 是预设的，在实践中，我们会设置不同的 r 值来拟合模型，然后用第 4 章介绍的评估方法选择一个最好的。从直观上看，我们可以将用户因子 $\boldsymbol{u}_i = (u_{i1}, \cdots, u_{ir})$ 理解为用户 i 与 r 个隐式“主题”的关联度，将物品因子 $\boldsymbol{v}_j = (v_{j1}, \cdots, v_{jr})$ 理解为物品 j 与同一个“主题”集合的关联度。因为用户和物品都映射到了同一个隐向量空间，所以内积 $\boldsymbol{u}_i'\boldsymbol{v}_j = \sum_{k=1}^{r} u_{ik} v_{jk}$ 代表用户 i 与物品 j 的相似度。

过拟合问题。除了 b 中的参数，其他需要从数据中估计的参数个数为 $(r+1)(M+N)$，其中 M 是用户数，N 是物品数。在实践中，$(r+1)(M+N)$ 可能比观测数更大，容易导致严重的过拟合问题。因此，在实践中，我们常常会把因子朝趋向于 0 的方向压缩，也就是说，在隐因子上附加均值为 0 的高斯先验。然而，趋向于 0 的压缩是有限制的，泛化能力可能不强，尤其是在冷启动场景下。此外，因为用户（或物品）的响应数的分布通常不稳定，如果 r 值太小（如 10 以内），难以达到高的预测准确率。因此，允许 r 值
146 较大（如 10 到 1000）的同时将参数正则化以降低有效自由度是至关重要的。虽然朝 0 压缩的方法通过降低方差能合理地解决过拟合问题，但最终的模型无法在冷启动场景下提供准确的预测，比如，没有历史观测的用户或物品的因子估计值都将为 0。如果用户和物品的特征可用，那么过拟合问题应该能得到妥善解决。例如，观察训练集中纽约和加州的大量用户或许可以清晰地区分这两个地区的平均因子估计，把这个信息运用在预测一个新用户的因子上也许可以显著地减少偏差。

回归先验。RLFM 的关键思想是根据不同用户和物品的特征，将它们各自的因子朝不同的均值进行压缩，而不总是朝 0 压缩。因此，为了增加这种灵活性，需要同时进行

回归和因子估计。具体来说，我们需要在 α_i、β_j、$\boldsymbol{u}_i$ 和 $\boldsymbol{v}_j$ 中引入以下先验：

$$\begin{aligned}&\alpha_i \sim N(g(x_i), \sigma_\alpha^2), \quad \boldsymbol{u}_i \sim N(G(x_i), \sigma_u^2 I)\\&\beta_j \sim N(h(x_j), \sigma_\beta^2), \quad \boldsymbol{v}_j \sim N(H(x_j), \sigma_v^2 I)\end{aligned} \tag{8.4}$$

其中 g 和 h 可以是任意的返回标量的回归函数，G 和 H 是返回 r 维向量的回归函数。将这些回归函数加入先验会带来令人生畏的计算挑战，这将在 8.2 节中讨论。一般来说，我们可以确定 $\boldsymbol{u}_i$ 和 $\boldsymbol{v}_j$ 的先验的方差 - 协方差（协方差）全矩阵。简单起见，我们只针对不相关的先验，它们分别具有对角协方差矩阵 $\sigma_u^2\boldsymbol{I}$ 和 $\sigma_v^2\boldsymbol{I}$。根据我们的经验来看，非对角协方差矩阵通常不会比对角协方差矩阵带来显著的提升。

回归函数。参照 Agarwal 和 Chen（2009）以及 Stern 等（2009）中提出的模型，我们将 b、g、h、G 和 H 设置为线性回归函数。Zhang 等（2011）将这个方法推广至其他回归函数，使我们可以利用大量非线性回归模型的研究成果。例如，b 可以是决策树，g 可以是最近邻模型，h 可以是随机森林，G 可以是稀疏 LASSO 回归模型，H 可以是梯度提升树集成模型。

G 和 H 是返回向量的函数。我们既可以使用多元回归模型同时预测一个向量中的所有值，也可以使用常规的单变量回归模型分别预测向量中的每个值。前者可能会利用向量元素间的相关性提高预测准确率，而后者更简单且模型拟合的可扩展性更强。针对后者，我们定义 $G(x_i)=(G_1(x_1),\cdots,G_r(x_i))$，其中每个 $G_k(x_i)$ 都是一个独立的单变量回归函数。 147

似然函数。令 $\Theta=(b,g,h,H,\sigma_\alpha^2,\sigma_u^2,\sigma_\beta^2,\sigma_v^2)$ 为先验参数集（也可称为超参数），b、g、h、G 和 H 是需要在对应的回归函数中估计的模型参数。令 $\Delta=\{\alpha_i,\beta_j,\boldsymbol{u}_i,\boldsymbol{v}_j\}_{\forall i,j}$ 为因子集（也称为随机效应）。令 y 为观测响应。在高斯模型中，观测响应服从正态分布，完整数据的对数似然（观测到的 y 和给定 Δ 的联合概率）如下：

$$\begin{aligned}\log L(\boldsymbol{\Theta};\boldsymbol{\Delta},\boldsymbol{y}) = \log\Pr(\boldsymbol{y},\boldsymbol{\Delta}\,|\,\boldsymbol{\Theta}) = \text{常数}\\&-\frac{1}{2}\sum_{ij}\left(\frac{1}{\sigma^2}(y_{ij}-b(\boldsymbol{x}_{ij})-\alpha_i-\beta_j-\boldsymbol{u}_i'\boldsymbol{v}_j)^2+\log\sigma^2\right)\\&-\frac{1}{2\sigma_\alpha^2}\sum_i(\alpha_i-g(\boldsymbol{x}_i))^2-\frac{M}{2}\log\sigma_\alpha^2\\&-\frac{1}{2\sigma_\beta^2}\sum_j(\beta_j-h(\boldsymbol{x}_i))^2-\frac{N}{2}\log\sigma_\beta^2\\&-\frac{1}{2\sigma_u^2}\sum_i\|\boldsymbol{u}_i-G(\boldsymbol{x}_i)\|^2-\frac{Mr}{2}\log\sigma_u^2\\&-\frac{1}{2\sigma_v^2}\sum_i\|\boldsymbol{v}_j-H(\boldsymbol{x}_j)\|^2-\frac{Nr}{2}\log\sigma_v^2\end{aligned} \tag{8.5}$$

公式的第二行将预测误差定义为差的平方和，接下来的四行为正则化项，其作用是将对应的因子压缩趋近于回归模型预测的值。$\log\sigma_*^2$ 项来自于正态分布的假设。可以将 σ^2/σ_α^2、σ^2/σ_β^2、σ^2/σ_u^2 和 σ^2/σ_v^2 理解为对应正则项的强度，值越大，正则化强度越高。

模型拟合和预测。给定观测响应数据 $\boldsymbol{y}$，以及与观测（用户，物品）对相关的特征，模型拟合的首要目标是找到先验参数 $\boldsymbol{\Theta}$ 的最大似然估计（MLE），即：

$$\hat{\boldsymbol{\Theta}} = \arg\max_{\boldsymbol{\Theta}} \log \Pr(\boldsymbol{y} \mid \boldsymbol{\Theta}) = \arg\max_{\boldsymbol{\Theta}} \log \int \Pr(\boldsymbol{y}, \boldsymbol{\Delta} \mid \boldsymbol{\Theta})\mathrm{d} \tag{8.6}$$

与公式（8.5）的完整数据的对数似然不同，公式（8.6）的对数似然通过对未观
148 测到的隐因子 $\boldsymbol{\Delta}$ 进行积分从而实现边际化。因为 $\boldsymbol{\Delta}$ 是未观测到的，所以这种方式更合理。这里我们只定义模型拟合的输出，实际的算法将在 8.2 节中介绍。获得先验参数的 MLE Θ 之后，利用经验贝叶斯方法计算因子在给定 MLE 下的后验均值：

$$\begin{aligned} \hat{\alpha}_i &= E[\alpha_i \mid \boldsymbol{y}, \hat{\boldsymbol{\Theta}}], \quad \hat{\boldsymbol{u}}_i = E[\boldsymbol{u}_i \mid \boldsymbol{y}, \hat{\boldsymbol{\Theta}}] \\ \hat{\beta}_j &= E[\beta_j \mid \boldsymbol{y}, \hat{\boldsymbol{\Theta}}], \quad \hat{\boldsymbol{v}}_j = E[\boldsymbol{v}_j \mid \boldsymbol{y}, \hat{\boldsymbol{\Theta}}] \end{aligned} \tag{8.7}$$

为了预测未观测（i，j）对的响应，我们使用如下的后验均值：

$$\begin{aligned} \hat{s}_{ij} &= b(\boldsymbol{x}_{ij}) + \hat{\alpha}_i + \hat{\beta}_j + E[\boldsymbol{u}_i'\boldsymbol{v}_j \mid \boldsymbol{y}, \hat{\boldsymbol{\Theta}}] \\ &\approx b(\boldsymbol{x}_{ij}) + \hat{\alpha}_i + \hat{\beta}_j + \hat{\boldsymbol{u}}_i'\hat{\boldsymbol{v}}_j \end{aligned} \tag{8.8}$$

其中近似项 $E[\boldsymbol{u}_i'\boldsymbol{v}_j \mid \boldsymbol{y}, \hat{\boldsymbol{\Theta}}] \approx \hat{\boldsymbol{u}}_i'\hat{\boldsymbol{v}}_j$ 降低了预测的计算成本。如果用户 i 没有出现在训练数据中，那么他的因子应该等于利用特征预测的先验均值，即 $\hat{\alpha}_i = g(\boldsymbol{x}_i)$，$\hat{\boldsymbol{u}}_i = G(\boldsymbol{x}_i)$。对于新的物品，处理方式类似。

8.1.3 RLFM 的随机过程

为了直观地了解由 RLFM 推导出的预测函数的类型，我们看一下高斯响应 y_{ij} 的边际先验分布：

$$\begin{aligned} E[y_{ij} \mid \boldsymbol{\Theta}] &= b(\boldsymbol{x}_{ij}) + g(\boldsymbol{x}_i) + h(\boldsymbol{x}_j) + G(\boldsymbol{x}_i)'H(\boldsymbol{x}_j) \\ \mathrm{Var}[y_{ij} \mid \boldsymbol{\Theta}] &= \sigma^2 + \sigma_\alpha^2 + \sigma_\beta^2 + \sigma_u^2\sigma_v^2 \\ &\quad + \sigma_u^2 H(\boldsymbol{x}_j)'H(\boldsymbol{x}_j) + \sigma_v^2 G(\boldsymbol{x}_i)'G(\boldsymbol{x}_i) \\ \mathrm{Cov}[y_{ij_1}, y_{ij_2} \mid \boldsymbol{\Theta}] &= \sigma_\alpha^2 + \sigma_u^2 H(\boldsymbol{x}_{j_1})'H(\boldsymbol{x}_{j_2}) \\ \mathrm{Cov}[y_{i_1 j}, y_{i_2 j} \mid \boldsymbol{\Theta}] &= \sigma_\beta^2 + \sigma_v^2 G(\boldsymbol{x}_{i_1})'G(\boldsymbol{x}_{i_2}) \end{aligned} \tag{8.9}$$

$E[y_{ij} \mid \Theta]$ 为新用户 i 对新物品 j 的响应的预测函数。有了众多最前沿的回归函数，推导出的预测函数的类型也会丰富许多。例如，如果 G 和 H 是决策树，那么预测函数就是

树的叉积。

可以用公式（8.9）定义高斯过程的协方差（或核）函数。虽然 y_{ij} 的边际分布不是高斯分布（因为两个 r 维高斯随机变量的内积），观察使用这种协方差结构定义的高斯过程可以对 RLFM 的行为有一些了解。给定一个观测响应向量 $\boldsymbol{y}$，未观测响应 y_{ij} 的预测值可以表示成观测响应值的加权和。根据公式（8.9），将 μ 和 Σ 分别定义为观测响应 $\boldsymbol{y}$ 的均 149
值和协方差矩阵，向量 $\boldsymbol{c}_{ij} = \mathrm{Cov}[y_{ij}, \boldsymbol{y}]$ 为未观测响应 y_{ij} 和观测响应 $\boldsymbol{y}$ 中每一维的协方差。那么，y_{ij} 的后验均值为：

$$E[y_{ij} \mid \Theta] + \boldsymbol{c}_{ij}' \boldsymbol{\Sigma}^{-1}(\boldsymbol{y} - \boldsymbol{\mu}) \tag{8.10}$$

注意，$\boldsymbol{c}_{ij}$ 非零只对训练数据中第 i 行和第 j 列的交叉元素成立。因此，从直观上看，RLFM 通过在基于特征的预测公式上增加一个调节项来预测 y_{ij}，且该调节项是行和列的残差的加权平均，而权重取决于基于特征推导的相关性。因此，如果物品 j 与其他物品相关，或者用户 i 与其他用户相关，那么随机过程将利用这种相关性提供一个附加的调节项以提高性能。在实际中，直接在运算上运用公式（8.9）定义的随机过程是不可行的。我们的模型拟合策略利用隐因子扩充观测数据，从而减少运算。实际上，公式（8.9）和（8.10）定义的随机过程体现了回归参数在推导观测数据间的相关性时所起的作用，还提供了在预测时发挥作用的不变参数，即 $G(\boldsymbol{x}_i)'H(\boldsymbol{x}_j)$、$G(\boldsymbol{x}_i)'G(\boldsymbol{x}_i)$ 和 $H(\boldsymbol{x}_j)'H(\boldsymbol{x}_j)$。当直接运用隐因子模型（不是边际化的隐因子模型）时，这种不变性体现在 $\boldsymbol{u}_i$ 和 $\boldsymbol{v}_j$ 是无法单独估计的，只有乘积 $\boldsymbol{u}_i'\boldsymbol{v}_j$ 可以从数据中唯一确定。

8.2　拟合算法

在本节中，我们会对拟合算法做详细的介绍。首先在 8.2.1 节中介绍适用于高斯模型的最大期望算法（Expectation-Maximization，EM），然后在 8.2.2 节中讨论如何利用自适应拒绝采样（Adaptive Rejection Sampling，ARS）拟合逻辑模型，最后在 8.2.3 节中讨论变分近似。

问题定义。在前面已经定义过 $\Theta = (b, g, h, G, H, \sigma_\alpha^2, \sigma_u^2, \sigma_\beta^2, \sigma_v^2)$ 为先验参数集，$\boldsymbol{\Delta} = \{\alpha_i, \beta_j, \boldsymbol{u}_i, \boldsymbol{v}_j\}_{\forall i,j}$ 为隐因子集，$\boldsymbol{y}$ 为观测响应集。我们的目标是获得在公式（8.6）中定义的先验参数的 MLE $\hat{\boldsymbol{\Theta}}$，以及估计因子的后验均值 $E[\Delta \mid \boldsymbol{y}, \hat{\boldsymbol{\Theta}}]$。 150

公式（8.6）与常规优化公式的区别体现在两个方面：首先，对因子进行边际化通常会使泛化能力更强；其次，正则项的权重（先验方差）是从拟合过程中自动获得的，所以，除了隐因子维度 r 以外，在公式中没有其他参数需要调节。而在这个问题的常规优化公式中，正则项权重通常需要在另外的调优数据集中调参，并且这种调优是很困难的，因为正则项参数的最优值是秩参数 r 的函数。实验观测清晰地表明，更大的 r 值会自然而然使正则化强度更高，而更高的正则化强度也支持使用更大的秩参数。

8.2.1 适用于高斯响应的 EM 算法

Dempster 等（1977）提出的 EM 算法特别适合拟合因子模型，这时的因子会作为缺失数据补充到观测数据中。EM 算法在 E 步骤和 M 步骤之间进行迭代直至收敛。令 $\hat{\boldsymbol{\Theta}}^{(t)}$ 为第 t 次迭代开始时 $\boldsymbol{\Theta}$ 的当前估计值。

- E 步骤：基于观测数据 $\boldsymbol{y}$ 和 $\boldsymbol{\Theta}$ 的当前估计值，对关于缺失数据 $\boldsymbol{\Delta}$ 的后验的完整数据对数似然取期望，即计算 $\boldsymbol{\Theta}$ 的函数：

$$q_t(\boldsymbol{\Theta}) = E_{\Delta}[\log L(\boldsymbol{\Theta}; \boldsymbol{\Delta}, \boldsymbol{y}) \mid \hat{\boldsymbol{\Theta}}^{(t)}]$$

  其中期望在 $(\boldsymbol{\Delta} \mid \hat{\boldsymbol{\Theta}}^{(t)}, \boldsymbol{y})$ 的后验分布上取得。

- M 步骤：最大化来自 E 步骤的期望完整数据对数似然，得到 $\boldsymbol{\Theta}$ 的更新值，即找到：

$$\hat{\boldsymbol{\Theta}}^{(t+1)} = \arg\max_{\boldsymbol{\Theta}} q_t(\boldsymbol{\Theta})$$

E 步骤中实际的运算是为计算 $\arg\max_{\boldsymbol{\Theta}} q_t(\boldsymbol{\Theta})$ 生成充分统计量，以便每次评估 $q_t(\Theta)$ 时都无须遍历原始数据。在每次迭代中，EM 算法都能保证不导致 $\int L(\boldsymbol{\Theta}; \boldsymbol{\Delta}, \boldsymbol{y})\mathrm{d}\boldsymbol{\Delta}$ 的值变差。

算法主要的运算瓶颈在 E 步骤中，因为因子的后验不具有解析解。因此，根据 Booth 和 Hobert（1999）提出的 Monte Carlo EM（MCEM）算法，从后验中采样，通过
151 取 Monte Carlo 均值来近似 E 步骤中的期望。

除上述方法外，还可以运用变分近似生成期望的解析解，或者利用 ICM（Iterated Conditional Mode）算法（Besag, 1986），通过插入条件分布的众数代替期望的计算。但是根据我们的经验，并参考其他的研究工作（例如，Salakhutdinov 和 Mnih，2008），通常采样可以提升预测准确度，同时依然具有可扩展性，并且即使因子数增多，也不容易出现过拟合问题，更重要的是，它提供了一种自动获取超参数估计的方法。综上，我们重点关注 MCEM 算法。

Monte Carlo E 步骤

因为 $E_{\Delta}[\log L(\boldsymbol{\Theta}, \boldsymbol{\Delta}, \boldsymbol{y}) \mid \hat{\boldsymbol{\Theta}}^{(t)}]$ 不具有解析解，所以我们根据 Gibbs 采样（Gelfand, 1995）生成的 L 个样本计算 Monte Carlo 期望。我们用 $(\delta \mid \text{Rest})$ 表示给定所有其他参数条件下 δ 的条件分布，其中 δ 可以是 α_i、β_j、$\boldsymbol{u}_i$ 和 $\boldsymbol{v}_j$ 中的任意一个。令 $\mathcal{I}_j$ 为对物品 j 做出响应的用户集合，$\mathcal{J}_i$ 为用户 i 做出响应的物品集合。Gibbs 采样重复以下过程 L 次：

1. 对于每个用户 i，从高斯分布 $(\alpha_i \mid \text{Rest})$ 中采样 α_i：

$$
\begin{aligned}
&\text{令}\, o_{ij} = y_{ij} - b(x_{ij}) - \beta_j - \boldsymbol{u}_i'\boldsymbol{v}_j \\
&\mathrm{Var}[\alpha_i \mid \mathrm{Rest}] = \left(\frac{1}{\sigma_\alpha^2} + \sum_{j \in \mathcal{J}_i} \frac{1}{\sigma^2} \right)^{-1} \\
&E[\alpha_i \mid \mathrm{Rest}] = \mathrm{Var}[\alpha_i \mid \mathrm{Rest}] \left(\frac{g(x_i)}{\sigma_\alpha^2} + \sum_{j \in \mathcal{J}_i} \frac{o_{ij}}{\sigma^2} \right)
\end{aligned}
\tag{8.11}
$$

2. 对于每件物品 j，从高斯分布 $(\beta_j \mid \mathrm{Rest})$ 中采样 β_j：

$$
\begin{aligned}
&\text{令}\, o_{ij} = y_{ij} - b(x_{ij}) - \alpha_j - \boldsymbol{u}_i'\boldsymbol{v}_j \\
&\mathrm{Var}[\beta_j \mid \mathrm{Rest}] = \left(\frac{1}{\sigma_\beta^2} + \sum_{i \in \mathcal{I}_j} \frac{1}{\sigma^2} \right)^{-1} \\
&E[\beta_j \mid \mathrm{Rest}] = \mathrm{Var}[\beta_j \mid \mathrm{Rest}] \left(\frac{h(x_j)}{\sigma_\beta^2} + \sum_{i \in \mathcal{I}_j} \frac{o_{ij}}{\sigma^2} \right)
\end{aligned}
\tag{8.12}
$$
152

3. 对于每个用户 i，从高斯分布 $(\boldsymbol{u}_i \mid \mathrm{Rest})$ 中采样 $\boldsymbol{u}_i$：

$$
\begin{aligned}
&\text{令}\, o_{ij} = y_{ij} - b(x_{ij}) - \alpha_i - \beta_j \\
&\mathrm{Var}[\boldsymbol{u}_i \mid \mathrm{Rest}] = \left(\frac{1}{\sigma_u^2} I + \sum_{j \in \mathcal{J}_i} \frac{\boldsymbol{v}_j \boldsymbol{v}_j'}{\sigma^2} \right)^{-1} \\
&E[\boldsymbol{u}_i \mid \mathrm{Rest}] = \mathrm{Var}[\boldsymbol{u}_i \mid \mathrm{Rest}] \left(\frac{1}{\sigma_u^2} G(x_i) + \sum_{j \in \mathcal{J}_i} \frac{o_{ij} \boldsymbol{v}_j}{\sigma^2} \right)
\end{aligned}
\tag{8.13}
$$

4. 对于每件物品 j，从高斯分布 $(\boldsymbol{v}_j \mid \mathrm{Rest})$ 中采样 $\boldsymbol{v}_j$：

$$
\begin{aligned}
&\text{令}\, o_{ij} = y_{ij} - b(x_{ij}) - \alpha_i - \beta_j \\
&\mathrm{Var}[\boldsymbol{v}_j \mid \mathrm{Rest}] = \left(\frac{1}{\sigma_v^2} I + \sum_{i \in \mathcal{I}_j} \frac{\boldsymbol{u}_i \boldsymbol{u}_i'}{\sigma^2} \right)^{-1} \\
&E[\boldsymbol{v}_j \mid \mathrm{Rest}] = \mathrm{Var}[\boldsymbol{v}_j \mid \mathrm{Rest}] \left(\frac{1}{\sigma_v^2} H(x_j) + \sum_{i \in \mathcal{I}_j} \frac{o_{ij} \boldsymbol{u}_i}{\sigma^2} \right)
\end{aligned}
\tag{8.14}
$$

令 $\tilde{E}[\cdot]$ 和 $\mathrm{V\tilde{a}r}[\cdot]$ 分别为利用 L 个 Gibbs 样本计算的 Monte Carlo 均值和方差。E 步骤的输出包含以下几个部分：

- $\hat{\alpha}_i = \tilde{E}[\alpha_i]$，$\hat{\beta}_j = \tilde{E}[\beta_j]$，$\hat{\boldsymbol{u}}_i = \tilde{E}[\boldsymbol{u}_i]$，$\hat{\boldsymbol{v}}_j = \tilde{E}[\boldsymbol{v}_j]$，对于所有的 i 和 j 而言。
- $\tilde{E}[\boldsymbol{u}_i'\boldsymbol{v}_j]$，对于所有观测到的 (i, j) 对而言。
- $\sum_{ij} \mathrm{V\tilde{a}r}[s_{ij}]$、$\sum_{ik} \mathrm{V\tilde{a}r}[u_{ik}]$，其中 $\boldsymbol{u}_{ik}$ 是 $\boldsymbol{u}_i$ 的第 k 个元素。
- $\sum_{jk} \mathrm{V\tilde{a}r}[v_{jk}]$，其中 v_{jk} 是 $\boldsymbol{v}_j$ 的第 k 个元素。

这些充分统计量将用于拟合过程的 M 步骤中。

M 步骤

在 M 步骤中，我们要找到最大化 E 步骤中计算的期望的参数设置 $\boldsymbol{\Theta}$：

153

$$\begin{aligned}q_t(\boldsymbol{\Theta}) &= E_{\Delta}[\log L(\boldsymbol{\Theta}; \Delta, \boldsymbol{y}) \mid \hat{\boldsymbol{\Theta}}^{(t)}] \\ &= \text{常数} \\ &\quad -\frac{1}{2\sigma^2}\sum_{ij}\tilde{E}[(y_{ij}-b(x_{ij})-\alpha_i-\beta_j-\boldsymbol{u}_i'\boldsymbol{v}_j)^2]-\frac{D}{2}\log(\sigma^2) \\ &\quad -\frac{1}{2\sigma_\alpha^2}\sum_i((\hat{\alpha}_i-g(x_i))^2+\tilde{\text{Var}}[\alpha_i])-\frac{M}{2}\log\sigma_\alpha^2 \\ &\quad -\frac{1}{2\sigma_\beta^2}\sum_j((\hat{\beta}_j-h(x_j))^2+\tilde{\text{Var}}[\beta_i])-\frac{N}{2}\log\sigma_\beta^2 \\ &\quad -\frac{1}{2\sigma_u^2}\sum_i(\|\hat{\boldsymbol{u}}_i-G(x_i)\|^2+\text{tr}(\tilde{\text{Var}}[\boldsymbol{u}_i]))-\frac{Mr}{2}\log\sigma_u^2 \\ &\quad -\frac{1}{2\sigma_v^2}\sum_j(\|\hat{\boldsymbol{v}}_j-H(x_j)\|^2+\text{tr}(\tilde{\text{Var}}[\boldsymbol{v}_j]))-\frac{Nr}{2}\log\sigma_v^2\end{aligned} \tag{8.15}$$

很容易看出，(b,σ^2)、(g,σ_α^2)、(h,σ_β^2)、(G,σ_u^2) 和 (H,σ_v^2) 可以通过单独的回归进行优化。

(b,σ^2) 的回归。这里我们想最小化：

$$\frac{1}{\sigma^2}\sum_{ij}\tilde{E}[(y_{ij}-b(x_{ij})-\alpha_i-\beta_j-\boldsymbol{u}_i'\boldsymbol{v}_j)^2]+D\log(\sigma^2) \tag{8.16}$$

其中 D 是观测响应的数量。很容易看出，b 的最优解可以通过解决一个具有以下设置的回归问题得到：

- 特征向量：$\boldsymbol{x}_{ij}$
- 预测响应：$(y_{ij}-\hat{\alpha}_i-\hat{\beta}_j-\tilde{E}[\boldsymbol{u}_i'\boldsymbol{v}_j])$

令 RSS 为这个回归的残差平方和，则最优的 σ^2 为 $(\sum_{ij}\tilde{\text{Var}}[s_{ij}]+\text{RSS})/D$。注意，$b$ 可以是任意一个回归模型。

(g,σ_α^2) 的回归。与 (b,σ^2) 的回归类似，最优的 g 可以通过解决一个具有以下设置的回归问题得到：

- **特征向量**：$\boldsymbol{x}_i$
- **预测响应**：$\hat{\alpha}_i$

σ_α^2 的最优解是 $(\sum_i\tilde{\text{Var}}[\alpha_i]+\text{RSS})/M$，其中 M 是用户数。

(h,σ_β^2) 的回归。最优的 h 可以通过解决一个具有以下设置的回归问题得到：

- 特征向量：$\boldsymbol{x}_j$

- 预测响应：$\hat{\beta}_j$

最优的 $\sigma_\beta^2 = (\sum_j \tilde{\mathrm{Var}}[\beta_j] + \mathrm{RSS}) / N$，其中 N 是物品数。 154

(G, σ_u^2) 的回归。对于多变量回归模型，可以通过解决一个利用特征 $\boldsymbol{x}_i$ 预测多变量响应 $\hat{\boldsymbol{u}}_i$ 的回归问题找到 G。而对于单变量回归模型，我们考虑 $G(\boldsymbol{x}_i) = (G_1(\boldsymbol{x}_i), \cdots, G_r(\boldsymbol{x}_i))$，其中每个 $G_k(x_i)$ 返回一个标量。这种情况下，对于每个 k，可以通过解决一个具有以下设置的回归问题找到 G_k：

- 特征向量：x_i
- 预测响应：$\hat{u}_{ik}$（向量 $\hat{\boldsymbol{u}}_i$ 的第 k 个元素）

令 RSS 为总的残差平方和，那么 $\sigma_u^2 = (\sum_{ik} \tilde{\mathrm{Var}}[u_{ik}] + \mathrm{RSS}) / (rM)$。

(H, σ_v^2) 的回归。对于多变量回归模型，可以通过解决一个利用特征 $\boldsymbol{x}_j$ 预测多变量响应 $\tilde{E}[\boldsymbol{v}_j]$ 的回归问题找到 H。而对于单变量回归模型，我们考虑 $H(\boldsymbol{x}_j) = (H_1(\boldsymbol{x}_j), \cdots, H_r(\boldsymbol{x}_j))$，其中每个 $H_k(\boldsymbol{x}_j)$ 返回一个标量。在这种情况下，可以通过解决一个具有以下设置的回归问题找到 H_k：

- 特征向量：$\boldsymbol{x}_j$
- 预测响应：$\hat{v}_{jk}$（向量 $\hat{\boldsymbol{v}}_j$ 的第 k 个元素）

令 RSS 为总的残差平方和，那么 $\sigma_v^2 = (\sum_{jk} \tilde{\mathrm{Var}}[v_{jk}] + \mathrm{RSS}) / (rN)$。

评价

M 步骤中的正则项。任何正则项和拟合方法都可运用于 M 步骤中的回归问题。在实际应用中，当特征数很大或者特征间的相关性很高时，正则项都很重要。

Gibbs 采样的数量。由于 Monte Carlo 的采样误差，所以即使我们用 Monte Carlo 均值法替换准确的 E 步骤也不能保证边际似然每一步都增加。如果关于 $\hat{\boldsymbol{\Theta}}^{(t)}$ 的 Monte Carlo 采样误差（从准确的 E 步骤中得到的 $\hat{\boldsymbol{\Theta}}_\infty^{(t)}$ 的估计值，如利用无限个样本）相较于 $\| \hat{\boldsymbol{\Theta}}^{(t-1)} - \hat{\boldsymbol{\Theta}}_\infty^{(t)} \|$ 很大，那么 Monte Carlo E 步骤就是无用的，因为它被 Monte Carlo 误差抵消了。除了一些实验指导（Booth 和 Hobert，1999），例如，在初始迭代中使用更少的 Monte Carlo 模拟样本，文中没有记录这个问题的精确解决方案。我们对多种采样方案做了大规模的实验后发现，进行 20 次 EM 迭代且每次迭代采样 100 个样本（采样 10 个 burn-in 样本后的样本）的性能表现很好。实际上，性能对于样本数的选择不太敏感， 155
即使样本数很少，比如 50，也不会给性能带来多大损失。我们选择 Gibbs 采样是因为它简单，当然还可以采用其他更好的采样方法以使采样方法混合得更快。

可扩展性。固定因子的维度、EM 迭代的次数以及每次迭代 Gibbs 样本的数量，本质上 MCEM 算法与观测数呈线性关系。根据我们的经验，MCEM 算法在进行相当少的 EM 迭代后就能快速收敛（通常为 10 次左右）。另外，算法也可以并行化，在 E 步骤中，当采第 ℓ 个 Gibbs 样本时，每个用户的因子都可以独立采样。因此这个采样步骤可以并行地进行，对于每件物品来说也成立。M 步骤需要解决几个回归问题，任意可扩展的软件包在这里都适用。

因子的收缩估计。RLFM 把因子估计为回归函数和协同过滤的线性组合。考虑因子估计 $\boldsymbol{u}_i$（$\boldsymbol{v}_j$ 也同样适用），为了简化，假设 $r=1$，令 o_{ij} 为调整特征 x_{ij} 以及用户和物品的偏差之后，用户 i 对物品 j 的响应。然后，令 $\lambda=\sigma^2/\sigma_u^2$，观察如下公式：

$$E[u_i \mid \text{Rest}]=\frac{\lambda}{\lambda+\sum_{j\in\mathcal{J}_i} v_j^2}G(\boldsymbol{x}_i)+\frac{\sum_{j\in\mathcal{J}_i} v_j o_{ij}}{\lambda+\sum_{j\in\mathcal{J}_i} v_j^2} \tag{8.17}$$

上述公式对于固定的 $\boldsymbol{v}$ 来说是一个回归 G 和用户 i 的响应 o_{ij} 的线性组合。在这个线性组合中，不同部分的权重同时取决于全局收缩参数 λ 和用户响应过的物品的因子。当 $\sum_{j\in\mathcal{J}_i} v_j^2$ 明显比 λ 大时，回归的贡献就变得微不足道，在这种情况下，每个用户的因子都是通过一个线性回归得到的，在这个回归中，用户对不同物品的响应和这些物品的因子向量作为特征向量。这清楚地表明，如果一个用户对大量物品做出了响应，那么我们就有足够的数据来获得可信的物品因子估计，这时响应信息占据主导地位，回归变得不再那么重要。

156 假设超参数是已知的，显然，以数据为条件的 u_i 的边际期望仍然是回归和用户 i 响应的线性组合，两者的权重分别为：

$$E\left[\frac{\lambda}{\lambda+\sum_{j\in\mathcal{J}_i} v_j^2}\right] \text{ 且 } E\left[\frac{v_j}{\lambda+\sum_{j\in\mathcal{J}_i} v_j^2}\right],\ j\in\mathcal{J}_i \tag{8.18}$$

其中期望与物品因子 v_j 的边际后验相关。这也解释了 RLFM 是如何通过实现回归和响应之间的平衡估计因子的。有趣的是，我们注意到，即使收缩估计是响应和回归的线性组合，权重也是高度非线性的函数，且同时与全局收缩参数和局部响应信息相关。

8.2.2 适用于逻辑响应的基于 ARS 的 EM 算法

二值响应（或逻辑响应）$y_{ij}\in\{0,1\}$ 的 RLFM 的拟合算法与高斯响应的 EM 算法类似。在这种情况下，完整数据的对数似然为：

$$\begin{aligned}\log L(\boldsymbol{\Theta};\boldsymbol{\Delta},\boldsymbol{y})=\log\Pr[\boldsymbol{y},\boldsymbol{\Delta}\mid\boldsymbol{\Theta}]=&\text{常数}\\ &-\sum_{ij}\log(1+\exp\{-(2y_{ij}-1)(b(\boldsymbol{x}_{ij})+\alpha_i+\beta_j+\boldsymbol{u}_i'\boldsymbol{v}_j)\})\\ &-\frac{1}{2\sigma_\alpha^2}\sum_i(\alpha_i-g(\boldsymbol{x}_i))^2-\frac{M}{2}\log\sigma_\alpha^2\end{aligned}$$

$$-\frac{1}{2\sigma_\beta^2}\sum_j(\beta_j-h(\boldsymbol{x}_j))^2-\frac{N}{2}\log\sigma_\beta^2$$
$$-\frac{1}{2\sigma_u^2}\sum_i\|\boldsymbol{u}_i-G(\boldsymbol{x}_i)\|^2-\frac{Mr}{2}\log\sigma_u^2$$
$$-\frac{1}{2\sigma_v^2}\sum_j\|\boldsymbol{v}_j-H(\boldsymbol{x}_j)\|^2-\frac{Nr}{2}\log\sigma_v^2 \quad (8.19)$$

EM 算法在 E 步骤和 M 步骤之间迭代。在本节中，我们将介绍基于自适应拒绝采样（ARS）的方法，然后在 8.2.3 节中介绍基于变分近似的方法。

基于 ARS 的 E 步骤

对于二值数据和逻辑链接函数，条件后验 $p(\alpha_i\,|\,\text{Rest})$、$p(\beta_j\,|\,\text{Rest})$、$p(\boldsymbol{u}_i\,|\,\text{Rest})$ 和 $p(\boldsymbol{v}_j\,|\,\text{Rest})$ 都不具有解析解。然而，从后验中准确且有效地采样仍然可以通过 ARS 157
（Gilks, 1992）实现。ARS 是一种可以从任意的单变量密度中采样的有效方法，前提是它是对数凹的。

通常来说，拒绝采样（Rejection Sampling，RS）是一种流行的从单变量分布中采样的方法。假设我们想从一个密度为 $p(x)$ 的非标准分布中采样，如果我们发现了另外一个更易采样的密度 $e(x)$，同时能很好地近似 $p(x)$，并且 $e(x)$ 的尾部比 $p(x)$ 还要重，那么 $e(x)$ 可用于拒绝采样。关键是要找到一个常数 M，对于所有使 $p(x)>0$ 的点 x，满足 $p(x)\leqslant Me(x)$。例如，图 8-2 中的灰色实曲线是 $Me(x)$，黑色实曲线为 $p(x)$。那么算法就很简单了，重复以下步骤直到获得一个有效样本：首先，从 $e(x)$ 中采样一个数 x^*；之后，以概率 $p(x^*)/(Me(x^*))$ 接受 x^* 为有效样本，否则拒绝它。

图 8-2 随意选取的（对数）密度函数的上界和下界图示

注意，$p(x^*)/(Me(x^*))$ 总是介于 0 到 1 之间。算法可以生成一个 $p(x)$ 的样本，且接受概率为 $1/M$。要想找到一个值小的 M，通常需要知道 $p(x)$ 的模式，同时在实际应用中，找到一个好的匹配密度 $e(x)$ 也很重要。而 ARS 同时解决了这两个问题，ARS 可以找到一个合适的匹配密度 $e(x)$，该密度由分段的指数函数组成，即 $\log e(x)$ 是分段线性函数，如图 8-2 中的灰色曲线所示。因此，ARS 不需要知道 $p(x)$ 的模式，唯一的要求就是 $p(x)$ 的对数凹性，而该条件在问题中是成立的。分段指数函数是通过创建目标对数密度的上包络线而建立的。另外，建立过程是可调的，即利用拒绝的点进一步修正包络线，从而降低后面的样本的拒绝概率。

我们使用 Gilks（1992）的无梯度 ARS 过程，简要描述如下：假设我们要从一个对数凹的目标密度函数 $p(x)$ 中获得一个样本 x^*，至少有三个初始点，满足 $p(x)$ 模式的每一侧至少有一个点（我们可以根据密度的导数来确认该条件是否满足，不需要实际的模式计算）。$\log p(x)$ 的下界 $\text{lower}(x)$ 由连接 $p(x)$ 的评估点和极值点的弦构成，例如，
158 图 8-2 的虚线分段线性曲线就是 $\text{lower}(x)$，而黑色实曲线就是 $\log p(x)$。上界 $\text{upper}(x)$ 也是通过将弦延长到它们的交点来构造的，例如，图 8-2 的灰色分段线性曲线就是 $\text{upper}(x)$。包络函数 $e(x)$（上界）和夹逼函数 $s(x)$（下界）都是通过对 $\log p(x)$ 的分段线性上界和下界取幂得到的，即 $e(x)=\exp(\text{upper}(x))$，$s(x)=\exp(\text{lower}(x))$。令 $e_1(x)$ 为从 $e(x)$ 导出的对应的密度函数，即：

$$e_1(x)=\frac{e(x)}{\int e(x)\mathrm{d}x} \tag{8.20}$$

抽样过程如下，重复以下步骤直到我们获得一个有效样本：

1. 从 $e_1(x)$ 中采样一个数 $x*$ 和另外一个数 $z\sim\text{Uniform}(0,1)$，二者独立。
2. 如果 $z\leqslant s(x*)/e(x*)$，接受 $x*$ 为一个有效样本。
3. 如果 $z\leqslant p(x*)/e(x)*$，接受 $x*$ 为一个有效样本，否则拒绝 $x*$。
4. 如果 $x*$ 被拒绝了，利用 $x*$ 构建新的弦来更新 $e(x)$ 和 $s(x)$。

迭代运行以上步骤，直至有一个样本被接收。注意，将夹逼函数作为接收准则意味着使用了来自原始密度 $p(x)$ 的部分信息。一开始就根据夹逼函数测试 $x*$ 是为了方便计算，因为包络构造好了，夹逼函数也就已知了。而 $p(x*)$ 的评估通常是很耗时的。

基于 ARS 的 E 步骤的过程如下，重复以下步骤 L 次，采样 $\boldsymbol{\Delta}$ 的 L 个样本：

1. 对于每个用户 i，利用 ARS 从 $p(\alpha_i\mid\text{Rest})$ 中采样 α_i。密度的对数形式如下：

$$\begin{aligned}\log p(\alpha_i\mid\text{Rest})=&\text{常数}\\&-\sum_{j\in\mathcal{J}_i}\log(1+\exp\{-(2y_{ij}-1)(f(x_{ij})+\alpha_i+\beta_j+\boldsymbol{u}_i'\boldsymbol{v}_j\})\\&-\frac{1}{2\sigma_\alpha^2}(\alpha_i-g(x_i))^2\end{aligned} \tag{8.21}$$

2. 对于每件物品 j，用与采样 α_i 类似的方法采样 β_j。

3. 对于每个用户 i，从 $p(\boldsymbol{u}_i\mid\text{Rest})$ 中采样 $\boldsymbol{u}_i$。因为 $\boldsymbol{u}_i$ 是 r 维向量，对于每个
159 $k=1,\cdots,r$，利用 ARS 从 $p(u_{ik}\mid\text{Rest})$ 中采样 u_{ik}。目标密度的对数形式如下：

$$\begin{aligned}\log p(u_{ik}\mid\text{Rest})=&\text{常数}\\&-\sum_{j\in\mathcal{J}_i}\log(1+\exp\{-(2y_{ij}-1)(f(x_{ij})+\alpha_i+\beta_j+u_{ik}v_{jk}+\sum_{l\neq k}u_{il}v_{jl})\})\\&-\frac{1}{2\sigma_u^2}(u_{ik}-G_k(x_i))^2\end{aligned} \tag{8.22}$$

4. 对于每件物品 j，用与采样 $\boldsymbol{u}_i$ 类似的方式采样 v_j。

ARS 的初始点。ARS 的拒绝率取决于初始点和目标密度函数。为了降低拒绝率，Gilks 等（1995）建议利用 Gibbs 采样前一次迭代中的包络函数构建第 5、50 和 95 个百分位数作为三个初始点。在实际中我们采用了这种方式，观察到拒绝率大约下降了 60%。

中心化。RLFM 是不可确定的。例如，如果我们令 $\tilde{f}(x_{ij})=f(x_{ij})-\delta, \tilde{g}(x_i)=g(x_i)+\delta$，本质上模型使用 $\tilde{f}$ 和 $\tilde{g}$ 与使用 f 和 g 是一样的。为了确定模型参数，我们在因子的值上增加限制，要求 $\sum_i \alpha_i=0$、$\sum_j \beta_j=0$、$\sum_i \boldsymbol{u}_i=0$ 以及 $\sum_j \boldsymbol{v}_j=0$。这些限制在用户因子和物品因子之间引入了依赖性。我们不在采样时增加这些依赖性，而是在采样后，通过减掉样本均值来施加这些限制。即在采样所有因子之后，计算 $\bar{\alpha}=\sum_i \hat{\alpha}_i/M$，对于所有的 i，令 $\hat{\alpha}_i=\hat{\alpha}_i-\bar{\alpha}$。这里的 M 是用户数，$\bar{\alpha}_i$ 是 α_i 的后验样本均值。

M 步骤

在二值响应的 M 步骤中，除了增加了 $b(\boldsymbol{x}_{ij})$ 的回归这一步之外，其他都与高斯响应的 M 步骤一样，因为只有 b 与逻辑似然相关。特别地，在 $o_{ij}=\alpha_i+\beta_j+\boldsymbol{u}_i'\boldsymbol{v}_j$ 的条件下，我们需要找到最大化以下期望的 b：

$$\sum_{ij} E_{o_{ij}}[\log(1+\exp\{-(2y_{ij}-1)(b(\boldsymbol{x}_{ij})+o_{ij})\})] \tag{8.23}$$

因为该期望（8.23）不具有解析解，所以我们利用嵌入式估计量近似：

$$\begin{aligned}&\sum_{ij} E_{o_{ij}}[\log(1+\exp\{-(2y_{ij}-1)(b(\boldsymbol{x}_{ij})+o_{ij})\})]\\ \approx&\sum_{ij}\log(1+\exp\{-(2y_{ij}-1)(b(\boldsymbol{x}_{ij})+\hat{o}_{ij})\})\end{aligned} \tag{8.24}$$ 160

其中 $\hat{o}_{ij}=\hat{\alpha}_i+\hat{\beta}_j+\hat{\boldsymbol{u}}_i'\hat{\boldsymbol{v}}_j$ 可以看作常数偏移量。那么对于每个训练观测（i, j），现在我们得到了一个关于二值响应 y_{ij}、特征向量 $\boldsymbol{x}_{ij}$ 和偏移 o_{ij} 的标准逻辑回归问题。

8.2.3 适用于逻辑响应的变分 EM 算法

变分近似来源于 Jaakkola 和 Jordan（2000），其基本思想是在每次 EM 迭代前，基于完整数据的对数似然的一个变分下界把二值响应值转换成高斯响应值。然后，我们只需利用高斯模型的 E 步骤和 M 步骤即可。

令 $f(z)=(1+\mathrm{e}^{-z})^{-1}$ 为 sigmoid 函数。Jaakkola 和 Jordan（2000）提供了以下对 $\log f(z)$ 的近似方法：

$$\begin{aligned}\log f(z)&=-\log(1+\mathrm{e}^{-z})=\frac{z}{2}+q(z)\\ q(z)&=-\log(\mathrm{e}^{z/2}+\mathrm{e}^{-z/2})\end{aligned} \tag{8.25}$$

根据泰勒级数展开，得到：

$$q(z) \geqslant q(\xi)+\frac{\mathrm{d}q(\xi)}{\mathrm{d}(\xi^2)}(z^2-\xi^2)$$
$$=\log g(\xi)-\frac{\xi}{2}-\lambda(\xi)(z^2-\xi^2) \tag{8.26}$$

对于任意 ξ 值，都有：

$$\lambda(\xi)=\frac{\mathrm{d}q(\xi)}{\mathrm{d}(\xi^2)}=\frac{1}{4\xi}\cdot\frac{\mathrm{e}^{\xi/2}-\mathrm{e}^{-\xi/2}}{\mathrm{e}^{\xi/2}+\mathrm{e}^{-\xi/2}}=\frac{1}{4\xi}\tanh\left(\frac{\xi}{2}\right) \tag{8.27}$$

这个下界对于任意的 ξ 都成立，并且当 $\xi^2=z^2$ 时，等号成立。令 ξ_{ij} 为每次观测到的 y_{ij} 的变分参数，令 $s_{ij}=b(\boldsymbol{x}_{ij})+\alpha_i+\beta_j+\boldsymbol{u}_i'\boldsymbol{v}_j$。利用公式（8.26）的下界，我们得到了在公式（8.19）中定义的完整数据的对数似然的一个下界：

161

$$\log L(\boldsymbol{\Theta};\boldsymbol{\Delta},\boldsymbol{y}) \geqslant \ell(\boldsymbol{\Theta};\boldsymbol{\Delta},\boldsymbol{y},\boldsymbol{\xi})$$
$$=\sum_{ij}\left(\log f(\xi_{ij})+\frac{(2y_{ij}-1)s_{ij}-\xi_{ij}}{2}-\lambda(\xi_{ij})(s_{ij}^2-\xi_{ij}^2)\right)+\log\Pr(\boldsymbol{\Delta}\mid\boldsymbol{\Theta}) \tag{8.28}$$

其中 $\log\Pr(\boldsymbol{\Delta}\mid\boldsymbol{\Theta})$ 包含了公式（8.19）的最后四行。注意，$\ell(\boldsymbol{\Theta};\boldsymbol{\Delta},\boldsymbol{y},\boldsymbol{\xi})$ 可以写成与高斯模型相似的形式：

$$\ell(\boldsymbol{\Theta};\boldsymbol{\Delta},\boldsymbol{y},\boldsymbol{\xi})=\sum_{ij}-\frac{(r_{ij}-s_{ij})^2}{2\sigma_{ij}^2}+\log\Pr(\boldsymbol{\Delta}\mid\boldsymbol{\Theta})+c(\boldsymbol{\xi})$$
$$r_{ij}=\frac{2y_{ij}-1}{4\lambda(\xi_{ij})},\quad \sigma_{ij}^2=\frac{1}{2\lambda(\xi_{ij})} \tag{8.29}$$

其中 $c(\boldsymbol{\xi})$ 是一个只与 ξ_{ij} 相关的函数。这里的 r_{ij} 可以看成是方差为 σ_{ij}^2 的高斯响应。

现在，只要把 EM 算法中的 $\log L(\boldsymbol{\Theta};\boldsymbol{\Delta},\boldsymbol{y})$ 替换成 $\ell(\boldsymbol{\Theta};\boldsymbol{\Delta},\boldsymbol{y},\boldsymbol{\xi})$ 就能得到变分 EM 算法。令 $\hat{\boldsymbol{\Theta}}^{(t)}$ 和 $\hat{\xi}^{(t)}$ 为第 t 次迭代开始时 $\boldsymbol{\Theta}$ 和 $\boldsymbol{\xi}$ 的估计值。我们可以令所有 ξ_{ij} 的初始值为 1。在第 t 次迭代，执行以下步骤：

1. E 步骤：根据公式（8.29）计算 $E_{(\boldsymbol{\Delta}\mid\boldsymbol{y},\hat{\boldsymbol{\Theta}}^{(t)},\hat{\xi}^{(t)})}[\ell(\boldsymbol{\Theta};\boldsymbol{\Delta},\boldsymbol{y},\boldsymbol{\xi})]$，这与以 r_{ij} 为响应，σ_{ij}^2 为观测方差的高斯模型的 E 步骤一样。

2. M 步骤：求解 $\hat{\boldsymbol{\Theta}}^{(t+1)}$ 和 $\hat{\xi}^{(t+1)}$：

$$(\hat{\boldsymbol{\Theta}}^{(t+1)},\hat{\xi}^{(t+1)})=\arg\max_{(\boldsymbol{\Theta},\boldsymbol{\xi})}E_{(\boldsymbol{\Delta}\mid\boldsymbol{y},\hat{\boldsymbol{\Theta}}^{(t)},\hat{\xi}^{(t)})}[\ell(\boldsymbol{\Theta};\boldsymbol{\Delta},\boldsymbol{y},\boldsymbol{\xi})] \tag{8.30}$$

变分 E 步骤

E 步骤执行过程如下。给定利用 $\hat{\xi}_{ij}^{(t)}$ 计算出来的伪高斯观测 (r_{ij},σ_{ij}^2)，重复以下步骤 L 次，采样 L 个 $\boldsymbol{\Delta}$ 的样本：

1. 对每个用户 i，从 $(\alpha_i \mid \text{Rest})$ 的高斯后验中采样 α_i：

$$\text{令} o_{ij} = r_{ij} - b(x_{ij}) - \beta_j - \boldsymbol{u}_i'\boldsymbol{v}_j$$

$$\text{Var}[\alpha_i|\text{Rest}] = \left(\frac{1}{\sigma_\alpha^2} + \sum_{j\in\mathcal{J}_i}\frac{1}{\sigma_{ij}^2}\right)^{-1}$$

$$E[\alpha_i \mid \text{Rest}] = \text{Var}[\alpha_i \mid \text{Rest}]\left(\frac{g(x_i)}{\sigma_\alpha^2} + \sum_{j\in\mathcal{J}_i}\frac{o_{ij}}{\sigma_{ij}^2}\right) \tag{8.31}$$

2. 对每件物品 j，用与采样 α_i 类似的方式采样 β_j。 162
3. 对每个用户 i，从 $(\boldsymbol{u}_i \mid \text{Rest})$ 的高斯后验中采样 $\boldsymbol{u}_i$：

$$\text{令} o_{ij} = r_{ij} - b(x_{ij}) - \alpha_i - \beta_j$$

$$\text{Var}[\boldsymbol{u}_i|\text{Rest}] = \left(\frac{1}{\sigma_u^2}I + \sum_{j\in\mathcal{J}_i}\frac{\boldsymbol{v}_j\boldsymbol{v}_j'}{\sigma_{ij}^2}\right)^{-1}$$

$$E[\boldsymbol{u}_i \mid \text{Rest}] = \text{Var}[\boldsymbol{u}_i \mid \text{Rest}]\left(\frac{1}{\sigma_u^2}G(x_i) + \sum_{j\in\mathcal{J}_i}\frac{o_{ij}\boldsymbol{v}_j}{\sigma_{ij}^2}\right) \tag{8.32}$$

4. 对每件物品 j，用与采样 $\boldsymbol{u}_i$ 类似的方式采样 $\boldsymbol{v}_j$。

变分 M 步骤

除了增加了 $b(x_{ij})$ 的回归之外，变分 M 步骤与高斯响应的 M 步骤是一样的，因为只有 b 与逻辑似然相关。除了 b，我们也需要更新变分参数 ξ。实际上，b 的估计不能与 ξ 的估计完全地分离开。因此，重复以下两步直至收敛。

b 的回归。利用公式（8.29）找到 b 的一个新估计，它包括在公式（8.29）的 s_{ij} 中。很容易发现，b 的最优解可以通过求解一个具有以下设置的回归问题获得：

- 特征向量：$\boldsymbol{x}_{ij}$
- 预测响应：$(r_{ij} - \hat{\alpha}_i - \hat{\beta}_j - \tilde{E}[\boldsymbol{u}_i'\boldsymbol{v}_j])$，其中 r_{ij} 是根据 ξ_{ij} 的前一次估计得到的。
- 权重：$1/\sigma_{ij}^2$，基于 ξ_{ij} 的前一次估计得到。

ξ 的估计。利用公式（8.28）找到 ξ_{ij} 的一个新估计：

$$\begin{aligned}
&\frac{\mathrm{d}}{\mathrm{d}\xi_{ij}}\tilde{E}[\ell(\boldsymbol{\Theta};\boldsymbol{\Delta},\boldsymbol{y},\xi)] \\
&= \frac{\mathrm{d}}{\mathrm{d}\xi_{ij}}\log f(\xi_{ij}) - \frac{1}{2} - (\tilde{E}[s_{ij}^2] - \xi_{ij}^2)\frac{\mathrm{d}\lambda(\xi_{ij})}{\mathrm{d}\xi_{ij}} + 2\lambda(\xi_{ij})\xi_{ij} \\
&= \frac{1}{2} + \frac{\mathrm{d}}{\mathrm{d}\xi_{ij}}q(\xi_{ij}) - \frac{1}{2} - (\tilde{E}[s_{ij}^2] - \xi_{ij}^2)\frac{\mathrm{d}\lambda(\xi_{ij})}{\mathrm{d}\xi_{ij}} + 2\lambda(\xi_{ij})\xi_{ij} \\
&= -(\tilde{E}[s_{ij}^2] - \xi_{ij}^2)\frac{\mathrm{d}\lambda(\xi_{ij})}{\mathrm{d}\xi_{ij}}
\end{aligned} \tag{8.33}$$

163

在 $\xi_{ij}^2 = \tilde{E}[s_{ij}^2]$ 处取到最大值。因此，我们令：

$$\hat{\xi}_{ij}^{(t+1)} = \sqrt{\tilde{E}[s_{ij}^2]} = \sqrt{(b(\boldsymbol{x}_{ij}) + \hat{\alpha}_i + \hat{\beta}_j + \tilde{E}[\boldsymbol{u}_i'\boldsymbol{v}_j])^2 + \mathrm{V\tilde{a}r}[s_{ij}]} \tag{8.34}$$

其中 b 是关于 b 的回归问题的解。

8.3　冷启动效果展示

我们在本节展示先验为线性回归的 RLFM 在两个标准电影数据集（MovieLens 和 EachMovie）和雅虎首页数据集上的性能。对于电影数据集，我们用流行的均方根误差（RMSE）作为性能指标；对于雅虎数据集，我们用 ROC 曲线。

方法。将 RLFM 与以下方法进行比较评估：

- FactorOnly 和 FeatureOnly 是 RLFM 的特例。
- MostPopular 是一种为测试集中的用户推荐训练集中最热门物品的基准方法。
- FilterBot(Park,2006）是一种处理冷启动协同过滤的混合方法。根据全局流行度、电影类型和 11 个用户组的组内流行度，我们设计了 13 个过滤器。其中，11 个用户组的组内流行度是根据年龄、性别，以及一个基于物品的算法（Herlocker，1999）定义的。

我们还尝试了一些其他的协同过滤算法（包括单纯的物品间相似度、用户间相似度以及基于回归的算法）。因为 FilterBot 一致比这些算法好，所以我们只报告与这个基准算法比较的结果。

MovieLens 数据集。我们分别在两个 MovieLens 数据集上进行了实验：MovieLens-100K 数据集，包含 943 个用户对 1682 部电影打出的 100K 条评分数据；MovieLens-1M 数据集，包含 6040 个用户对 3706 部电影（虽然 readme 文件中提到的是 3900 部电影）打出的 1M 条评分数据。用户特征包括年龄、性别、邮编（我们只采用第 1 个数字）以及职业。物品特征包括电影类别。MovieLens-100K 具有 5 个预先确定的训练 – 测试划分，用于五折交叉验证。我们报告当 r=5 时，RLFM、FactorOnly 和 FeatureOnly 在这个数据集上的 RMSE。这些数据的测试集中没有新的用户和物品。RLFM 获得的相
164 对于 FactorOnly 的效果提升完全是因为基于特征的先验所带来的更好的正则化（参见图 8-1 的示例）。

然而，基于随机划分法来测试方法可能会出现用未来数据预测历史数据的情况，这与真实场景不相符，因为真实场景中的目标是预测未来出现的用户 – 物品对的评分。一个更真实的训练 – 测试划分应该是基于时间的。因此，对于 MovieLens-1M 数据集，我们报告基于时间划分的数据上的结果，这更符合真实场景。我们把最后 25% 的评分数据作为测试集，然后在三个训练集上训练各个模型，三个训练集分别由前 30%、60% 和

75% 的评分数据构成。各个模型在测试集上的 RMSE 列在表 8-1 中。

表 8-1 MovieLens 和 EachMovie 测试集上的 RMSE

模型	MovieLens-1M			EachMovie		
	30%	60%	75%	30%	60%	75%
RLFM	0.9742	0.9528	0.9363	1.281	1.214	1.193
FactorOnly	0.9862	0.9614	0.9422	1.260	1.217	1.197
FeatureOnly	1.0923	1.0914	1.0906	1.277	1.272	1.266
FilterBot	0.9821	0.9648	0.9517	1.300	1.225	1.199
MostPopular	0.9831	0.9744	0.9726	1.300	1.227	1.205
Constant Model	1.118	1.123	1.119	1.306	1.302	1.298
Dyn-RLFM			0.9258			1.182

	RLFM	FactorOnly	FeatureOnly
MovieLens-100K	0.8956	0.9064	1.0968

单纯的基于特征的模型 FeatureOnly 的性能较差（虽然比常量模型更好）。而实际上，物品流行度模型比 FeatureOnly 更好。FactorOnly 模型优于所有我们实验过的现有的协同过滤方法。基于因子且利用特征和物品流行度对因子正则化的 RLFM 明显优于所有其他静态方法。测试集中大部分用户 – 物品对（接近 56%）都涉及新用户，而大部分物品是已有的。动态 RLFM 自适应地估计新用户的因子，其中，因子基于特征的先验进行初始化，相比静态 RLFM 模型，我们在预测准确率上获得了一个明显的提升。

EachMovie 数据集。EachMovie 数据集与 MovieLens 数据集很相似，但是噪声远超 MovieLens 数据集（在该数据集上，常量模型的 RMSE 接近于最优模型），因为大部分用户遗失了一个或更多特征。该数据集包含了 72 916 个用户对 1628 部电影打出的 2 811 983 条评分数据。对数据集进行清洗后剩下 2 559 107 条有效评分（权值为 1 的评分数据），然后将评分线性归一化至 0 到 5 区间。我们采取与 MovieLens-1M 同样的方式生成训练 – 测试划分。各模型在测试集上的 RMSE 结果见表 8-1。结果本质上与 MovieLens 类似。RLFM 提供了一个最佳的离线训练模型。RLFM 的动态版本明显优于其他所有的模型。 165

雅虎首页数据集。如之前章节中介绍过的，雅虎首页的今日模块上有一些板块，其中 Featured 板块的功能是为每次用户访问推荐四篇新闻报道。我们的目标是设计一个算法，通过为每个用户推荐相关报道来最大化点击数。这个应用中的报道的生命周期很短（通常少于一天），并且出于可扩展性的原因，模型只能以离线的形式定期进行重新训练。因此，当一个离线训练的模型部署完成后，几乎所有的报道（以及大部分用户）都是新的。而经典的协同过滤算法假设训练集中的报道已经有一些用户评分，所以不能应用于这个场景。能够同时利用特征和用户历史评分的模型是很有优势的。在给定的任意时间内，系统中都只有少量存活的物品，因此，在线更新物品隐因子是一种极具吸引力的提升性能的方法。我们在 Y!FP 数据集上评估推荐算法的性能。该数据集包含 1 909 525 条二值评分（点击或没有任何后续点击的浏览），产生于 30 635 个活跃的雅虎用户（每个用户在 5 个月内至少有 30 条评分）和 4316 篇报道。用户特征包括年龄、性别、地理位置和依据用户在雅虎门户上的广泛活动（搜索、广告点击、页面浏览，订阅等）推测出的浏览行为。根据用户最近的活动模式，在几千种内容类别中给他们分配一个强度分数。通过对训练数据进行主成分分析，我们把这些特征减少到几百个。物品特征是编辑分配给报道的手工标签。

Y!FP 上的结果。如图 8-3 所示，每个模型都明显优于为所有示例预测常数分数的模型（这个模型的 ROC 曲线是一条直线）。在这个应用中，几乎所有出现在测试集中的物品都是新的，因此对于 FactorOnly 来说，物品因子 (β_j, v_j) 是零，唯一的贡献来自于
166 用户活跃度 α_i。因此，仅基于用户点击倾向性的预测模型比单纯的基于特征的模型表现更好。静态 RLFM 模型利用了细粒度的用户画像和物品特征，明显优于 FactorOnly，这也意味着数据中存在强烈的用户 – 物品交互信息。至于其他数据集，RLFM 的动态版本以在线的方式估计新物品的物品画像 (β_j, v_j)，是粒度最细的模型，因而性能也最好（见图 8-3）。

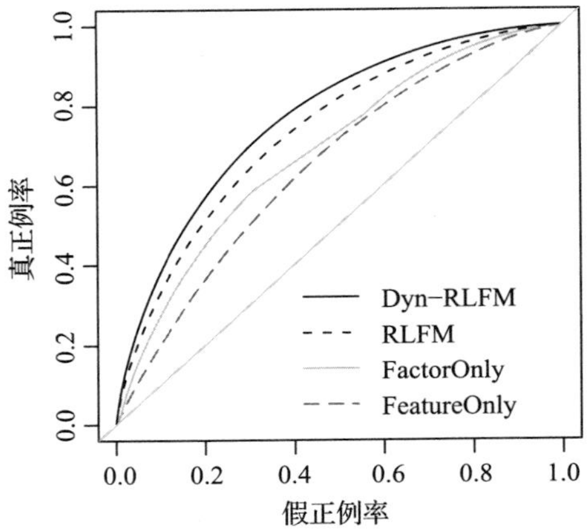

图 8-3　不同方法在 Y!FP 数据集上的 ROC 曲线

实验结果的讨论。我们观察到，单纯的基于特征的模型没有那些基于用户 – 物品确切统计量的模型好。也就是说，当特征具有预测性且与历史交互数据在模型中结合后，能大幅提升准确率。因子的在线更新也很重要，因为大部分实际应用是动态的。我们认为未来这个领域的工作应该利用基于时间的划分来评估算法，从而获得算法性能的可靠估计。常用的评估方式不使用基于时间的划分，因此最好只为长期的用户 - 物品对提供性能参考。

8.4　时间敏感物品的大规模推荐

RLFM 可用于解决大规模时间敏感的推荐问题。在 8.4.1 节中，我们将讨论在线学习的应用，即新物品（或用户）会频繁增加或者是物品（或用户）的行为会随时间而改变。在 8.4.2 节中，我们会提供一个拟合 RLFM 的算法，以解决数据量太大造成的无法将数据存入一台计算机内存的问题。 167

8.4.1　在线学习

在线学习的应用方式与第 7 章中介绍的方法类似。

定期离线训练。我们可以定期（如一天一次）利用大量数据（如过去三个月收集的数据）重新训练 RLFM 模型。如果数据可以在一台计算机上处理，我们就用 8.2 节介绍的拟合算法。否则，我们用将在 8.4.2 节介绍的并行拟合算法。离线训练过程的输出包含以下几个部分：

- 回归函数：b、g、G、h、H。
- 先验方差：σ_α^2、σ_β^2、σ_u^2、σ_v^2。
- 因子的后验均值：$\hat{\alpha}_i$、$\hat{\beta}_j$、$\hat{\boldsymbol{u}}_i$、$\hat{\boldsymbol{v}}_j$。
- 因子的后验方差：如果我们需要用户的在线模型，$\tilde{\mathrm{Var}}[\alpha_i]$、$\tilde{\mathrm{Var}}[\boldsymbol{u}_i]$、$\tilde{\mathrm{Cov}}[\alpha_i, \boldsymbol{u}_i]$；如果我们需要物品的在线模型，$\tilde{\mathrm{Var}}[\beta_j]$、$\tilde{\mathrm{Var}}[\boldsymbol{v}_j]$、$\tilde{\mathrm{Cov}}[\beta_j, \boldsymbol{v}_j]$。这些方差和协方差可以从 8.2.1 节和 8.2.2 节的 Monte-Carlo E 步骤的 Gibbs 采样中获得。

物品的在线模型。如果新的物品频繁地加入内容池或者物品的生命周期很短，又或者它们的行为（如新颖性、流行度）会随时间改变，那么可以选择为每件物品 j 建立一个在线模型。令 $o_{ijt} = b(\boldsymbol{x}_{ijt}) + \alpha_i$，在特征向量 $\boldsymbol{x}_{ijt}$ 上我们增加了时间下标 t，意味着它可能与时间相关。如果物品 j 出现在训练数据中，那么它的在线模型的先验均值和方差来源于离线模型的后验均值和方差，即：

$$\mu_{j0} = (\beta_j, \boldsymbol{v}_j) \text{（拼接一个常数和一个向量）}$$
$$\sum_{j0} = \begin{bmatrix} \tilde{\mathrm{Var}}[\beta_j] & \tilde{\mathrm{Cov}}[\beta_j, \boldsymbol{v}_j] \\ \tilde{\mathrm{Cov}}[\beta_j, \boldsymbol{v}_j] & \tilde{\mathrm{Var}}[\boldsymbol{v}_j] \end{bmatrix} \tag{8.35}$$

如果物品 j 是一件没有在训练数据中出现的新物品，那么它的在线模型的先验均值和方差由基于特征的回归给出，即：

$$\mu_{j0} = (h(\boldsymbol{x}_j), H(\boldsymbol{x}_j))$$
$$\Sigma_{j0} = \begin{bmatrix} \sigma_\beta^2 & 0 \\ 0 & \sigma_u^2 \boldsymbol{I} \end{bmatrix} \tag{8.36}$$ 168

在线高斯模型可以表示成：

$$
\begin{aligned}
y_{ijt} &\sim N(o_{ijt} + \boldsymbol{u}_i'\boldsymbol{v}_{jt}, \sigma^2), i \in \mathcal{I}_{jt} \\
\boldsymbol{v}_{jt} &\sim N(\boldsymbol{\mu}_{j,t-1}, \rho\boldsymbol{\Sigma}_{j,t-1})
\end{aligned}
\tag{8.37}
$$

其中 y_{ijt} 是用户 i 在时间 t 对物品 j 做出的响应，$\mathcal{I}_{jt}$ 为在时间 t 对物品 j 做出响应的所有用户的集合。在线逻辑模型可以类似地表示成：

$$
\begin{aligned}
y_{ijt} &\sim \text{Bernoulli}(p_{ijt}), i \in \mathcal{I}_{jt} \\
\log\frac{p_{ijt}}{1-p_{ijt}} &= o_{ijt} + \boldsymbol{u}_i'\boldsymbol{v}_{jt} \\
\boldsymbol{v}_{jt} &\sim N(\boldsymbol{\mu}_{j,t-1}, \rho\boldsymbol{\Sigma}_{j,t-1})
\end{aligned}
\tag{8.38}
$$

这两类模型可以用 7.3 节介绍的方法拟合。

用户的在线模型。如果用户的兴趣会随时间缓慢变化，同时离线训练也频繁进行（如按天），那么我们可能不需要为用户设置在线模型，因为通常用户在短时间内不会对很多物品做出响应。在这种情况下，在训练数据中出现的用户的因子就是离线训练中用户因子的后验均值（即 $\hat{\alpha}_i$ 和 $\hat{\boldsymbol{u}}_i$），没有出现在训练数据中的新用户的因子则利用基于特征的回归进行预测（即 $g(\boldsymbol{x}_i)$ 和 $G(\boldsymbol{x}_i)$）。如果确实需要用户的在线模型，也可以用类似物品在线模型的方式学到。

8.4.2　并行拟合算法

分布式集群中的大规模数据无法存放在单台计算机中，因此 8.2 节介绍的拟合算法不适用。在本节中，我们提供了一个在 MapReduce 框架下的拟合策略。首先，运用分治法将数据划分成几个小部分，然后在每个小部分运行 MCEM 获得 $\boldsymbol{\Theta}$ 的估计；接着对所有小部分上获得的 $\boldsymbol{\Theta}$ 估计求平均，得到最后的 $\boldsymbol{\Theta}$ 的估计；最后，给定固定的 $\boldsymbol{\Theta}$，进行 n 次集成运行（即设置不同的随机种子对数据重新进行 n 次划分），对于每次重新划分，我们只在所有小部分上运行 E 步骤，然后对所有结果取平均获得最终的 $\boldsymbol{\Delta}$ 的估计。
169 算法 8.1 中列出了这个过程。

划分数据。我们在研究期间进行的真实详尽的实验表明，模型性能与 MapReduce 阶段的数据划分策略密不可分，特别是在数据稀疏的情况下。所以，随机划分观测数据这种简单的策略可能会导致预测准确率较低。在流行的网站中，用户数通常比物品数多。因此，对于大部分用户来说，每个用户可用的观测数很少，而一件普通物品的样本量通常比一个普通用户的样本量要大。在这种情况下，我们建议根据用户来划分数据，因为这能保证同一个用户的所有数据属于同一个划分，进而获得更可靠的用户因子估计。同样，当物品数比用户数多时，我们建议根据物品来划分数据。观察利用变分近似得到的用户因子 $\boldsymbol{u}_i$ 的条件方差可以获得一个直观的解释：

$\text{Var}[\boldsymbol{u}_i \mid \text{Rest}]=\left(\frac{1}{\sigma_u^2}I+\sum_{j\in\mathcal{J}_i}\frac{\boldsymbol{v}_j\boldsymbol{v}_j'}{\sigma_{ij}^2}\right)^{-1}$。假设此时物品因子已知（或估计得很准确），如果用户数据被划分成几个部分，那么划分后的数据的平均信息增益（逆方差）就是所有单个划分的信息增益的调和平均。未划分数据的信息增益可以写成所有单个信息增益的算术平均值。因为算术平均值比调和平均值要小，因此利用划分估计用户因子时的信息损失就是调和平均和算术平均的差值。当划分中的信息很微弱时，这个差距就会增加，因此，对于稀疏的用户（物品）数据，需要谨慎地按照用户（物品）划分数据。 170

算法 8.1　并行矩阵分解

初始化 $\boldsymbol{\Theta}$ 和 $\boldsymbol{\Delta}$。
使用随机数种子 s_0 将数据划分成 m 个部分。
for 并行运行的每个部分 $\ell\in\{1,\cdots,m\}$ **do**
　运行 MCEM 算法，进行 K 次迭代，利用 VAR 或 ARS 得到每个划分 ℓ 上的 $\boldsymbol{\Theta}$ 的估计 $\hat{\boldsymbol{\Theta}}_\ell$。
end for
令 $\hat{\boldsymbol{\Theta}}=\frac{1}{m}\sum_{\ell=1}^{m}\hat{\boldsymbol{\Theta}}_\ell$
for $k=1$ to n 并行运行 **do**
　使用随机数种子 s_k 将数据划分成 m 个部分。
　for 每个并行运行的部分 $\ell\in\{1,\cdots,m\}$ **do**
　　给定 $\hat{\boldsymbol{\Theta}}$，仅运行 E 步骤，获得第 ℓ 部分中所有用户和所有物品的后验样本均值 $\hat{\boldsymbol{\Delta}}_{k\ell}$。
　end for
end for
对于每个用户 i，取所有包含用户 i 的 $\hat{\boldsymbol{\Delta}}_{k\ell}$ 的平均值，得到 $\hat{\alpha}_i$ 和 $\hat{\boldsymbol{u}}_i$。
对于每件物品 j，取所有包含物品 j 的 $\hat{\boldsymbol{\Delta}}_{k\ell}$ 的平均值，得到 $\hat{\beta}_j$ 和 $\hat{\boldsymbol{v}}_j$。

$\boldsymbol{\Theta}$ 的估计。从每个随机划分中获得的 $\boldsymbol{\Theta}$ 估计是无偏的。在每个划分上拟合一个模型，然后对 M 步骤的参数 $\hat{\boldsymbol{\Theta}}_\ell$（对 $\ell=1,\cdots,m$）求平均，得到的估计仍然是无偏的，并且因为随机划分使得各估计参数之间缺少正相关性，所以方差也很小。在运行 MCEM 算法之前，所有划分的 $\boldsymbol{\Theta}$ 的初始值都是相同的。我们以均值为 0 的先验开始，即 $g(x_i)=h(x_j)=0, G(x_i)=H(x_j)=0$。为了提升参数估计的准确性，可能会综合所有划分的参数，进行另一轮 MCEM 迭代，即重新划分数据，利用已经获得的 $\hat{\boldsymbol{\Theta}}$ 作为 $\boldsymbol{\Theta}$ 的初始值，在每个划分上进行另一轮 MCEM 迭代以获得 $\boldsymbol{\Theta}$ 新的估计。然而，在实际中我们观察到，迭代地运行这个过程不会使预测准确率明显地提升，反而增加了复杂度和训练时间。

$\boldsymbol{\Delta}$ 的估计。对于集成中的每次运行，设置不同的随机种子来划分数据很关键，这样才能使每个划分的用户和物品的混合集在每次运行中都不同。给定 $\hat{\boldsymbol{\Theta}}$，对于集成中的每次运行，在每个划分中只运行一次，E 步骤通过求平均获得最终的用户因子和物品因子。同样地，随机划分能保证来自集成的每次运行的估计是不相关的，并且通过求平均减小了方差。

可辨识性问题

中心化之后，实际上模型仍然是无法确定的，有以下两点原因：

1. 因为 $\boldsymbol{u}_i'\boldsymbol{v}_j = (-\boldsymbol{u}_i)'(-\boldsymbol{v}_j)$，交换 $\boldsymbol{u}$ 和 $\boldsymbol{v}$ 的符号（以及对应的冷启动参数）不会改变对数似然。

2. 对于两个因子 u_{ik}、v_{jk} 和 u_{il}、v_{jl}，同时交换 u_{ik} 和 u_{il}，v_{jk} 和 v_{jl}，以及对应的冷启动参数，也不会改变对数似然。

在实验中我们发现，这些可辨识性问题在小数据集上都不是问题，特别是单机运行。然而，对于大规模数据集，例如雅虎首页数据，当 G 和 H 被定义为线性回归函数
171 时，我们观察到，对于执行 MCEM 步骤之后的每个划分，我们获得的 G 和 H 的拟合值有很大不同，导致在所有划分上取平均后，G 和 H 的结果系数矩阵几乎都变为 0。因此在大规模数据上拟合并行矩阵分解时，可辨识性问题很严重。

解决方案。对于问题 1，在物品因子 $\boldsymbol{v}$ 上增加限制，使它总为正。这可以通过在自适应拒绝采样中简单地设置一个采样下界来实现（即总是采样正数）。采用这种方式后，我们不再需要对 $\boldsymbol{v}$ 中心化。对于问题 2，首先令 $\sigma_v^2 = 1$，然后将 $\boldsymbol{u}_i$ 的先验从 $N(G(x_i), \sigma_u^2 I)$ 变成 $N(G(x_i), \Sigma_u)$，其中 Σ_u 是一个对角方差矩阵，且对角值满足 $\sigma_{u1} \geqslant \sigma_{u2} \geqslant \cdots \geqslant \sigma_{ur}$。模型拟合是很类似的，只是在执行完每个 M 步骤后，我们需要按照拟合的 $\sigma_{uk}(k = 1, \cdots, r)$ 将所有因子重新排序以满足限制。

8.5 大规模问题效果展示

我们对提出的方法进行评估是为了回答以下两个主要问题：（1）处理二值响应的不同方法的比较结果如何？（2）不同的方法在真实的大规模 Web 推荐系统中的表现如何？对于第一个问题，我们在由公开的 MovieLens-1M 数据集生成的均衡和非均衡二值数据集上比较变分近似、自适应拒绝采样和随机梯度下降方法。对于第二个问题，首先为了在单机拟合场景下进行比较，我们使用雅虎首页今日模块上的一小部分活跃用户样本来评估各个方法的预测性能。然后在从今日模块中收集的大规模非均衡二值响应数据上利用最近提出的无偏离线评估方法（Li 等人，2011）提供完整的端到端的评估，这种方式测量出的性能提升能够近似在线点击性能的提升。详细内容请参考 4.4 节。

方法。考虑以下几种不同的模型和拟合方法。在整个实验过程中，所有方法的用户和物品的因子数都为 10：

- FEAT-ONLY：我们把仅使用特征的分解模型 FEAT-ONLY（feature-only）作为基准模型。具体模型如下：

$$s_{ij} = b(x_{ij}) + g(x_i) + h(x_j) + G(x_i)'H(x_j)$$

其中 g、h、G 和 H 是未知的回归函数，需要在每个划分上利用标准共轭梯度下降方法拟合，然后对所有划分的估计求平均得到 g、h、G 和 H 的估计值，不需要集成运行。 172

- MCEM-VAR：矩阵分解模型，在 MCEM 算法中用变分近似拟合。
- MCEM-ARS：矩阵分解模型，在 MCEM 算法的 E 步骤中用中心化的自适应拒绝采样算法拟合。
- MCEM-ARSID：矩阵分解模型，在 MCEM 算法的 E 步骤中用中心化的自适应拒绝采样算法拟合，不同的是在物品特征 $\boldsymbol{v}$ 和 $\boldsymbol{u}$ 的有序对角先验协方差矩阵中融入了正值限制（详情请参见 8.4.2 节）。
- SGD：一种流行的利用随机梯度下降拟合近似分解模型的方法，我们从 Charkrabarty 等人的文章（日期不详）中获得了 SGD 的代码，模型如下：

$$s_{ij}=(\alpha_i+\boldsymbol{u}_i+\boldsymbol{U}\boldsymbol{x}_i)'(\beta_j+\boldsymbol{v}_j+\boldsymbol{V}\boldsymbol{x}_j)$$

其中 $\boldsymbol{U}$ 和 $\boldsymbol{V}$ 是用于冷启动的未知的系数矩阵，目的是将特征向量 x_i 和 x_j 映射到 r 维隐式空间。对于链系函数为逻辑函数的二值响应，SGD 最小化下面的损失函数：

$$\sum_{ij} y_{ij}\log(1+\exp(-s_{ij}))+\sum_{ij}(1-y_{ij})\log(1+\exp(s_{ij}))$$
$$+\lambda_u\sum_i\|\boldsymbol{u}_i\|^2+\lambda_v\sum_j\|\boldsymbol{v}_j\|^2+\lambda_U\|\boldsymbol{U}\|^2+\lambda_V\|\boldsymbol{V}\|^2$$

其中 λ_u、λ_v、λ_U 和 λ_V 是调优参数，$\|\boldsymbol{U}\|$ 和 $\|\boldsymbol{V}\|$ 是 Frobenius 范数。因为代码没有并行化，所以我们只在小规模数据集上进行实验。在实验中，我们令 $\lambda_u=\lambda_v=\lambda_U=\lambda_V=\lambda$，其中 λ 的取值范围为 0、10^{-6}、10^{-5}、10^{-4} 和 10^{-3}。我们也可以尝试调节学习率，如 10^{-5}、10^{-4}、10^{-3}、10^{-2} 和 10^{-1}。

在 FEAT-ONLY、MCEM-VAR、MCEM-ARS 和 MCEM-ARSID 中，将 g、h、G 和 H 设为线性回归函数。

8.5.1　MovieLens-1M 数据

首先我们比较三种方法（MCEM-VAR、MCEM-ARS 和 SGD）在标准的 MovieLens-1M 数据集上拟合二值响应的性能。

数据。根据评分记录的时间戳创建训练 – 测试划分，将前 75% 的评分作为训练数据，剩余的 25% 作为测试集，这种划分方式会将很多新用户（即冷启动）引入测试数据。为了研究不同的方法如何处理正响应稀疏程度不同的二值响应，考虑两种不同的创建二值响应的方法：（1）当且仅当原始 5 星评分值为 1 时，令响应值为 1，否则为 0。以此方式构建非均衡数据集，该数据集的正响应大约占 5%；（2）如果原始评分值是 1、2 或 3，令响应值为 1，否则为 0，以此方式构建均衡数据集。这个数据集的正响应大约占 44%。依据 ROC 曲线下的面积（AUC）报告 SGD、MCEM-VAR 和 MCEM-ARS 在两个数据集上的预测性能，结果列在表 8-2 中。

表 8-2　不同的方法在非均衡和均衡 MovieLens 数据集上的 AUC

方法	划分数①	AUC	
		非均衡	均衡
SGD	1	0.8090	0.7413
MCEM-VAR	1	0.8138	0.7576
MCEM-ARS	1	0.8195	0.7563
MCEM-VAR	2	0.7614	0.7599
	5	0.7191	0.7538
	15	0.6584	0.7421
MCEM-ARS	2	0.8194	0.7622
	5	0.7971	0.7597
	15	0.7775	0.7493

①表示单机运行。

比较 MCEM-ARS 和 MCEM-VAR。从表 8-2 中可以看出，MCEM-ARS 和 MCEM-VAR 的性能相似，并且在单机运行时（即 #partitions = 1）都比 SGD 好一些。当在多台计算机上运行时（划分数从 2 到 15），MCEM-ARS 和 MCEM-VAR 在均衡数据集上的性能相似，但是在非均衡数据集上，随着划分数的增加（导致数据稀疏度增加），MCEM-
173～174 VAR 的性能变差很多。其实可以预料到性能会随着划分数的增加而变差，因为划分越多，每个划分的数据就越少，从而导致每个划分的模型准确率降低。

与 SGD 比较。为了使 SGD 获得好的性能，不得不大范围地尝试不同取值的调优参数和学习速率。而我们的方法不需要这种调参，因为所有的超参数都能通过 EM 算法得到。尝试不同取值的调优参数的计算耗费很大，并且相比 EM 算法，这种方式在探索参数空间上的效率也很低。当我们尽最大努力在测试数据上调参后，SGD 在 $\lambda=10^{-3}$、learning rate $=10^{-2}$ 时达到了最好的性能 0.8090。对于均衡数据，SGD 在 $\lambda=10^{-6}$、learning rate $=10^{-3}$，时达到了最好的性能 0.7413。即使在测试数据上调节 SGD，SGD 在均衡和非均衡数据集上最好的 AUC 数值仍然比 MCEM-VAR 和 MCEM-ARS 差一些（这两种方法都没有利用测试数据调节训练阶段的任何参数）。

8.5.2　小规模雅虎首页数据

现在，我们在 8.3 节讨论过的雅虎首页数据集（Y!FP）上对不同的方法进行评估。数据集中的观测记录已经按照时间戳排好了序，将前 75% 的记录用作训练数据，剩余的 25% 用作测试数据。因为原始的用户特征集很大，所以我们利用主成分分析对其进行降维，最后，我们得到大约 100 个数值型用户特征。在这个数据集中，正响应占比接近 50%，因此这是一个均衡数据集。

单机结果。FEAT-ONLY、MCEM-VAR、MCEM-ARS 和 MCEM-ARSID 在单机上运行（即划分为 1）的 AUC 性能在表 8-3 中。MCEM-VAR、MCEM-ARS、MCEM-ARSID 和 SGD 都明显优于 FEAT-ONLY，因为这些模型允许暖启动用户因子（在训练阶段有数据的用户）偏离单纯的基于特征的预测，以更好地拟合数据。相反，因为测试数据包含很多新用户和新物品，冷启动场景的处理仍然很重要。对于这个数据集，相比利用 0 均值先验因子的矩阵分解模型，MCEM-VAR 的性能提升很明显，而这种矩阵分解模型广泛应用于推荐系统问题，例如，Netflix。MCEM-VAR、MCEM-ARS 和 MCEM-ARSID 的性能很相似。这表明对于均衡数据集，不同的拟合逻辑模型的方法的性能很相似。MCEM-ARSID 比 MCEM-ARS 表现差一点，因为在物品因子 $\boldsymbol{v}$ 上增加限制会降低 MCEM-ARSID 的灵活性。我们把关于 MCEM-ARSID 何时能提供优异性能的讨论推后到 8.5.3 节。 175

表 8-3　不同方法在小规模雅虎首页数据集上的 AUC

方法	划分数①	划分方式	AUC
FEAT-ONLY	1	—	0.6781
SGD	1	—	0.7252
MCEM-VAR	1	—	0.7374
MCEM-ARS	1	—	0.7364
MCEM-ARSID	1	—	0.7283
MCEM-ARS	2	User	0.7280
	5	User	0.7227
	15	User	0.7178
MCEM-ARSID	2	User	0.7294
	5	User	0.7172
	15	User	0.7133
	15	Event	0.6924
	15	Item	0.6917

①表示单机运行。

与 SGD 比较。与我们在 8.5.1 节看到的类似，即使 SGD 在测试数据上进行了调参，最好的 AUC 是 0.7252（在 $\lambda=10^{-6}$，learning rate $=10^{-3}$ 时达到），还是比单机运行的 MCEM-VAR、MCEM-ARS 和 MCEM-ARSID 差一些。

划分数。当 MCEM-ARS 和 MCEM-ARSID（二者的集成运行数都为 10）的划分数增加时，我们观察到预期中的性能下降，因为随着划分的增加，每个划分的数据减少，这通常会降低划分的模型的准确率。然而，在那么小的数据集上即使划分数为 15，MCEM-ARS 和 MCEM-ARSID（基于用户的划分）仍然明显优于 FEAT-ONLY。通常来说，增加划分数会提升计算效率但也常常会导致性能更差。在实验中我们观察到，对于大规模数据集，$2N$ 划分的计算时间大约是 N 划分的一半。因此在计算预算一定的情况下，我们尽可能用更少的划分。

不同的划分方法。在表 8-3 中，我们也展示了使用不同划分数和各种划分方法的并行算法 MCEM-ARSID（集成运行 10 次）的性能。就像在 8.4.2 节中提到的，基于用户
176 来划分数据比基于事件或基于物品更好，因为在应用中，数据集中的用户通常比物品更多，因此基于用户的划分的稀疏度会更低。

8.5.3　大规模雅虎首页数据

我们利用无偏评估方法估计期望的点击提升来展示并行算法在大规模雅虎首页数据集上的性能。

数据。训练数据收集自 2011 年 6 月的雅虎首页今日模块，而测试数据收集自 2011 年 7 月。训练数据包含今日模块中至少有 10 次点击的用户的所有页面浏览，共 800 万用户，大约 4300 件物品以及 100 万条二值观测。为了消除评估算法时的选择偏差，测试数据收集自随机选择的一组用户群，即对于每次用户访问，从内容池中随机挑选一篇文章并展示在 F_1 位置。在训练期间出现的老用户和新用户的随机桶总共包含大约 240 万次点击。

每个用户都有 124 个行为特征，反映了用户在整个雅虎网络上多种多样的行为活动。每件物品都有 43 种编辑手动标记的类别。F_1 上文章链接的一次点击是一个正观测，而没有后续点击的浏览就是一个负观测。这里的正响应占比相较于小规模数据集要低得多，因此，大规模数据集的稀疏度和非均衡性的增加带来了额外的挑战。

实验设置。因为今日模块上的文章的生命周期很短（6 到 24 小时），测试阶段中几乎所有的物品都是新的，因此我们将对物品运用在线模型。

无偏评估。这一系列实验的目的是最大化总点击数。接下来我们会对评估指标进行简要的介绍。

对于每个五分钟的时间间隔 t，执行以下操作：

1. 在该模型下，对于 t 内的每个事件，计算池中所有文章的预测 CTR。可以使用 t 之前的所有数据进行估计。

2. 对于 t 内的每个事件，从当前池中选择预测概率最高的一篇文章 $j*$。如果记录数
177 据中用于服务的文章与 $j*$ 匹配，那么记录下这次匹配事件，否则忽略它。

最后，根据记录的事件计算 CTR 指标，这些估计是无偏的（Li 等，2011）。因为随机桶中的每篇文章都以相等的概率展示给用户，因此对于任意模型，浏览匹配事件数预计应该相同。而能更好地优化 CTR 的模型可以匹配更多的点击事件。我们可以从这些匹配事件中计算总体 CTR，然后根据这些指标比较不同的模型。对于大规模数据，就像我们的情况一样，匹配事件的总体 CTR 指标的方差很小。在实验中报告的所有差值的 p 值都很小，因此在统计意义上结果是显著的。

两个基准方法。为了展示基于因子的用户特征在雅虎首页个性化内容上的优异性

能，我们实现了两个基于用户在首页上的历史交互生成用户特征的基准方法：

- ITEM-PROFILE：利用训练数据，挑选 1000 个浏览量最高的物品。构建一个 1000 维的二值用户画像向量来指示用户在训练期间是否点击了这些物品（1 是点击，0 是未点击）。对于没有在训练数据中出现的冷启动用户，二值画像向量的元素都为 0。
- CATEGORY-PROFILE：因为在这个数据集中，每件物品都有 43 个指示物品所属类别的二值特征，利用下面的方式构建用户类别偏好画像：对于每个用户 i 和类别 k，记观测到的浏览数为 v_{ik}，点击数为 c_{ik}。我们可以从训练数据中获得每种类别的全局 CTR，记为 γ_k。之后将 c_{ik} 建模为 $c_{ik} \sim \text{Poisson}(v_{ik}\gamma_k\lambda_{ik})$，其中 λ_{ik} 是未知的用户类别偏好参数。假定 λ_{ik} 有一个 Gamma 先验 $\text{Gamma}(a,a)$，因此 λ_{ik} 的后验变成 $(\lambda_{ik} \mid v_{ik}, c_{ik}) \sim \text{Gamma}(c_{ik}+a, v_{ik}\gamma_k+a)$。利用后验均值的对数，即 $\log\left(\dfrac{c_{ik}+a}{v_{ik}\gamma_k+a}\right)$，作为用户 i 在类别 k 上的画像特征值。注意，如果我们没有观测到用户 i 和类别 k 的任何数据，那么特征值就为 0。变量 a 是一个调节先验样本大小的参数，可以通过交叉验证获得。尝试 a=1、5、10、15 和 20，我们发现对于这个数据集，a=10 是最优值。

实验结果。通过报告相较于仅使用用户行为（BT）特征 $\boldsymbol{x}_{it}$ 的在线逻辑模型的点击提升来评估所有方法，其中，点击提升是通过无偏评估获得的。仅使用行为（BT）特征的在线逻辑模型没有融入用户与物品的历史交互，因此其在活跃用户上的性能还有很大的提升空间。在表 8-4 中，我们对总体提升、暖启动提升（训练集中出现的用户）和冷启动提升（新用户）进行了总结。所有模型都有了提升，但是对于冷启动，MCEM-ARSID 的性能最好，对于暖启动，MCEM-ARS 的性能最好。我们观察到 MCEM-ARS 在冷启动用户上没有提升，原因就是 8.4.2 节提到的可辨识性问题。虽然在物品因子上增加正值限制导致 MCEM-ARSID 的性能相比 MCEM-ARS 有了轻微下降，但是可辨识性问题被很好地解决了，从而在冷启动用户上表现最佳。MCEM-VAR 的性能比 CATEGORY-PROFILE 差，特别是在暖启动情况下。我们也观察到，集成技巧的使用让结果有了提升，通过比较 MCEM-ARSID 的 1 次集成运行和 10 次集成运行可以得到这个结论。 178

表 8-4　相较于仅使用用户行为特征（BT）的模型，各方法的总体点击提升

方法	集成运行数	总体（%）	暖启动（%）	冷启动（%）
ITEM-PROFILE	—	3.0	14.1	−1.6
CATEGORY-PROFILE	—	6.0	20.0	0.3
MCEM-VAR	10	5.6	18.7	0.2
MCEM-ARS	10	7.4	26.8	−0.5
MCEM-ARSID	1	9.1	24.6	2.8
MCEM-ARSID	10	9.7	26.3	2.9

基于训练阶段今日模块上的用户行为，为了深入调查算法在不同程度的暖启动情况下的性能，观察图 8-4 中在今日模块不同活跃水平上的点击提升。根据测试集用户在训练集中的点击数把测试集中的用户划分成几段。和预期一样，我们看到一个单调的趋势：更活跃的用户利用在今日模块上的先验行为数据，其个性化程度更高。从图 8-4 中可以看出，MCEM-ARSID 在所有用户分段上一致地比 CATEGORY-PROFILE 和 ITEM-PROFILE 都要好。比较 MCEM-ARSID、MCEM-ARS 和 MCEM-VAR 的性能，我们发现 MCEM-VAR 比 MCEM-ARS 和 MCEM-ARSID 差很多。

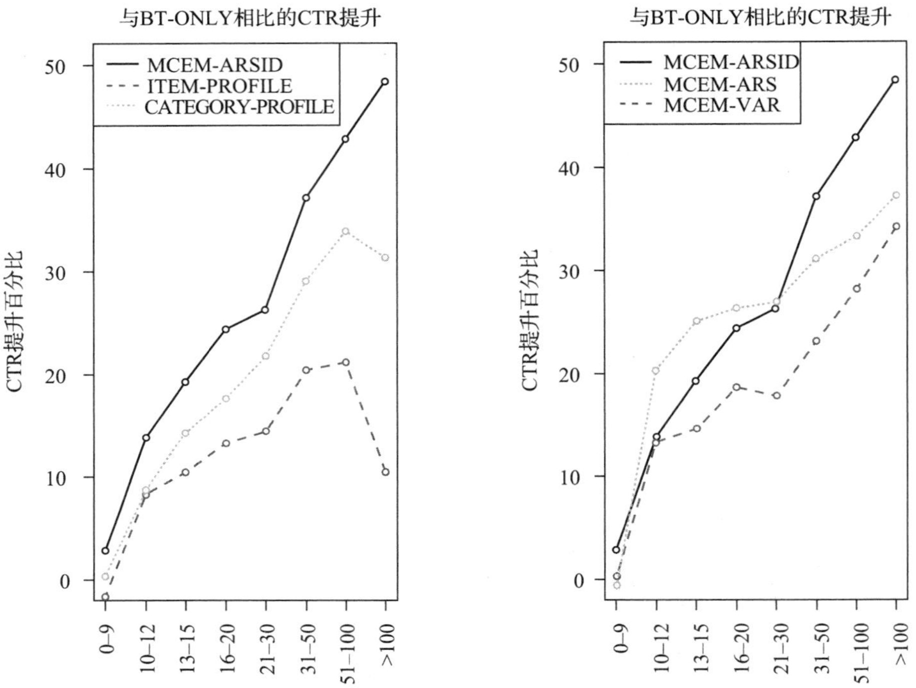

图 8-4　相较于仅使用用户行为特征（BT）的模型，各方法在不同用户段上的点击提升。用户段是根据训练集的点击数生成的

变分近似的潜在问题。为了调查 MCEM-VAR 在稀疏数据上的问题，我们在图 8-5 中测试了因子估计，图中展示了 MCEM-VAR 和 MCEM-ARS 在 30 次 EM 迭代后拟合的 $\boldsymbol{u}_i$ 和 $\boldsymbol{v}_j$ 的直方图，两种方法的因子数都为 10，划分数都为 400。当 MCEM-VAR 和 MCEM-ARS 拟合的用户因子取值范围相似时，变分近似产生的物品因子比 MCEM-ARS 产生的物品因子小约一个数量级。事实上这个现象很令人惊讶，这表明当 MCEM-VAR 拟合稀疏响应时，有过度压缩因子估计的倾向。这也解释了当二值响应变得稀少时，为什么 MCEM-VAR 的性能会下降。因此，在处理稀疏响应时，变分近似似乎会导致过多的压缩。

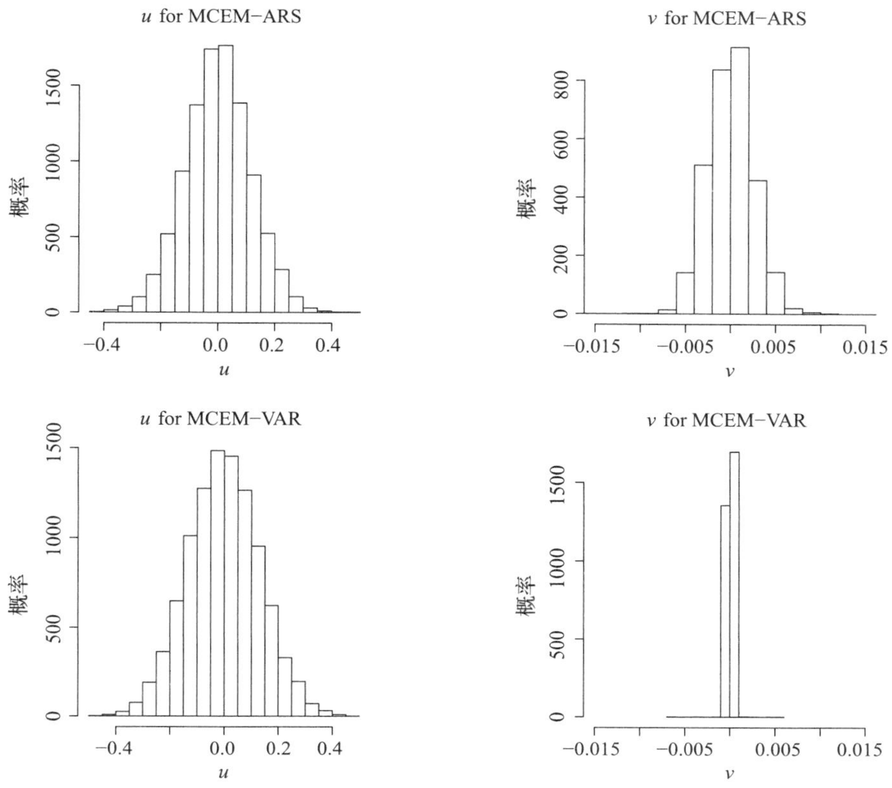

图 8-5　MCEM-VAR 和 MCEM-ARS 在 30 次 MCEM 迭代后拟合的 $\boldsymbol{u}_i$ 和 $\boldsymbol{v}_j$ 的直方图，两种方法的因子数都为 10，划分数都为 400

8.5.4　结果讨论

实验清楚地表明，二值响应的分解以及利用分治策略将方法扩展至 Hadoop 框架涉及几个细节问题。在可以利用单机拟合模型的情况下，所有方法在均衡二值响应上的表现都一样好，之前的大量工作都是基于这类场景开展研究的。

对于高度不均衡的数据，MCEM-VAR 的性能有下降的倾向，因此在这种情况下我们不建议使用它。在仔细调节了学习率和正则化参数的情况下 SGD 的效果很好，但是我们不建议这种方法，除非调参过程特别严格。即使进行了调参，SGD 还是比 MCEM 方法差，因此如果可能的话，我们建议使用 MCEM。对于单机 MCEM，在 MCEM-ARSID 上增加正值限制会损失性能，因为它增加了额外的限制。因此，我们不建议使用它，相反，我们建议拟合 MCEM-ARS。

当利用分治拟合 MapReduce 时，情况又不同了。因为因子模型是多模态的，不同的划分可能会收敛到一个非常不同的回归估计，因此，这可能导致性能很差。这里我们强烈建议尽所有可能的努力通过 MCEM-ARSID 增加可辨识性以及同步初始化。我们也建议运用集成技巧，因为它只用到了 E 步骤，不会增加太多计算。我们不鼓励使用 179~181

MCEM-VAR，因为当数据非常稀疏时，它的性能较差。

8.6 小结

在 Web 应用程序中使用混合方法是非常普遍的，因为这些方法可以同时使用历史响应和特征来为冷启动和暖启动场景提供良好且实用的解决方案。我们提出了一个灵活的基于双线性隐因子模型的概率框架，结果令人满意。虽然概率特性很容易让它应用于合理的探索与利用过程，例如 Thompson 抽样，但用户和物品估计的不确定性带来了新的挑战，需要进一步研究。

8.7 练习

182 证明公式（8.18）。我们能否得到有解析解的 u_i 的边际方差？

第三部分

进阶主题

第 9 章

Statistical Methods for Recommender Systems

基于隐含狄利克雷分布的分解

9.1 简介

在第 8 章中，我们介绍了 RLFM——一个用乘积函数 $\boldsymbol{u}_i'\boldsymbol{v}_j$ 捕捉用户与物品交互的双线性隐因子模型。$\boldsymbol{u}_i$ 和 $\boldsymbol{v}_j$ 分别是未知的用户 i 和物品 j 的向量（通常称为隐因子）。隐因子存在于欧几里得空间中，由高斯先验正则化，先验均值由一个基于用户特征和物品特征的回归函数确定。这样一来，RLFM 就把冷启动和暖启动融入了一个单一的建模框架。在本章中，我们将介绍一个新的因子模型，叫作分解的隐含狄利克雷分布（factorized Latent Dirichlet Allocation，fLDA），该模型的任务是同时在物品和用户响应中融入丰富的词袋类特征以提升预测准确率，这类任务在内容推荐、广告和 Web 搜索等 Web 应用中很常见。需要注意的是，上下文中的“单词”是一种通用术语，可以表示短语、实体或其他元素。实验表明，当物品包含主题建模所需的文本元数据时，与当前最先进的因子模型相比，fLDA 模型能达到更高的准确率。并且还有另一个好处，可解释的物品主题有利于对推荐进行解释。我们还证明了当物品元数据不那么充足或者存在噪声时，这个方法的准确率仍然与当前最先进的因子模型不相上下，但是模型拟合的运算比 RLFM 更复杂。

fLDA 的主要思想是让用户因子（或画像）在欧几里得空间中取值，就像在 RLFM 中一样，但与之不同的是，fLDA 利用基于 LDA（Blei 等，2003）的更丰富的先验给物品因子赋值。具体来说，我们将用户 i 和物品 j 之间的关联度建模成 $u_i'\bar{z}_j$，其中 $\bar{z}_j$ 是多项式概率向量，代表物品 j 在 K 个不同隐主题上的隶属度，u_i 表示用户 i 与这些主题的 183~185 关联度。LDA 的主要思想是先为一件物品的每个单词关联一个离散的隐因子，其中隐因子有 K 种不同的取值（K 个主题），然后取物品所有单词的平均主题作为物品最终的主题。因此，如果一篇新闻报道有 80% 的单词属于政治类，其他单词属于教育类，我们可以认为它是政治类文章，但它也可能与教育问题有关。因为 fLDA 中的隐因子数很多，所以正则化很关键。在 LDA 中，正则化先对单词和主题的关联性以及物品和主题的关联性建模，然后对每件物品取所有单词的平均主题。在 fLDA 中，我们在确定物品主题时也可以把用户对物品的响应作为附加信息源考虑进来。实际上，物品上的响应会影响全局单词 - 主题关联性矩阵的估计，而该矩阵反过来又会影响每件物品中的单词上不同主题的局部分配。例如，如果很多用户对提及单词“Obama”的政治类文章有很积极的响应，那么在 fLDA 中，这些文章可能会形成一个独立的主题。这种情况可能不会在无监督的 LDA 中出现，因为在无监督的 LDA 中，主题的形成只受单词出现次数的影响。用户对所有包含单词“Obama”的文章做出的数量惊人的积极响应促使这类文章聚集到一起，以增强观测到响应的可能性。实际上，我们也可以认为响应为物品中不同单词与重要性分数的关联提供了额外的信息，关键就是 fLDA 从数据中自动学习这些分数的能力。我们也注意到，对物品做出响应的用户的隐式画像在确定物品主题上发挥了重要的作用，反之亦然。fLDA 和其他有监督的 LDA 如 sLDA（Blei 和 McAuliffe, 2008）的不同之处在于，fLDA 能同时估计用户画像和主题属性。虽然 sLDA 在确定 LDA 主题时也融入了响应变量，但它利用的是全局回归，相反，fLDA 是对每个用户进行局部回归。

fLDA 中物品的主题表征具有可解释性，这有利于对提供给用户的推荐进行解释。对于容易理解的主题，可以将用户因子看成为 LDA 主题提供兴趣画像。在 9.2 节中，我们将定义 fLDA 模型，然后在 9.3 节中介绍模型训练算法。在 9.4 节中，我们将展示实验结果，之后在 9.5 节中对文献进行简要回顾，最后在 9.6 节中对本章进行总结。

9.2 模型

我们在本节定义 fLDA 模型。从模型概述开始，将其与该领域其他现有的工作进行区分，之后是详细的数学描述。 186

9.2.1 模型概述

与前面的章节一样，我们用 (i, j) 表示一个用户 – 物品对，y_{ij} 为响应。我们关注这样一个场景，即每件物品都有一个适用于无监督主题模型的自然词袋表征。毫无疑问，这种情况在 Web 应用的推荐问题中无处不在。

我们的预测方法基于在训练数据上拟合的两阶段的分层混合效应模型。将隐因子 $(\alpha_i, \boldsymbol{u}_i^{r\times1})$ 与用户 i 关联，将 $(\beta_j, \bar{\boldsymbol{z}}_j^{r\times1})$ 与物品 j 关联，物品因子 $\bar{\boldsymbol{z}}_j$ 是通过对 $\{z_{jn}\}$ 求平均得到的：

$$\bar{\boldsymbol{z}}_j = \sum_{n=1}^{W_j} \frac{z_{jn}}{W_j}$$

其中 z_{jn} 是与物品 j 的第 n 个单词关联的离散隐因子（有 r 种可能的主题），w_j 为物品 j 的单词数。fLDA 与因子模型（如 RLFM）的一个关键不同之处在于，因子模型是将 r 个连续的隐因子 $\boldsymbol{v}_j^{r\times1}$ 与每件物品关联。注意，z_{jn} 既可以表示一个有 r 个可能取值的离散变量，也可以表示一个长度为 r 的向量，且向量中只有一个元素为 1，其他元素都为 0。

fLDA 模型确定了响应和单词的生成过程，分为两个阶段。第一个阶段确定响应 y_{ij} 与隐因子的条件关系。实际上，y_{ij} 的均值（或均值的单调函数）可以通过易解释的因子的双线性函数 $\alpha_i+\beta_j+\boldsymbol{u}_i'\bar{\boldsymbol{z}}_j$ 与隐因子联系起来，其中 α_i 为用户 i 的偏差，β_j 为物品偏差，表示物品 j 的全局流行度，向量 $\bar{\boldsymbol{z}}_j$ 为物品 j 在 r 个主题上的（经验）概率分布，向量 $\boldsymbol{u}_i$ 量化了用户 i 与每个主题的关联度。

主要的建模挑战是对捕捉用户与物品交互的乘积项 $\boldsymbol{u}_i'\bar{\boldsymbol{z}}_j$ 的估计。实际上，应用中的数据是不完整的（通常，在所有可能的用户–物品对中，只有 1%～5% 的用户–物品对存在可用的响应）。因此，即使主题数 r 很小，隐因子的估计也不可能是可靠的。第二
187 阶段利用先验对因子施加限制，降低有效自由度，从而使性能提升。

问题的症结在于要确定这样的一个先验，因为第一阶段的模型太灵活，容易过拟合数据。因子模型假设用户因子和物品因子都在 r 维欧几里得空间取值，利用 L_2 范数的限制，或者等价地说，一个均值为 0 的高斯先验，约束了因子的取值。第 8 章的基于回归的隐因子模型（RLFM）通过在用户（物品）特征上对因子值进行回归，放宽了对先验的限制，从而获得了一个灵活的均值。Yu 等（2009）经过深入研究，提出利用特征的非线性核函数来正则化因子。这些方法除了能提供更好的正则化，还有助于在冷启动场景下达到更好的预测性能。

虽然 fLDA 模型假设用户因子仍然是在欧几里得空间取值，但是它与上述模型的思路是相似的，物品因子是离散的，具有 r 种可能的取值（主题）。另外，我们还为物品中的每个单词关联了一个隐主题，并且假设所有单词的平均主题可以表示捕捉用户–物品交互的物品主题。在单词层面上的细粒度的主题是利用用户响应和物品的 LDA 先验进行正则化的。

9.2.2　模型详解

在本节中，我们将详细介绍 fLDA。从符号定义开始介绍。

符号。与之前一样，i 表示用户，j 表示物品。我们用 k 表示物品的主题，n 表示物品中的一个单词。令 M、N、r 和 W 分别表示用户数、物品数、主题数和物品语料库中不同单词的个数。我们用 W_j 表示物品的长度，即物品 j 的单词数。与之前的章节一样，$\boldsymbol{x}_i$、$\boldsymbol{x}_j$ 和 $\boldsymbol{x}_{ij}$ 分别表示用户 i、物品 j 以及用户–物品对（i，j）的特征。除了 $\boldsymbol{x}_j$ 之外，物品还有一个词袋向量 $\boldsymbol{W}_j$，其中 w_{jn} 为物品 j 中的第 n 个单词（$n=1,\cdots,W_j$）。

第一阶段的观测模型。第一阶段的观测模型确定在隐因子和主题条件下响应的分布：

- 对于高斯模型，连续响应 $y_{ij}\sim\mathcal{N}(\mu_{ij},\sigma^2)$，其中 $\log\left(\dfrac{\mu_{ij}}{1-\mu_{ij}}\right)=\boldsymbol{x}_{ij}'\boldsymbol{b}+\alpha_i+\beta_j+\boldsymbol{u}_i'\bar{\boldsymbol{z}}_j$。

- 对于逻辑模型，二值响应 $y_{ij} \sim \text{Bernoulli}(\mu_{ij})$，其中 $\log\left(\frac{\mu_{ij}}{1-\mu_{ij}}\right) = \boldsymbol{x}_{ij}'\boldsymbol{b} + \alpha_i + \beta_j + \boldsymbol{u}_i'\bar{\boldsymbol{z}}_j$。 188

注意，$\boldsymbol{b}$ 是特征 $\boldsymbol{x}_{ij}$ 的回归权重向量，α_i、β_j、$\boldsymbol{u}_i$ 和 $\boldsymbol{z}_{jn}$ 是未知的隐因子。物品 j 中的每个单词 w_{jn} 都有一个潜在的隐主题 z_{jn}，并且 $\bar{\boldsymbol{z}}_j = \sum_{n=1}^{W_j} \frac{z_{jn}}{W_j}$ 表示对物品 j 的所有单词的主题分布取平均得到的物品 j 主题的经验分布（z_{jn} 是长度为 K 的零向量，如果 z_{jn} 表示主题 k，那么 z_{jn} 的第 k 个位置为 1）。在常见的应用中，$\boldsymbol{b}$ 是一个维度很小的全局参数，因此不需要进一步正则化。

第二阶段的状态模型。第二阶段的状态模型确定在特征 $[\{\boldsymbol{x}_i\},\{\boldsymbol{x}_j\},\{w_{jn}\}]$ 条件下隐因子 $[\{\alpha_i\},\{\beta_j\},\{\boldsymbol{u}_i\},\{z_{jn}\}]$ 的先验分布。假定因子的分布在统计意义上是独立的，即

$$[\{\alpha_i\},\{\beta_j\},\{\boldsymbol{u}_i\},\{z_{jn}\}] = \left(\prod_i [\alpha_i] \prod_j [\beta_j] \prod_i [\boldsymbol{u}_i]\right) \cdot [\{z_{jn}\}]$$

先验如下：

1. 用户偏差 $\alpha_i = \boldsymbol{g}_0'\boldsymbol{x}_i + \varepsilon_i^{\alpha}$，其中 $\varepsilon_i^{\alpha} \sim \mathcal{N}(0, a_{\alpha})$，$\boldsymbol{g}_0$ 是用户特征 $\boldsymbol{x}_i$ 上的回归权重向量。
2. 用户因子 $\boldsymbol{u}_i = \boldsymbol{H}\boldsymbol{x}_i + \varepsilon_i^{u}$ 是一个 $r \times 1$ 的主题关联度分数向量，其中 $\varepsilon_i^{u} \sim \mathcal{N}(\boldsymbol{0}, \boldsymbol{A}_u)$，$\boldsymbol{H}$ 是用户特征 $\boldsymbol{x}_i$ 上的回归权重矩阵。
3. 物品流行度 $\beta_j = \boldsymbol{d}_0'\boldsymbol{x}_j + \varepsilon_j^{\beta}$，其中 $\varepsilon_j^{\beta} \sim \mathcal{N}(0, a_{\beta})$，$\boldsymbol{d}_0$ 是物品特征 $\boldsymbol{x}_j$ 的权重向量。

$\{z_{jn}\}$ 的先验由 LDA 模型给出（Griffiths 和 Steyvers，2004；Blei 等，2003）。

LDA 先验。LDA 模型是一种无监督的聚类方法，当待聚类的每个元素都有一个词袋表征时，LDA 的效果很好。因此，它常对分类数据和高维稀疏数据进行聚类。LDA 在文本挖掘领域应用广泛，它为每篇文档提供主题软聚类，这些主题通常容易解释。

LDA 模型假设可以从（单词，主题）交互和（物品，主题）交互的角度对三向列联表（单词，物品，主题）中的出现概率进行建模。它假设物品的单词向量是以下列方式生成的：将每个主题 k 与在整个语料库中单词上的多项式分布 $\boldsymbol{\Phi}_k^{1\times W}$ 相关联，即 $\boldsymbol{\Phi}_{k\ell} =$ Pr[观测到的单词 ℓ | 主题 k]；也假设物品 j 在 r 个主题上的多项式分布为 $\boldsymbol{\theta}_j^{r\times 1}$，即 $\theta_{jk} =$ Pr[单词的隐主题是 k| 物品 j]。现在，建模语料库的生成式模型为 $[\{w_{jn}\},\{z_{jn}\}|$ 189
$\{\boldsymbol{\Phi}_k\},\{\boldsymbol{\theta}_j\}] \propto [\{w_{jn}\}|\{z_{jn}\},\{\boldsymbol{\Phi}_k\}]\cdot[\{z_{jn}\}|\{\boldsymbol{\theta}_j\}]$，其中：

1. $z_{jn} \mid \boldsymbol{\theta}_j \sim \text{Multinom}(\boldsymbol{\theta}_j)$，即从由文档决定的多项式分布中采样物品 j 中每个单词的隐主题。
2. $w_{jn} \mid z_{jn} \sim \text{Multinom}(\boldsymbol{\Phi}_{z_{jn}})$，即在采样物品中每个单词的隐主题后，在主题 $= \boldsymbol{z}_{jn}$ 的条件下，从由主题决定的（独立于文档的）多项式分布中采样单词。

为了正则化与高维单纯形关联的多项式概率，假设 $\theta_j \sim \text{Dirichlet}(\lambda)$， $\Phi_k \sim \text{Dirichlet}(\eta)$。这里的 λ 和 η 是对称狄利克雷先验的超参数，间接控制在后验分布 $[\bar{z}_j \mid \{w_{jn}\}]$ 中推导的熵。如果超参数很大会导致聚集难度加大，熵也会更高。狄利克雷多项式分布的共轭性使我们可以边际化 $\{\boldsymbol{\Phi}_k\}$ 和 $\{\boldsymbol{\theta}_j\}$，从而直接利用 $[\{w_{jn}\},\{z_{jn}\} \mid \eta, \lambda]$，再借助 Griffiths 和 Steyvers（2004）提出的折叠 Gibbs 采样器高效地从隐主题的后验分布中采样。在 fLDA 中，我们也可以利用边际化的先验，因为物品因子是隐主题变量 $\{z_{jn}\}$ 的函数，它与多项式概率 $\{\boldsymbol{\Phi}_k\}$ 或 $\{\boldsymbol{\theta}_j\}$ 是独立的。但 fLDA 的折叠 Gibbs 采样器的函数形式得益于第一阶段基于响应的模型的对数似然部分的贡献，因此得到多次更新（见 9.3 节）。为了方便参考，我们在表 9-1 中简单总结了两阶段模型，并在图 9-1 中给出了图示。

表 9-1　基于 LDA 的分解模型

评分	$y_{ij} \sim \mathcal{N}(\mu_{ij}, \sigma^2)$ (Gaussian) $y_{ij} \sim \text{Bernoulli}(\mu_{ij})$ (Logistic) $l(\mu_{ij}) = \boldsymbol{x}'_{ij}\boldsymbol{b} + \alpha_i + \beta_j + \boldsymbol{u}'_i\bar{\boldsymbol{z}}_j$
用户因子	$\alpha_i = \boldsymbol{g}'_0\boldsymbol{x}_i + \varepsilon_i^\alpha$，$\varepsilon_i^\alpha \sim \mathcal{N}(0, a_\alpha)$ $\boldsymbol{u}_i = \boldsymbol{H}\boldsymbol{x}_i + \varepsilon_i^u$，$\varepsilon_i^u \sim \mathcal{N}(\boldsymbol{0}, \boldsymbol{A}_u)$
物品因子	$\beta_j = \boldsymbol{d}'_0\boldsymbol{x}_j + \varepsilon_j^\beta$，$\varepsilon_j^\beta \sim \mathcal{N}(0, a_\beta)$ $\bar{z}_j = \sum_n z_{jn} / W_j$
主题模型	$\boldsymbol{\theta}_j \sim \text{Dirichle}(\lambda)$ $\boldsymbol{\Phi}_k \sim \text{Dirichle}(\eta)$ $z_{jn} \sim \text{Multinom}(\boldsymbol{\theta}_j)$ $w_{jn} \sim \text{Multinom}(\boldsymbol{\Phi}_{z_{jn}})$

190 注：对于高斯模型，$l(\mu_{ij}) = \mu_{ij}$；对于逻辑模型，$l(\mu_{ij}) = \log\dfrac{\mu_{ij}}{1-\mu_{ij}}$。

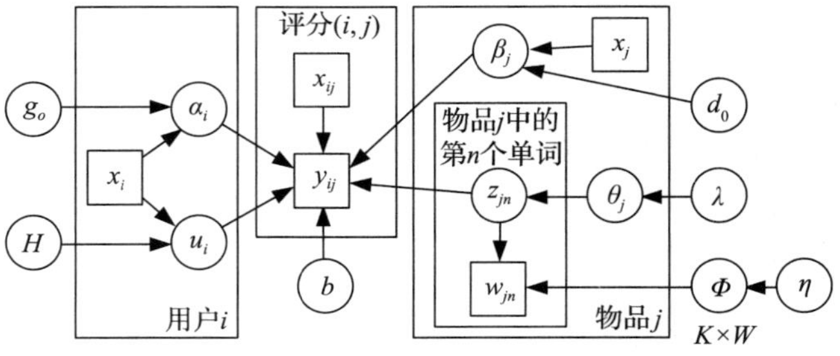

图 9-1　fLDA 图示。为了简洁，省略了方差部分（σ^2、a_α、a_β、A_s）

在本节的最后，我们简单讨论一下在第一阶段的模型中为什么选择 $\bar{\boldsymbol{z}}_j$ 而非物品多项式主题概率向量 $\boldsymbol{\theta}_j$ 来捕捉交互。最直观的原因是物品的单词隐因子的经验分布 $\bar{\boldsymbol{z}}_j$ 比 $\boldsymbol{\theta}_j$

具有更多的离散性，有利于进行更好的面向用户的回归，同时也使模型收敛更快。

9.3 训练和预测

在本节中，我们首先详细介绍基于 Monte Carlo 的最大期望算法（MCEM），然后讨论预测的过程。首先准确形式化模型训练阶段的优化问题，接着介绍 EM 算法。为了便于说明，假设第一阶段的模型是高斯模型，逻辑模型会在 9.3.1 节中讨论。

令 $\boldsymbol{X}_{ij}=[\boldsymbol{x}_i,\boldsymbol{x}_j,\boldsymbol{x}_{ij}]$ 为特征，$\boldsymbol{\Delta}_{ij}=[\alpha_i,\beta_j,\boldsymbol{u}_i]$ 为连续的隐因子，$\boldsymbol{\Theta}=[\boldsymbol{b},\boldsymbol{g}_0,\boldsymbol{d}_0,\boldsymbol{H},\sigma^2,a_\alpha,a_\beta,\boldsymbol{A}_u,\lambda,\eta]$ 为模型参数。按照惯例 $\boldsymbol{y}=\{y_{ij}\},\boldsymbol{X}=\{\boldsymbol{X}_{ij}\},\boldsymbol{\Delta}=\{\boldsymbol{\Delta}_{ij}\},\boldsymbol{z}=\{z_{jn}\},\boldsymbol{w}=\{w_{jn}\}$。

根据经验贝叶斯方法，给定观测到的响应 y 和单词 w，训练的目标是找到参数设置 $\hat{\boldsymbol{\Theta}}$，使得非完整数据的似然最大（边际化隐因子 $\boldsymbol{\Delta}$ 和 $\{z_{jn}\}$）：

$$\hat{\boldsymbol{\Theta}}=\arg\max_{\boldsymbol{\Theta}}\Pr[\boldsymbol{y},\boldsymbol{w}\,|\,\boldsymbol{\Theta},\boldsymbol{X}]$$

优化非完整数据的似然得到 $\boldsymbol{\Theta}$ 的最优值后，便可以利用后验 $[\boldsymbol{\Delta},\{\boldsymbol{z}_{jn}\}\,|\,\boldsymbol{y},\boldsymbol{w},\hat{\boldsymbol{\Theta}},\boldsymbol{X}]$ 进行推理和预测。191

9.3.1 模型拟合

EM 算法（Dempster 等，1977）非常适合拟合因子模型，这时候的因子便作为缺失数据补充到观测数据，完整数据的对数似然则为观测数据（第一阶段）似然和状态模型（第二阶段）似然的乘积。EM 算法在 E 步骤和 M 步骤之间迭代，E 步骤是在观测数据和 $\boldsymbol{\Theta}$ 的当前值条件下关于缺失数据后验（$\boldsymbol{\Delta}$，$\{z_{jn}\}$）的完整数据的似然的期望，M 步骤是最大化来自 E 步骤的期望完整数据似然，以获得 $\boldsymbol{\Theta}$ 的更新值。在每次迭代中，要保证 EM 算法不会让非完整数据的对数似然的值变差。主要的运算瓶颈在 E 步骤，因为因子的后验都不具有解析解。所以，我们需要借助 Monte Carlo 方法。从后验中采样，然后在 E 步骤中取 Monte Carlo 均值近似期望，这便是 Monte Carlo EM（MCEM）算法（Booth 和 Hobert，1999）。或者还可以运用变分近似来推导期望的解析解，或运用条件迭代模式（ICM）算法把期望的计算替换成插入条件分布的众数。但根据我们的经验以及其他研究（Salakhutdinov 和 Mnih，2008），通常采样会提供更好的预测准确率，同时仍然具有可扩展性。采用这种方式的一个原因是后验的高度多模态特性，并且根据我们的经验，采样可以保证我们不会陷入局部极小值。事实上，我们发现，即使因子数越来越多，采样也能抵抗过拟合，而模式发现方法可能会导致过拟合（Agarwal 和 Chen，2009），因此，本节的重点是 MCEM 算法。

令 $LL(\boldsymbol{\Theta};\boldsymbol{\Delta},\boldsymbol{z},\boldsymbol{y},\boldsymbol{w},\boldsymbol{X})=\log(\Pr[\boldsymbol{\Delta},\boldsymbol{z},\boldsymbol{y},\boldsymbol{w}\,|\,\boldsymbol{\Theta},\boldsymbol{X}])$ 为完整数据的对数似然，$\hat{\boldsymbol{\Theta}}^{(t)}$ 为第 t 次迭代中 $\boldsymbol{\Theta}$ 的当前估计。EM 算法迭代以下两步直至收敛：

1. E 步骤：计算 $\boldsymbol{\Theta}$ 的函数 $E_{\Delta,z}[LL(\boldsymbol{\Theta};\boldsymbol{\Delta},\boldsymbol{z},\boldsymbol{y},\boldsymbol{w},\boldsymbol{X})\,|\,\hat{\boldsymbol{\Theta}}^{(t)}]$，其中期望取自 $(\boldsymbol{\Delta},\boldsymbol{z}\,|\,\hat{\boldsymbol{\Theta}}^{(t)},\boldsymbol{y},\boldsymbol{w},\boldsymbol{X})$ 的后验分布。

2. M 步骤：找到 $\boldsymbol{\Theta}$ 以最大化在 E 步骤中计算的期望：

192 $$\hat{\boldsymbol{\Theta}}^{(t+1)}=\arg\max_{\boldsymbol{\Theta}} E_{\Delta,z}\,[LL(\boldsymbol{\Theta};\boldsymbol{\Delta},\boldsymbol{z},\boldsymbol{y},\boldsymbol{w},\boldsymbol{X})\,|\,\hat{\boldsymbol{\Theta}}^{(t)}]$$

Monte Carlo E 步骤

因为 $E_{\Delta,z}[LL(\boldsymbol{\Theta};\boldsymbol{\Delta},\boldsymbol{z},\boldsymbol{y},\boldsymbol{w},\boldsymbol{X})\,|\,\hat{\boldsymbol{\Theta}}^{(t)}]$ 没有解析解，我们需要根据 Gibbs 采样器（Gelfand，1995）生成的 L 个样本计算 Monte Carlo 期望。Gibbs 采样器重复以下步骤 L 次。接下来，我们把 $(\delta\,|\,\text{Rest})$ 记为给定其他参数条件下 δ 的条件分布，其中 δ 可以是 α_i、β_j、$\boldsymbol{u}_i$ 和 $\boldsymbol{z}_{jn}$ 中的任意一个。令 $\mathcal{I}_j$ 为对物品 j 做出响应的用户集合，$\mathcal{J}_i$ 为用户做出响应的物品集合。

1. 对于每个用户 i，从高斯分布 $(\alpha_i\,|\,\text{Rest})$ 中采样 α_i：

$$\text{令} o_{ij}=y_{ij}-\boldsymbol{x}_{ij}'\boldsymbol{b}-\beta_j-\boldsymbol{u}_i'\bar{\boldsymbol{z}}_j$$

$$\text{Var}[\alpha_i\,|\,\text{Rest}]=\left(\frac{1}{a_\alpha}+\sum_{j\in\mathcal{J}_i}\frac{1}{\sigma^2}\right)^{-1}$$

$$E[\alpha_i\,|\,\text{Rest}]=\text{Var}[\alpha_i\,|\,\text{Rest}]\left(\frac{\boldsymbol{g}_0'\boldsymbol{x}_i}{a_\alpha}+\sum_{j\in\mathcal{J}_i}\frac{o_{ij}}{\sigma^2}\right)$$

2. 对于每件物品 j，从高斯分布 $(\beta_j\,|\,\text{Rest})$ 中采样 β_j：

$$\text{令} o_{ij}=y_{ij}-\boldsymbol{x}_{ij}'\boldsymbol{b}-\alpha_i-\boldsymbol{u}_i'\bar{\boldsymbol{z}}_j$$

$$\text{Var}[\beta_j\,|\,\text{Rest}]=\left(\frac{1}{a_\beta}+\sum_{i\in\mathcal{I}_j}\frac{1}{\sigma^2}\right)^{-1}$$

$$E[\beta_j\,|\,\text{Rest}]=\text{Var}[\beta_j\,|\,\text{Rest}]\left(\frac{\boldsymbol{d}_0'\boldsymbol{x}_j}{a_\beta}+\sum_{i\in\mathcal{I}_j}\frac{o_{ij}}{\sigma^2}\right)$$

3. 对于每个用户 i，从高斯分布 $(\boldsymbol{u}_i\,|\,\text{Rest})$ 中采样 $\boldsymbol{u}_i$：

$$\text{令} o_{ij}=y_{ij}-\boldsymbol{x}_{ij}'\boldsymbol{b}-\alpha_i-\beta_j$$

$$\text{Var}[\boldsymbol{u}_i\,|\,\text{Rest}]=\left(\boldsymbol{A}_u^{-1}+\sum_{j\in\mathcal{J}_i}\frac{\bar{\boldsymbol{z}}_j\bar{\boldsymbol{z}}_j'}{\sigma^2}\right)^{-1}$$

$$E[\boldsymbol{u}_i\,|\,\text{Rest}]=\text{Var}[\boldsymbol{u}_i\,|\,\text{Rest}]\left(\boldsymbol{A}_u^{-1}\boldsymbol{H}\boldsymbol{x}_i+\sum_{j\in\mathcal{J}_i}\frac{o_{ij}\bar{\boldsymbol{z}}_j}{\sigma^2}\right)$$

4. 对于每件物品 j 以及物品 j 中的每个单词 n，从多项式分布 $(z_{jn}\,|\,\text{Rest})$ 中采样 z_{jn}。假

193 设与 z_{jn} 对应的单词是 $w_{jn}=\ell$。令 $z_{j'k\ell}^{\neg jn}$ 为物品 j' 中单词 ℓ 属于除 z_{jn} 外的主题 k 的次数，

即

$$Z_{jk\ell}^{\neg jn} = \sum_{n' \neq n} \mathbf{1}\{z_{jn'} = k, w_{jn'} = \ell\}$$
$$Z_{j'k\ell}^{\neg jn} = \sum_{n'} \mathbf{1}\{z_{j'n'} = k, w_{j'n'} = \ell\}, \; j' \neq j$$

那么，多项式概率为

$$\Pr[z_{jn} = k \mid \text{Rest}] \propto \frac{Z_{k\ell}^{\neg jn} + \eta}{Z_k^{\neg jn} + W\eta} (Z_{jk}^{\neg jn} + \lambda_k) g(y)$$

其中 $Z_{k\ell}^{\neg jn} = \sum_{j'} Z_{j'k\ell}^{\neg jn}, Z_k^{\neg jn} = \sum_{\ell} Z_{k\ell}^{\neg jn}, Z_{jk}^{\neg jn} = \sum_{\ell} Z_{jk\ell}^{\neg jn}$。令 $o_{ij} = y_{ij} - \boldsymbol{x}_{ij}'\boldsymbol{b} - \alpha_i - \beta_j$，

$$g(y) = \exp\left\{ \bar{z}_j' \boldsymbol{B}_j - \frac{1}{2} \bar{z}_j' \boldsymbol{C}_j \bar{z}_j \right\}$$
$$\boldsymbol{B}_j = \sum_{i \in \mathcal{I}_j} \frac{o_{ij} \boldsymbol{u}_i}{\sigma^2}, \boldsymbol{C}_j = \sum_{i \in \mathcal{I}_j} \frac{\boldsymbol{u}_i \boldsymbol{u}_i'}{\sigma^2}$$

注意，这里的 $\bar{z}_j = \sum_{n'} z_{jn'} / W_j$ 是令 z_{jn} 为主题 k 时物品 j 的经验主题分布。

接下来，推导公式 $\Pr[z_{jn} = k \mid \text{Rest}]$。令 $\boldsymbol{z}_{\neg jn}$ 为除去 z_{jn} 的 $\boldsymbol{z}$，$w_{jn} = \ell$。我们得到：

$$\Pr[z_{jn} = k \mid \text{Rest}] \propto \Pr[z_{jn} = k, \boldsymbol{y} \mid \boldsymbol{z}_{\neg jn}, \boldsymbol{\Delta}, \hat{\boldsymbol{\Theta}}^{(t)}, \boldsymbol{w}, \boldsymbol{X}]$$
$$\propto \Pr[z_{jn} = k \mid \boldsymbol{w}, \boldsymbol{z}_{\neg jn}, \hat{\boldsymbol{\Theta}}^{(t)}] \prod_{i \in I_j} \Pr[y_{ij} \mid z_{jn} = k, \boldsymbol{z}_{\neg jn}, \boldsymbol{\Delta}, \hat{\boldsymbol{\Theta}}^{(t)}, \boldsymbol{X}]$$

$$\Pr[z_{jn} = k \mid w, \boldsymbol{z}_{\neg jn}, \hat{\boldsymbol{\Theta}}^{(t)}]$$
$$\propto \Pr[z_{jn} = k, \boldsymbol{w}_{jn} = \ell \mid \boldsymbol{w}_{\neg jn}, \boldsymbol{z}_{\neg jn}, \hat{\boldsymbol{\Theta}}^{(t)}]$$
$$= \Pr[w_{jn} = \ell \mid \boldsymbol{w}_{\neg jn}, z_{jn} = k, \boldsymbol{z}_{\neg jn}, \eta] \Pr[z_{jn} = k \mid \boldsymbol{z}_{\neg jn}, \lambda]$$
$$= E[\Phi_{k\ell} \mid \boldsymbol{w}_{\neg jn}, \boldsymbol{z}_{\neg jn}, \eta] \; E[\theta_{jk} \mid \boldsymbol{z}_{\neg jn}, \lambda]$$
$$= \frac{Z_{k\ell}^{\neg jn} + \eta}{Z_k^{\neg jn} + W\eta} \frac{Z_{jk}^{\neg jn} + \lambda_k}{Z_j^{\neg jn} + \sum_k \lambda_k}$$

注意，第二项的分母 $(Z_j^{\neg jn} + \sum_k \lambda_k)$ 与 k 无关。因此，我们得到：

$$\Pr[z_{jn} = k \mid \text{Rest}] \propto \frac{Z_{k\ell}^{\neg jn} + \eta}{Z_k^{\neg jn} + W\eta} (Z_{jk}^{\neg jn} + \lambda_k) \prod_{i \in \mathcal{I}_j} f_{ij}(y_{ij})$$ 194

其中 $f_{ij}(y_{ij})$ 是 y_{ij} 处的概率密度，是一个均值为 $\boldsymbol{x}_{ij}'\boldsymbol{b} + \alpha_i + \beta_j + \boldsymbol{u}_i'\bar{\boldsymbol{z}}_j$、方差为 σ^2 的高斯分布。$\bar{\boldsymbol{z}}_j$ 是令 $z_{jn} = k$ 计算得到的。令 $a_{ij} = y_{ij} - \boldsymbol{x}_{ij}'\boldsymbol{b} - \alpha_i - \beta_j$，我们得到：

$$\prod_{i\in\mathcal{I}_j} f_{ij}(y_{ij}) \propto \exp\left\{-\frac{1}{2}\prod_{i\in\mathcal{I}_j}\frac{(o_{ij}-\boldsymbol{u}_i'\overline{\boldsymbol{z}}_j)^2}{\sigma^2}\right\}$$

$$\propto \exp\left\{\overline{\boldsymbol{z}}_j'\boldsymbol{B}_j - \frac{1}{2}\overline{\boldsymbol{z}}_j'\boldsymbol{C}_j\overline{\boldsymbol{z}}_j\right\}$$

其中，$\boldsymbol{B}_j = \sum_{i\in\mathcal{I}_j}\frac{o_{ij}\boldsymbol{u}_i}{\sigma^2}$，$\boldsymbol{C}_j = \sum_{i\in\mathcal{I}_j}\frac{\boldsymbol{u}_i\boldsymbol{u}_i'}{\sigma^2}$

M 步骤

在 M 步骤，我们想找到一组参数设置 $\boldsymbol{\Theta}=[\boldsymbol{b},\boldsymbol{g}_0,\boldsymbol{d}_0,\boldsymbol{H},\sigma^2,a_\alpha,a_\beta,\boldsymbol{A}_u,\lambda,\eta]$，使得在 E 步骤中计算的期望完整数据似然最大：

$$\hat{\boldsymbol{\Theta}}^{(t+1)} = \arg\max_{\boldsymbol{\Theta}} E_{\boldsymbol{\Delta},z}[LL(\boldsymbol{\Theta};\boldsymbol{\Delta},\boldsymbol{z},\boldsymbol{y},\boldsymbol{w},\boldsymbol{X})\,|\,\hat{\boldsymbol{\Theta}}^{(t)}]$$

其中，

$$\begin{aligned}
-LL(\boldsymbol{\Theta};\boldsymbol{\Delta},\boldsymbol{z},\boldsymbol{w},\boldsymbol{X}) &= \text{常数} \\
&+\frac{1}{2}\sum_{ij}\left(\frac{1}{\sigma^2}(y_{ij}-\alpha_i-\beta_j-\boldsymbol{x}_{ij}'\boldsymbol{b}-\boldsymbol{u}_i'\overline{\boldsymbol{z}}_j)^2+\log\sigma^2\right) \\
&+\frac{1}{2a_\alpha}\sum_i(\alpha_i-\boldsymbol{g}_0'\boldsymbol{x}_i)^2+\frac{M}{2}\log a_\alpha \\
&+\frac{1}{2}\sum_i(\boldsymbol{u}_i-\boldsymbol{H}\boldsymbol{x}_i)'\boldsymbol{A}_u^{-1}(\boldsymbol{u}_i-\boldsymbol{H}\boldsymbol{x}_i)+\frac{M}{2}\log(\det\boldsymbol{A}_u) \\
&+\frac{1}{2a_\beta}\sum_j(\beta_j-\boldsymbol{d}_0'\boldsymbol{x}_j)^2+\frac{N}{2}\log a_\beta \\
&+N(r\log\Gamma(\lambda)-\log\Gamma(r\lambda)) \\
&+\sum_j\left(\log\Gamma(Z_j+r\lambda)-\sum_k\log\Gamma(Z_{jk}+\lambda)\right) \\
&+r(W\log\Gamma(\eta)-\log\Gamma(W\eta)) \\
&+\sum_k\left(\log\Gamma(Z_k+W\eta)-\sum_\ell\log\Gamma(Z_{k\ell}+\eta)\right)
\end{aligned}$$

195

在前面的公式中，$(\boldsymbol{b},\sigma^2)$、$(\boldsymbol{g}_0,a_\alpha)$、$(\boldsymbol{d}_0,a_\beta)$、$(\boldsymbol{H},\boldsymbol{A}_u)$、$\lambda$ 和 η 可以单独进行优化。具体地说，前四个可以通过求解四个回归问题进行优化，最后两个是一维超参数，可以通过网格搜索得到。在本节剩余部分，我们会深入细节。我们把 $\tilde{E}[\cdot]$ 和 $\tilde{\text{Var}}[\cdot]$ 分别记作 Monte Carlo 均值和方差。

$(\boldsymbol{b},\sigma^2)$ 的回归。令 $o_{ij}=\alpha_i+\beta_j+\boldsymbol{u}_i'\overline{\boldsymbol{z}}_j$。这里我们想最小化

$$\frac{1}{\sigma^2}\sum_{ij}\tilde{E}[(y_{ij}-\boldsymbol{x}_{ij}'\boldsymbol{b}-o_{ij})^2]+D\log(\sigma^2)$$

其中 D 是观测评分数。可以看出，把 $\boldsymbol{x}_{ij}$ 作为特征预测 $(y_{ij}-\tilde{E}[o_{ij}])$ 的最小二乘回归可以得到 $\boldsymbol{b}$ 的最优解。令 RSS 为该回归的残差平方和，那么，最优的 σ^2 为 $(\sum_{ij}\tilde{\mathrm{Var}}[o_{ij}]+\mathrm{RSS})/D$，其中 RSS 为回归的残差平方和。

$(\boldsymbol{g}_0, \boldsymbol{a}_\alpha)$ 的回归。与前面的回归类似，最优的 $\boldsymbol{g}_0$ 可以通过解决一个把 $\boldsymbol{x}_i$ 当成特征来预测 $\tilde{E}[\alpha_i]$ 的回归问题而找到，最优的 a_α 为 $(\sum_i\tilde{\mathrm{Var}}[\alpha_i]+\mathrm{RSS})/M$。

$(\boldsymbol{d}_0, \boldsymbol{a}_\beta)$ 的回归。最优的 $\boldsymbol{d}_0$ 可以通过解决一个把 $\boldsymbol{x}_j$ 当成特征来预测 $\tilde{E}[\beta_j]$ 的回归问题而找到，最优的 $a_\beta=(\sum_j\tilde{\mathrm{Var}}[\beta_j]+\mathrm{RSS})/N$。

$(\boldsymbol{H}, \boldsymbol{A}_u)$ 的回归。为简单起见，假设方差与协方差矩阵为对角阵，即 $\boldsymbol{A}_u=a_u\boldsymbol{I}$。令 $\boldsymbol{H}_k$ 为 $\boldsymbol{H}$ 的第 k 行，u_{ik} 为 $\boldsymbol{u}_i$ 的第 k 个元素。对于每个主题 k，通过解决一个把 $\boldsymbol{x}_i$ 当成特征来预测 $\tilde{E}[u_{ik}]$ 的回归问题找到 $\boldsymbol{H}_k$。令 RSS_k 为第 k 个回归的残差平方和，那么 $a_u=(\sum_{ik}\tilde{\mathrm{Var}}[u_{ik}]+\sum_k\mathrm{RSS}_k)/rM$。

在 η 上的优化。通过最小化以下公式找到 η：

$$
\begin{aligned}
&r(W\log\Gamma(\eta)-\log\Gamma(W\eta))\\
&+\sum_k(\tilde{E}[\log\Gamma(Z_k+W\eta)]-\sum_\ell\tilde{E}[\log\Gamma(Z_{k\ell}+\eta)])
\end{aligned}
$$

由于这个优化是一维的，且 η 为冗余参数，我们可以简单地尝试一组 η 可能的固定值。

在 λ 上的优化。通过最小化以下公式找到 λ：

$$
\begin{aligned}
&N(r\log\Gamma(\lambda)-\log\Gamma(r\lambda))\\
&+\sum_j(\tilde{E}[\log\Gamma(Z_j+r\lambda)]-\sum_k\tilde{E}[\log\Gamma(Z_{jk}+\lambda)])
\end{aligned}
$$ 196

同样，这个优化也是一维的，我们可以搜索一组固定点找到 λ 的最佳值。

讨论

正则化回归。在 M 步骤，每个回归的系数上都会增加 t 先验以避免过拟合。

主题数。基于之前的几次实验和模拟研究，我们发现即使错误地将因子数设置得很大，MCEM 算法也能够避免过拟合。我们没有在测试数据上尝试多个 r 值，因为不经意间可能就会导致过拟合，从而破坏实验的有效性。因此，在实验中，我们使用大的因子数（20 到 25）来运行 fLDA。在实际中，你也可以在训练集上进行交叉验证以找到最优的因子数。

可扩展性。固定主题数、EM 迭代次数以及每次迭代中 Gibbs 采样的数量，MCEM 算法在本质上与（响应和单词）观测数呈线性关系。根据我们的经验，MCEM 算法经过相当少的 EM 迭代（通常为 10 次左右）就能迅速收敛。算法也可以进行高度并行化。具体来说，在采样用户（或物品）因子的样本时，我们可以将用户（或物品）进行划分，从每个划分中独立地采一个样本。并行采样 LDA 样本的算法可以参考 Wang 等（2009）、Smola 和 Narayanamurthy（2010）。

拟合逻辑回归。这一过程可以在每次 EM 迭代后，通过一个加权高斯回归的变分近似来完成（详细内容可以参考 Agarwal 和 Chen（2009））。

9.3.2 预测

给定训练集中的观测评分 y 和单词 w，我们的目标是预测用户 i 对物品 j 的响应 y_{ij}^{new}。我们可以根据后验均值 $E[y_{ij}^{\text{new}} \mid \boldsymbol{y}, \boldsymbol{w}, \hat{\boldsymbol{\Theta}}, \boldsymbol{X}]$ 来预测响应。为了运算的高效性，我们将后验均值近似为：

$$
\begin{aligned}
E[y_{ij}^{\text{new}} \mid \boldsymbol{y}, \boldsymbol{w}, \hat{\boldsymbol{\Theta}}, \boldsymbol{X}] &= \boldsymbol{x}_{ij}'\hat{\boldsymbol{b}} + \hat{\alpha}_i + \hat{\beta}_j + E[\boldsymbol{u}_i'\bar{\boldsymbol{z}}_j] \\
&\approx \boldsymbol{x}_{ij}'\hat{\boldsymbol{b}} + \hat{\alpha}_i + \hat{\beta}_j + \hat{\boldsymbol{u}}_i'\hat{\bar{\boldsymbol{z}}}_j
\end{aligned}
$$

其中，$\delta = E[\delta \mid \boldsymbol{y}, \boldsymbol{w}, \hat{\boldsymbol{\Theta}}, \boldsymbol{X}]$（$\delta$ 在 $\{\alpha_i\}$、$\{\beta_j\}$、$\{\boldsymbol{u}_i\}$ 中取值）在训练阶段中估计。为
197 了在冷启动场景下估计新物品 j 的 $\hat{\bar{z}}_j$，我们利用 Gibbs 采样，通过无监督的 LDA 采样公式获得物品 j 中单词 w_j 的主题分布。因为采样时用到的主题 × 单词矩阵 $\boldsymbol{\Phi}$ 就是从 fLDA 中获得的矩阵，所以即使是新物品，预测也会受到响应的影响。

9.4 实验

我们在三个真实的数据集上证明 fLDA 的有效性。在广泛研究的 MovieLens（电影评分）数据集上，fLDA 的预测准确率与六个流行的协同过滤方法相比是最好的。在这个数据集上，因为测试集中的每部电影在训练集中都有足够的数据来估计电影因子，所以相比最好的因子模型，fLDA 没有提升准确率。接下来，我们在 Yahoo! Buzz 数据集上展示一个关于 fLDA 如何在社交新闻服务网站上提供可解释且个性化的推荐的研究案例。事实证明，即使存在很多在训练集中没有出现的新物品，fLDA 仍然显著优于当前最先进的方法，并且它也能从新闻报道中识别高质量的主题。最后，我们在书籍评分数据上展示另一个研究案例。同样，我们要证明 fLDA 可以提供比最先进的方法更好的预测性能。

9.4.1 MovieLens 数据

在本小节中，我们将阐述 fLDA 在广泛研究的电影推荐问题上的有效性。因为用户和物品特征在方法中都是关键信息，所以我们没有在 Netflix 数据集上进行实验（Netflix 数据集中没有用户特征）。我们对 MovieLens 数据集进行了分析，它包含 6040 个用户、3706 部电影以及 100 万条评分记录。用户特征包括年龄、性别、邮编（只采用第一位数字）以及职业，物品特征包括电影类型（只在 RLFM 中用到）。为了构建词袋特征，我们用男演员、女演员以及导演的姓名对物品特征进行扩充，还从电影标题和情节中提取

了单词。根据时间进一步将数据集划分成训练集和测试集，把前 75% 的按时间顺序排好序的评分数据作为训练集，剩下的作为测试集。这些数据在 Agarwal 和 Chen（2009）中也被分析过，并且还与一些标准方法进行了比较。我们在表 9-2 中展示了这些方法以及 fLDA 的 RMSE 结果。

表 9-2　MovieLens 数据集上的测试集 RMSE

模型	测试 RMSE
fLDA	0.9381
RLFM	0.9363
unsup-LDA	0.9520
Factor-Only	0.9422
Feature-Only	1.0906
Filter-Bot	0.9517
MostPopular	0.9726
Constant	1.1190

方法。常量模型把预测所有测试用例的评分都预测成训练数据的平均值。Feature-Only 是一个只在用户和物品特征（类型）上训练的回归模型。Factor-Only 是一个普通的零均值先验的矩阵分解模型。热门推荐是一个只基于用户和物品偏差的模型，它利用特征进行正则化。如第 8 章讨论的，Filter-Bot 是一个可以同时处理暖启动问题和冷启动问题的协同过滤方法（我们没有展示如物品间相似度等其他的协同过滤方法，因为它们都比 Filter-Bot 差）。RLFM 是一个基于回归的隐因子模型，也在第 8 章中讨论过。unsup-LDA 是 fLDA 的一个变种，利用无监督 LDA 得到，即首先运用无监督 LDA 识别每件物品中每个单词的主题，然后固定 $\bar{z}_j$ 为无监督主题来拟合 fLDA。

对于这个数据集，测试集中的大部分评分（几乎 56%）都涉及新用户，但其中的大多数物品在训练集中都存在评分。能否达到高准确率的关键在于，模型是否能处理冷启动用户，而这不是 fLDA 的目标应用场景。我们并不期望 fLDA 相较于 RLFM 有实质性的提升，因为 RLFM 是我们在这个数据集上尝试过的最好的方法，实验分析的主要目的是证明 fLDA 在暖启动场景下（测试集的大部分物品在训练集中存在评分记录）的性能与 RLFM 不相上下。

9.4.2　Yahoo! Buzz 应用

Yahoo! Buzz（网址：http://buzz.yahoo.com/）是一个社交新闻服务网站，专注于为用户推荐优质的新闻报道。用户对文章的投票（“喜欢”或“不喜欢”）是决定推荐的一项重要的信息源，但这个网站已经被雅虎关闭了。在本小节，我们将描述离线实验的结果，实验数据集是在网站运行期间收集的。 198～199

我们收集了4026位用户在3个月内对10 468篇文章投的620 883票。为了最小化欺诈投票的影响，我们只选择来源可信的文章，以及投票数合理的用户（不超过1000次）。我们把投票“喜欢”作为值为“1”的评分，投票“不喜欢”作为值为“–1”的评分。在这个应用中，大部分投票都是“喜欢”，因为通常用户只有在不喜欢一篇文章时才会投票“不喜欢”，因此，很难获得用户对不感兴趣的文章的显式反馈。因此，对于投票数为 N 的用户，随机选取该用户没有投过票的 N 篇文章，并且将它们评分为0。因为用户喜欢的文章通常很少，所以我们可以合理假设随机选择的文章不是用户感兴趣的。每个用户都有年龄和性别信息，将年龄值转换成10个年龄组（每个年龄组的用户数都相等）。每篇文章都有标题、描述和一组由Yahoo! Buzz确定的类别，将停用词移除，然后运行实体识别器识别命名实体，再利用Porter算法提取词干。接着，将前两个月的数据作为训练集，最后一个月的数据作为测试集。因为文章与新闻相关，所以测试集中的大部分文章都是新的，没有在训练集中出现过。

我们比较三个模型：具有25个有监督主题的fLDA、因子数为25的RLFM（最好的方法）以及具有25个无监督主题的unsup-LDA。图9-2a是ROC曲线（在4.1.3节介绍过），我们把值为1的评分当作正反馈，值为0或–1的评分当作负反馈，很明显看出fLDA显著优于RLFM和unsup-LDA，并且RLFM比unsup-LDA稍微好一些。

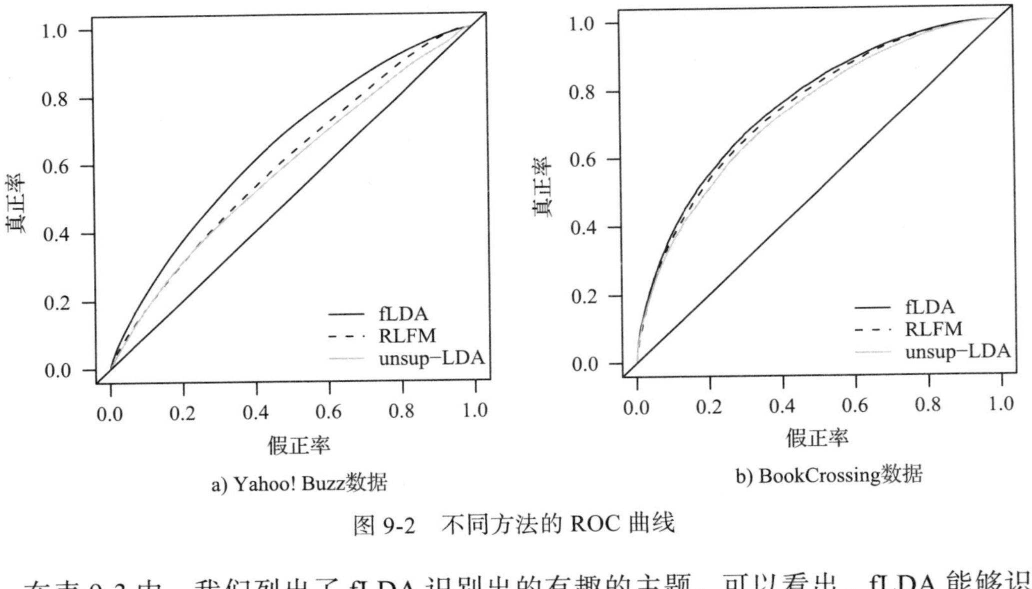

a) Yahoo! Buzz数据　　b) BookCrossing数据

图9-2　不同方法的ROC曲线

在表9-3中，我们列出了fLDA识别出的有趣的主题。可以看出，fLDA能够识别出Yahoo! Buzz中重要的新闻主题，如猪流感（主题2）、经济萧条（主题13），以及美国国际集团和通用汽车问题（主题25）。大部分主题都非常容易解释，但是25个主题中有6个主题过于笼统，没有多大用处。无监督LDA也能识别可解释性的主题，大约一半的主题看起来和fLDA识别出来的主题很相似，然而，unsup-LDA的预测性能比fLDA差得多。

表 9-3 fLDA 从 Yahoo! Buzz 数据中识别出的一些主题

主题	词干（提取后）
1	tortur, interrog, administr, offici, suspect, releas, investig, georg, memo, al, prison, guantanamo, us, secret, harsh, depart, attornei, detaine, justic, alleg, probe, case, said, secur, waterboard
3	mexico, flu, pirat, swine, drug, ship, somali, border, mexican, hostag, offici, somalia, captain, navi, health, us, attack, outbreak, coast, case, piraci, u.s., held, spread, pandem
4	nfl, player, team, suleman, game, nadya, star, high, octuplet, nadya suleman, michael, week, school, sport, fan, get, vick, leagu, coach, season, mother, run, footbal, end, dai, bowl, draft, basebal
6	court, gai, marriag, suprem, right, judg, rule, sex, supreme court, appeal, ban, legal, allow, state, stem, case, church, california, immigr, law, fridai, cell, decis, feder, hear, justic
8	palin, republican, parti, limbaugh, sarah, rush, sarah palin, sai, gov, alaska, steel, right, conserv, host, fox, democrat, rush limbaugh, new, bristol, tea, senat, levi, stewart, polit, said
9	brown, chri, rihanna, chris brown, onlin, star, richardson, natasha, actor, actress, natasha richardson, sai, madonna, milei, singer, divorc, hospit, cyru, angel, wife, charg, adopt, lo, assault, di, ski, accid, year, famili, music
10	idol, american, night, star, look, michel, win, dress, susan, danc, judg, boyl, michelle_obama, susan_boyl, perform, ladi, fashion, hot, miss, leno, got, contest, photo, tv, talent, sing, wear, week, bachelor
11	nation, scienc, monitor, new, christian_science_monitor, com, time, american, us, world, america, climat, peopl, week, dai, just, warm, ann, coulter, chang, state, public, hous, global
12	presid, hous, budget, republican, tax, barack, parti, sai, senat, congress, tea, administr, palin, group, spend, white, lawmak, politico, offic, right, american, stimulu, feder, anti, health
13	economi, recess, job, percent, econom, bank, expect, rate, jobless, year, unemploy, month, record, market, stock, financi, week, wall, street, new, number, sale, rise, fall, march, billion, februari, crisi, reserv, quarter
14	north, korea, china, north_korea, launch, nuclear, rocket, missil, south, said, russia, chines, iran, militari, weapon, countri, chavez, korean, defens, journalist, japan, secur, us, council, u.n., leader, talk, summit, warn
20	com, studi, space, livesci, research, earth, scientist, new, like, year, ic, station, nasa, water, univers, diseas, planet, human, discov, ancient, rare, intern, risk, live, find, expert, red, size, centuri, million
22	iran, said, pakistan, kill, palestinian, presid, iraq,war, gaza, taliban, soldier, leader, attack, troop, milit, govern, afghanistan, countri, offici, peac, group, us, minist, mondai, bomb, militari, polic, iraqi
23	plane, citi, air, high, resid, volcano, mondai, peopl, crash, jet, flight, erupt, south, itali, forc, flood, mile, alaska, small, hit, near, pilot, dai, mount, island, storm, river, travel, crew, earthquak
25	bonus, american_international_group, bank, billion, gener, compani, million, madoff, motor, financi, insur, treasuri, govern, bailout, bankruptci, execut, chrysler, gm, corp, general_motor, monei, pai, auto, ceo, giant, group, automak

9.4.3 BookCrossing 数据集

BookCrossing（网址：http://www.bookcrossing.com）是一个在线书籍俱乐部。用户

可以对书进行 1～10 的评分。在之前的工作中，Ziegler 等（2005）从网站⊖中收集了书籍评分。数据集的噪声非常大，比如无效的 ISBN，还有些 ISBN 在评分文件中出现了，
200~202 但在书籍描述文件中却找不到。对数据集进行清洗，只保留至少有 3 条评分数且具有亚马逊网站产品介绍页面上评论的书籍。接着，将亚马逊上的书籍评论作为书籍的文本描述。对于每本书，我们取评论中 TF/IDF 分数最高的前 70 个词干。选择至少有 6 条评分的用户，数据集中的每个用户都有年龄和地理位置，将年龄值转换成 10 个年龄组，并且选择至少有 50 个用户的国家作为地理位置特征。把所有的“隐式”评分移除，因为它们不是实值评分，并且意义不明确。为了防止测试误差被少数异常值控制，将分数从 1 到 4 的评分移除（占所有显式评分的不到 5%），并且把范围从 5 到 10 的评分值重新映射到 −2.5 到 2.5 之间。最后，我们得到 6981 个用户对 25 137 本书做出的 149 879 条评分数据。然后，利用三折交叉验证创建训练 – 测试划分，对每个用户，随机把他评过的书籍放入 3 个桶，在第 n 折时，第 n 个桶中的评分作为测试数据，剩下的作为训练数据。

具有 25 个有监督主题的 fLDA、因子数为 25 的 RLFM 以及具有 25 个无监督主题的 unsup-LDA 的测试集 RMSE 和 MAE 在表 9-4 中列出。ROC 曲线（大于 0 的评分为正反馈，小于 0 的评分为负反馈）展示在图 9-2b 中。对于该数据集，fLDA 优于 RLFM，而 RLFM 又比 unsup-LDA 好，但差距很小。

表 9-4　BookCrossing 数据上的测试集 RMSE

模型	RMSE	MAE
fLDA	1.3088	1.0317
RLFM	1.3278	1.0553
unsup-LDA	1.3539	1.0835

9.5　相关工作

到目前为止，推荐系统已有丰富的文献，并且在过去几年中，得益于 Netflix 竞赛的推动，推荐系统迅速发展。虽然已经提出一些新的方法，但是基于矩阵分解的方法（Mnih 和 Salakhutdinov，2007；Salakhutdinov 和 Mnih，2008；Bell 等，2007；Koren 等，2009）和基于邻居的方法（Koren，2008；Bell 和 Koren，2007）依然很流行，得到了广泛的应用。基于邻居的方法受欢迎的原因是其易解释性，用户获得的推荐是与他品位相似的用户喜欢的物品。基于分解的方法通常更准确，但是很难对因
203 子做出解释。最近，一些论文提出了更好地正则化隐因子的模型，主要是因为受到了要在 Netflix 数据上提升 RMSE 的激励（Lawrence 和 Urtasun，2009）。Jin 等（2005）尝试在推荐系统中利用无监督 LDA 主题作为特征。在 9.4 节中，我们证明了 fLDA 显

⊖ BookCrossing 数据集可以从 http://www.informatik.uni-freiburg.de/~cziegler/BX/ 下载。

著优于无监督 LDA。

能够同时解决协同过滤中的冷启动问题和暖启动问题的模型也与 fLDA 相关。虽然它已经被深入地研究过了（Balabanović 和 Shoham，1997；Claypool 等，1999；Good 等，1999；Park 等，2006；Schein 等，2002），但直到最近，这一主题才开始在分解模型框架中引起关注（Yu 等，2009；Agarwal 和 Chen，2009；Stern 等，2009）。fLDA 模型是这个领域的补充，模型中物品的离散因子是由 LDA 先验进行正则化的。我们的模型除了能提供好的预测性能，还具备对某些应用很有价值的可解释性。

我们的工作与有监督的 LDA 相关（Blei 和 McAuliffe，2008），有监督的 LDA 是 LDA 的变种，它在估计主题时融入了回归，但是 sLDA 只对物品因子拟合了一个全局回归，而我们拟合了每一个用户。我们的工作也受到了经常在市场营销中采用的联合分析法的启发（Rossi 等，2005），其目标是估计物品的个体部分效用值（用户因子）。物品特征在这个分析中就是指特征。fLDA 通过将词袋形式的物品元数据转换成简明的主题向量来获得物品因子。

关系学习（Getoor 和 Taskar，2007）也与我们的模型相关。从一般意义上来看，fLDA 就是一个关系模型。到目前为止，还没有文章研究过对物品评分（用户给物品的评分）和物品中单词进行联合建模这一问题。在相关工作中，Porteous 等（2008）运用 LDA 将用户和物品聚类成几组，利用组的隶属关系对评分建模；Singh 和 Gordon（2008）提出，通过对多个矩阵进行联合分解的方式，对用户 - 物品的评分关系、用户 - 特征关系以及物品 - 特征关系进行联合建模。

9.6　小结

我们提出了一个新的分解模型 fLDA，在物品有词袋表征的应用中，它能够提供明显更好的性能，而物品的词袋表征在 Web 应用中很常见。区分 fLDA 和领域中先前工作的关键在于，用 LDA 先验正则化物品因子。这种做法还有另一个优点，fLDA 可以提供可解释的与隐含的物品主题相关联的用户因子。实际上，我们用一个与 Yahoo! Buzz 204
上的内容推荐相关的真实案例说明了预测的准确性和可解释性。

我们的工作为未来的研究开辟了几条途径。我们在 9.1 节中讨论过，将 fLDA 的输出用于内容设计等应用程序，有利于解决媒体调度问题和广告展示中的用户定位问题，当然，这需要更多的后续工作。在算法方面，更新 $\boldsymbol{u}_i$ 的后验需要转置一个 $K \times K$ 的矩阵，如果 K 很大的话，运算成本会很高。一种解决办法是将 $\boldsymbol{u}_i'\bar{\boldsymbol{z}}_j$ 表示成 $U_i'\boldsymbol{Q}\bar{\boldsymbol{z}}_j$，其中 $\boldsymbol{Q}_{K_s \times K}$ 是一个从数据中估计的全局矩阵，且 $K_s < K$。最后，虽然我们已经在实际应用和标准数据集上验证了 fLDA，但目前我们仍在扩展模型，将其用在 MapReduce 框架中，以便处理其他几个广告和内容推荐应用上的大规模数据集。 205

第 10 章

Statistical Methods for Recommender Systems

上下文相关推荐

额外的上下文信息会对推荐产生重大影响。在本章中，我们将介绍为用户提供上下文相关推荐的算法。我们介绍以下几种示例场景。

- *相关物品推荐*：很多应用推荐的是与用户正在交互的物品相关的物品（例如新闻文章），这是一种有效的方式。在这种方式中，用户正在交互的物品提供了上下文。例如，当用户正在阅读一则新闻报道或正在电商网站上浏览一件商品时，我们可以推荐与该用户当前正在阅读的新闻报道或正在浏览的商品相关的其他新闻报道或商品。
- *多类别推荐*：很多网站会按照大众理解的类别组织物品，然后推荐每个类别中排名靠前的物品，这里的类别提供了上下文。一件物品可能被分到多个类别，最好每个类别推荐的物品是语义相关且满足个性化要求的。
- *位置相关推荐*：在一些应用中，地理位置是一类重要的上下文，因此我们也可以提供与用户当前位置密切相关的推荐。
- *多应用推荐*：一个推荐系统可能服务于多个应用，例如网站上的多个模块或者不同设备上的多个应用。因为不同应用的屏幕大小、布局和展示物品的方式都不同，因此需要调整推荐以使其与具体应用中的用户行为相结合，这里的每个应用便提供了上下文。

如果不要求在给定的上下文中进行个性化推荐，那么只要简单修改第 7 章和第 8 章
206 介绍的模型就能进行上下文相关推荐。例如，按照如下方式修改第 8 章介绍的 RLFM 模型便可以进行相关物品推荐，令 y_{jk} 为用户在上下文为 k 时（如在相关新闻推荐中用户正在阅读的上下文文章 k）对物品 j 的响应，那么，我们可以预测 y_{jk} 为：

$$b(\boldsymbol{x}_{jk})+\alpha_k+\beta_j+\boldsymbol{u}_k'\boldsymbol{v}_j \tag{10.1}$$

其中：

- b 是刻画（物品 j，上下文 k）的特征向量 $\boldsymbol{x}_{jk}$（如相关新闻推荐中文章 j 和上下文 k 的词袋间的相似度）的回归函数。
- α_k 是上下文 k 的偏差。
- β_j 是物品 j 的流行度。
- $\boldsymbol{u}_k$ 和 $\boldsymbol{v}_j$ 分别是上下文 k 和物品 j 的隐因子向量。

注意，在第 8 章中，我们用下标 i 标记一个用户，α_i 和 $\boldsymbol{u}_i$ 分别标记用户偏差和因子向

量。把用户下标 i 变成上下文下标 k 不会改变模型拟合算法。

如果要对每个上下文进行个性化推荐，就要求模型能够捕捉用户 i、物品 j 和上下文 k 之间的三向交互。在 10.1 节中，我们将介绍张量分解模型，一个张量就是一个 n 维数组（$n>2$），我们的目的是用几个低秩矩阵近似一个三维张量（张量大小＝用户数 × 物品数 × 上下文数，表示用户在不同上下文中的响应）。接着，我们在 10.2 节讨论如何利用层次收缩扩展张量分解。在 10.3 节，我们针对多角度新闻文章推荐问题介绍所提到的模型。最后，在 10.4 节，我们讨论相关物品推荐中的一些特别事项。

10.1　张量分解模型

在个性化上下文相关推荐的问题中，我们需要对用户 i、物品 j 和上下文 k 的三向交互进行建模，张量模型利用张量分解捕捉这种三向交互。我们使用以下标记符号：

- $\langle \boldsymbol{u}_i, \boldsymbol{v}_j \rangle = \boldsymbol{u}_j' \boldsymbol{v}_j$ 为向量 $\boldsymbol{u}_i$ 和 $\boldsymbol{v}_j$ 的内积。
- $\langle \boldsymbol{u}_i, \boldsymbol{v}_j, \boldsymbol{w}_k \rangle = \sum_{\ell} u_{i\ell} v_{j\ell} w_{k\ell}$ 为张量积的简单形式，其中 $u_{i\ell}$、$v_{j\ell}$ 和 $w_{k\ell}$ 分别为向量 $\boldsymbol{u}_i$、$\boldsymbol{v}_j$ 和 $\boldsymbol{w}_k$ 的第 ℓ 个元素。 207

10.1.1　建模

建模用户 i 在上下文 k 中对物品 j 的响应 y_{ijk} 如下：

$$\begin{aligned} y_{ijk} \sim\ & b(\boldsymbol{x}_{ijk}) + \alpha_i + \beta_j + \gamma_k \\ & + \langle \boldsymbol{u}_i^{(1)}, \boldsymbol{v}_j^{(2)} \rangle + \langle \boldsymbol{u}_i^{(2)}, \boldsymbol{w}_k^{(1)} \rangle + \langle \boldsymbol{v}_j^{(2)}, \boldsymbol{w}_k^{(2)} \rangle \\ & + \langle \boldsymbol{u}_i^{(3)}, \boldsymbol{v}_j^{(3)}, \boldsymbol{w}_k^{(3)} \rangle \end{aligned} \tag{10.2}$$

其中“$y_{ijk} \sim \cdots$”表示任意响应模型，包括高斯模型和逻辑模型。从直观上看，y_{ijk} 是根据一些分布和链接函数预测出来的，为了简洁，这里没有明确定义。

基于特征的回归。响应 y_{ijk} 首先是由一个基于特征向量 $\boldsymbol{x}_{ijk}$ 的回归函数预测出来的，特征向量包括用户特征 $\boldsymbol{x}_i$、物品特征 $\boldsymbol{x}_j$、上下文特征 $\boldsymbol{x}_k$ 以及它们之间的任意交互。一种适用于 Web 应用的回归函数为：

$$b(\boldsymbol{x}_{ijk}) = \boldsymbol{x}_i' \boldsymbol{A} \boldsymbol{x}_j + \boldsymbol{x}_i' \boldsymbol{B} \boldsymbol{x}_k + \boldsymbol{x}_j' \boldsymbol{C} \boldsymbol{x}_k \tag{10.3}$$

其中 $\boldsymbol{A}$、$\boldsymbol{B}$ 和 $\boldsymbol{C}$ 分别为用户特征和物品特征之间、用户特征和上下文特征之间以及物品特征和上下文特征之间双向交互的回归系数矩阵。这么一来，估计回归函数意味着估计 $\boldsymbol{A}$、$\boldsymbol{B}$ 和 $\boldsymbol{C}$，而这三个矩阵通常是高维的。所以另一种选择是用一组预定义的“相似度”函数来降维。令 $s_1(\boldsymbol{x}_i, \boldsymbol{x}_j)$、$s_2(\boldsymbol{x}_i, \boldsymbol{x}_k)$ 和 $s_3(\boldsymbol{x}_j, \boldsymbol{x}_k)$ 为相似度函数，每个函数返回的都是一个衡量两个实体间相似度（或关联度）的向量。例如，$s_1(\boldsymbol{x}_i, \boldsymbol{x}_j)$ 可能返回一个相似度向量，向量中的每一维都从不同的角度衡量用户 i 和物品 j 的相似度。用户和物品间的相似度也可以是用户画像的词袋和物品词袋之间的余弦相似度。基于相似度方法的回归函数为：

$$b(\boldsymbol{x}_{ijk})=\boldsymbol{c}_1's_1(\boldsymbol{x}_i,\boldsymbol{x}_j)+\boldsymbol{c}_2's_2(\boldsymbol{x}_i,\boldsymbol{x}_k)+\boldsymbol{c}_3's_3(\boldsymbol{x}_j,\boldsymbol{x}_k) \tag{10.4}$$

其中，$\boldsymbol{c}_1$、$\boldsymbol{c}_2$ 和 $\boldsymbol{c}_3$ 是回归系数向量。

偏差和流行度。除了基于特征的回归，每个实体（用户、物品或上下文）还有一个偏差项。从直观上看，用户偏差 α_i 表示用户 i 在一个随机上下文中对一件随机物品的平
208 均响应，β_j 表示物品 j 的全局流行度（不是针对某个上下文的），上下文偏差则表示在上下文 k 中，一个随机用户对一件随机物品的平均响应。

因子的双向交互。与 RLFM 类似，$\langle \boldsymbol{u}_i^{(1)}, \boldsymbol{v}_j^{(1)}\rangle$ 表示用户 i 和物品 j 之间的关联度，其中 $\boldsymbol{u}_i^{(1)}$ 和 $\boldsymbol{v}_j^{(1)}$ 为未知的隐因子向量。类似地，$\langle \boldsymbol{u}_i^{(2)}, \boldsymbol{w}_k^{(1)}\rangle$ 和 $\langle \boldsymbol{v}_j^{(2)}, \boldsymbol{w}_k^{(2)}\rangle$ 分别代表用户 i 和上下文 k 之间以及物品 j 和上下文 k 之间的关联度。与 RLFM 不同的是，这里的每个用户都有两个因子（$\boldsymbol{u}_i^{(1)}$ 和 $\boldsymbol{u}_i^{(2)}$），一个是用户和物品交互的因子，另一个则是用户和上下文交互的因子，每件物品和每个上下文也都有两个因子。当然我们也可以限制 $\boldsymbol{u}_i^{(1)}=\boldsymbol{u}_i^{(2)}=\boldsymbol{u}_i$，$\boldsymbol{v}_j^{(1)}=\boldsymbol{v}_j^{(2)}=\boldsymbol{v}_j$，$\boldsymbol{w}_k^{(1)}=\boldsymbol{w}_k^{(2)}=\boldsymbol{w}_k$，如果施加这些限制，那么因子的双向交互就变成：

$$\langle \boldsymbol{u}_i, \boldsymbol{v}_j\rangle+\langle \boldsymbol{u}_i, \boldsymbol{w}_k\rangle+\langle \boldsymbol{v}_j, \boldsymbol{w}_k\rangle \tag{10.5}$$

因子的三向交互。对于无法通过双向交互捕捉的行为，我们可以使用三向交互 $\langle \boldsymbol{u}_i^{(3)}, \boldsymbol{v}_j^{(3)}, \boldsymbol{w}_k^{(3)}\rangle$，其中，$\boldsymbol{u}_i^{(3)}$、$\boldsymbol{v}_j^{(3)}$ 和 $\boldsymbol{w}_k^{(3)}$ 有待从数据中学到。对于张量积 $\langle \boldsymbol{u}_i, \boldsymbol{v}_j, \boldsymbol{w}_k\rangle=\sum_\ell u_{i\ell}v_{j\ell}w_{k\ell}$ 的一种解释是，用户 i 和物品 j 在上下文 k 中的关联度是用户因子 $\boldsymbol{u}_i$ 和物品因子 $\boldsymbol{v}_j$ 的加权内积，其中每一维 ℓ 上的权重 $w_{k\ell}$ 都与上下文 k 有关。与双向交互的讨论类似，我们也可以在三向交互中增加限制条件，即 $\boldsymbol{u}_i^{(1)}=\boldsymbol{u}_i^{(2)}=\boldsymbol{u}_i^{(3)}=\boldsymbol{u}_i$，$\boldsymbol{v}_j^{(1)}=\boldsymbol{v}_j^{(2)}=\boldsymbol{v}_j^{(3)}=\boldsymbol{v}_j$，$\boldsymbol{w}_k^{(1)}=\boldsymbol{w}_k^{(2)}=\boldsymbol{w}_k^{(3)}=\boldsymbol{w}_k$。

回归先验。与 RLFM 类似，我们可以在每个因子上增加一个回归先验以处理冷启动问题。例如，我们可以令：

$$\boldsymbol{w}_k^{(3)} \sim N(F^{(3)}(\boldsymbol{x}_k), \sigma_w^2\boldsymbol{I}) \tag{10.6}$$

其中 $F^{(3)}(\boldsymbol{x}_k)$ 是一个回归函数，用于捕捉上下文 k 的特征，它返回的是一个维度与 $\boldsymbol{w}_k^{(3)}$ 的维度相等的向量。即使缺少相应实体的训练数据，特征也能帮助我们预测因子，详细内容请查阅 8.1 节。

10.1.2 模型拟合

8.2 节介绍的 Monte Carlo EM（MCEM）算法也可以进行扩展，用于拟合张量分解

模型。E 步骤中的偏差和流行度因子（a_i、β_j 和 γ_k），以及双向交互因子（$\boldsymbol{u}_i^{(1)}$、$\boldsymbol{u}_i^{(2)}$、$\boldsymbol{v}_j^{(1)}$、$\boldsymbol{v}_j^{(2)}$、$\boldsymbol{w}_k^{(1)}$ 和 $\boldsymbol{w}_k^{(2)}$）的计算是类似的，M 步骤中的计算方法也一样。只有三向交互因子（$\boldsymbol{u}_i^{(3)}$、$\boldsymbol{v}_j^{(3)}$ 和 $\boldsymbol{w}_k^{(3)}$）的计算是新的。我们以采样 $\boldsymbol{w}_k^{(3)}$ 为例介绍步骤，其他的三向交互因子可以进行类似处理。 209

在 MCEM 的 E 步骤中，我们用 Gibbs 采样器采样因子的后验样本。在采样 $\boldsymbol{w}_k^{(3)}$ 的一个样本时，我们将其他因子的值固定为当前采样的值。对于高斯模型，很容易看出 $(\boldsymbol{w}_k \mid \text{Rest})$ 是服从高斯分布的。令：

$$\begin{aligned} o_{ijk} &= y_{ijk} - b(x_{ijk}) - \alpha_i - \beta_j - \gamma_k \\ &\quad - \langle \boldsymbol{u}_i^{(1)}, \boldsymbol{v}_j^{(1)} \rangle - \langle \boldsymbol{u}_i^{(2)}, \boldsymbol{w}_k^{(1)} \rangle - \langle \boldsymbol{v}_j^{(2)}, \boldsymbol{w}_k^{(2)} \rangle \\ \boldsymbol{z}_{ij} &= (u_{i1}v_{j1}, \cdots, u_{id}v_{jd}) \end{aligned} \tag{10.7}$$

其中 z_{ij} 是由 $\boldsymbol{u}_i$ 和 $\boldsymbol{v}_j$ 中对应元素的乘积构成的向量。那么：

$$\begin{aligned} \text{Var}[\boldsymbol{w}_k^{(3)} \mid \text{Rest}] &= \left(\frac{1}{\sigma_w^2} \boldsymbol{I} + \sum_{ij \in \mathcal{IJ}_k} \frac{\boldsymbol{z}_{ij}\boldsymbol{z}'_{ij}}{\sigma^2} \right)^{-1} \\ E[\boldsymbol{w}_k^{(3)} \mid \text{Rest}] &= \text{Var}[w_k \mid \text{Rest}] \left(\frac{1}{\sigma_w^2} \boldsymbol{F}^{(3)}(xk) + \sum_{ij \in \mathcal{IJ}_k} \frac{o_{ijk}\boldsymbol{z}_{ij}}{\sigma^2} \right) \end{aligned} \tag{10.8}$$

10.1.3 讨论

公式（10.2）的张量分解确定的模型类别很灵活。根据应用的需求，我们可以选择从模型公式中去掉不同的项，或者添加像 $\boldsymbol{u}_i^{(1)} = \boldsymbol{u}_i^{(2)}$ 的限制。例如，Agarwal 等人（2011b）在对评论进行评分的应用场景中考虑推荐评论的问题。

对于用户 i 对用户 k（发表者）发表的评论 j 做出的评分 y_{ijk}，他们建模如下：

$$y_{ijk} \sim \alpha_i + \beta_j + \gamma_k + \langle \boldsymbol{u}_i^{(1)}, \boldsymbol{v}_j^{(1)} \rangle + \langle \boldsymbol{u}_i^{(2)}, \boldsymbol{u}_k^{(2)} \rangle \tag{10.9}$$

其中 $\langle \boldsymbol{u}_i^{(1)}, \boldsymbol{v}_j^{(1)} \rangle$ 表示用户 i 和评论 j 之间的关联度，$\langle \boldsymbol{u}_i^{(2)}, \boldsymbol{u}_k^{(2)} \rangle$ 表示用户 i 和用户 k 观点的契合度。这里的用户 i 有两个因子：$\boldsymbol{u}_i^{(1)}$ 为对物品的偏好，$\boldsymbol{u}_i^{(2)}$ 为对观点的偏好。相比于公式（10.2），他们去掉了张量积，以及评论与发表者的交互项，并且限制 $\boldsymbol{w}_k^{(1)} = \boldsymbol{u}_k^{(2)}$。 210

我们也可以采用形式更通用的张量积：

$$\langle \boldsymbol{u}_i, \boldsymbol{v}_j, \boldsymbol{w}_k, \boldsymbol{T} \rangle = \sum_{\ell} \sum_{m} \sum_{n} u_{i\ell} v_{jm} w_{kn} T_{\ell mn} \tag{10.10}$$

其中 T 是一个张量（或三维数组），有待从数据中学到，$T_{\ell mn}$ 是张量中 (ℓ, m, n) 位置上的元素。基本的张量积 $\langle \boldsymbol{u}_i, \boldsymbol{v}_j, \boldsymbol{w}_k \rangle$ 只考虑了对角线上因子的三向交互项（即 $\langle \boldsymbol{u}_i, \boldsymbol{v}_j, \boldsymbol{w}_k \rangle = \langle \boldsymbol{u}_i, \boldsymbol{v}_j, \boldsymbol{w}_k, \boldsymbol{I} \rangle$，其中 $\boldsymbol{I}$ 是单位矩阵），而张量积更通用的形式包含了用户因子、物品因子

和上下文因子之间的所有三向交互项。想了解这两类张量积的对比实验研究，请参考 Rendle 和 Schmidt-Thieme（2010）。

10.2 层次收缩模型

用户 × 物品 × 上下文的三维张量中的响应数据是稀疏的，我们只观察到张量中极少部分的元素，张量分解模型通过低秩近似来解决稀疏性问题，另一种解决方法是层次收缩。一个简单的预测用户 i 在上下文 k 中对物品 j 的响应的例子如下：

$$y_{ijk} \sim \alpha_{ik} + \beta_{jk} \tag{10.11}$$

其中 α_{ik} 表示用户 i 在上下文 k 中的偏差，β_{jk} 表示物品 j 在上下文 k 中的流行度。α_{ik} 和 β_{jk} 都是面向特定上下文且有待从数据中学到的因子。如果对于每个上下文，我们都有足够的数据用于准确估计所有的因子，那么参数也很容易估计出来。然而，这在实际中是罕见的。我们经常需要用一个上下文中的数据估计另一个上下文中的因子。层次模型实现这个需求的方式是，增加一组上下文无关的全局因子且假设面向特定上下文的因子从一个以这些全局因子为中心的分布中生成。例如，我们可以为每个用户 i 增加一个全局的用户偏差因子 α_i，并且假设面向特定上下文的用户偏差因子 α_{ik} 从 α_i 中生成：

$$\alpha_{ik} \sim N(\alpha_i, \sigma^2) \tag{10.12}$$

以上公式确定了 α_{ik} 的先验分布。全局因子 α_i 是用所有上下文的数据估计的，而面向特定上下文的因子 α_{ik} 是用上下文 k 中的数据估计的。因为 α_i 是 α_{ik} 的先验均值，所以如果缺少上下文 k 的数据，α_{ik} 的估计值也会接近于它的先验均值 α_i。换句话说，“收
211 缩”α_{ik} 使其趋向于 α_i，这样一来，α_i 和 α_{ik} 就构成了二级层次。如果我们在上下文 k 中拥有大量用户 i 的数据，α_{ik} 的估计值就会明显偏离 α_i 以拟合用户 i 在特定上下文 k 中的行为。

10.2.1 建模

在本节中，我们将拓展公式（10.11）和（10.12）中的简单层次模型以涵盖张量分解和基于特征的回归先验。如 10.1.3 节讨论的，我们可以选择公式（10.2）中不同的项以生成适用于不同应用场景的张量模型。为了方便说明，我们选择只包含三向交互项 $\langle \boldsymbol{u}_i^{(3)}, \boldsymbol{v}_j^{(3)}, \boldsymbol{w}_k^{(3)} \rangle$ 的模型，同时把上标 $*^{(3)}$ 去掉。如果想把其他项包含进来，方法也是很直接的。

偏差平滑张量（Bias Smoothed Tensor，BST）模型。建模用户 i 在上下文 k 中对

物品 j 的响应 y_{ijk} 如下：

$$y_{ijk} \sim b(\boldsymbol{x}_{ijk}) + \alpha_{ik} + \beta_{jk} + \langle \boldsymbol{u}_i, \boldsymbol{v}_j, \boldsymbol{w}_k \rangle \tag{10.13}$$

$$\alpha_{ik} \sim N(\boldsymbol{g}_k' \boldsymbol{x}_{ik} + q_k \alpha_i, \sigma_{\alpha,k}^2), \quad \alpha_i \sim N(0,1) \tag{10.14}$$

$$\beta_{jk} \sim N(\boldsymbol{d}_k' \boldsymbol{x}_{jk} + r_k \beta_j, \sigma_{\beta,k}^2), \quad \beta_j \sim N(0,1) \tag{10.15}$$

$$\boldsymbol{u}_i \sim N(\boldsymbol{G}(\boldsymbol{x}_i), \sigma_u^2 \boldsymbol{I}) \tag{10.16}$$

$$\boldsymbol{v}_j \sim N(\boldsymbol{D}(\boldsymbol{x}_j), \sigma_v^2 \boldsymbol{I}) \tag{10.17}$$

$$\boldsymbol{w}_k \sim N(\boldsymbol{F}(\boldsymbol{x}_k), \sigma_w^2 \boldsymbol{I}) \tag{10.18}$$

模型的几个主要组成部分如下。

特征向量。向量 x_{ijk} 是特征向量，它的关联场景是：用户 i 在上下文 k 中看见物品 j。向量 $\boldsymbol{x}_i$ 是用户 i 的特征向量，$\boldsymbol{x}_j$ 是物品 j 的特征向量，$\boldsymbol{x}_k$ 是上下文 k 的特征向量。

用户偏差。α_i 是全局用户偏差项，用于捕捉用户 i 与上下文无关的一般性行为。α_{ik} 是面向特定上下文的用户偏差，用于捕捉用户 i 在特定上下文 k 中的行为。如果用户 i 在上下文 k 中具有大量的历史观测数据，那么不需要层次先验，只要一个简单的 0 均值先验，即 $\alpha_{ik} \sim N(0, \sigma_{\alpha,k}^2)$，便足以准确估计 α_{ik}。然而，在很多应用场景中，对于一些用户，我们没有很多历史观测数据，这时便可以运用用户特征 $\boldsymbol{x}_i$ 预测用户偏差。如果一个用户在某些上下文中有很多历史观测数据，在另一些上下文中没有，我们也可以利用 212
用户的全局偏差（α_i，从用户所有上下文的数据中学到）来预测缺乏历史观测数据的上下文中面向特定上下文的用户偏差项。

层次回归先验。向量 $\boldsymbol{g}_k$ 是用户特征 $\boldsymbol{x}_{ik}$ 上面向特定上下文的回归系数向量，标量 q_k 是全局用户偏差 α_i 上的回归系数。当我们没有数据用于估计面向特定上下文的用户偏差 α_{ik} 时，我们仍然可以用一个基于用户特征和全局用户偏差的线性回归 $g_k' \boldsymbol{x}_{ik} + q_k \alpha_i$ 来预测它，该线性回归也是 α_{ik} 的先验均值。如果我们有一些数据，模型也允许 α_{ik} 的后验偏离其先验均值以捕捉线性回归不能捕捉的用户在上下文 k 中的特殊行为。

物品偏差。β_{jk} 是物品 j 在上下文 k 中面向特定上下文的偏差（即流行度），它有一个基于全局物品偏差 β_j 和回归系数 $\boldsymbol{d}_k$ 及 r_k 的层次回归先验。

张量分解。张量分解项 $\langle \boldsymbol{u}_i, \boldsymbol{v}_j, \boldsymbol{w}_k \rangle$，以及 $\boldsymbol{u}_i$、$\boldsymbol{v}_j$ 和 $\boldsymbol{w}_k$ 的先验和 10.1 节中的一样。

10.2.2 模型拟合

8.2 节介绍的 MCEM 算法可以用在这里。

令 η 为隐因子集合 $(\alpha_i, \alpha_{ik}, \beta_j, \beta_{jk}, \boldsymbol{u}_i, \boldsymbol{v}_j, \boldsymbol{w}_k)$，$\boldsymbol{\Theta}$ 为先验参数集合 $(\boldsymbol{g}_k, q_k, \boldsymbol{d}_k, r_k, \boldsymbol{G}, \boldsymbol{D}, \boldsymbol{F})$。令 R= 观测数，N_k= 用户数，M_k= 上下文 k 中的物品数，$\boldsymbol{H}$ = 维度（即向量 $\boldsymbol{u}_i$ 的长度，等于向量 $\boldsymbol{v}_j$ 和 $\boldsymbol{w}_k$ 的长度）。令 $\hat{a}$ 和 $\hat{V}[a]$ 分别为因子 a 的后验均值和方差，$\hat{V}[a,b]$ 为因子

a 和 b 的协方差，这三项分别是根据 E 步骤获得的 Monte Carlo 样本计算出来的样本均值、样本方差和样本协方差。令 $\mu_{ijk}=b(\boldsymbol{x}_{ijk})+\alpha_{ik}+\beta_{jk}+\langle \boldsymbol{u}_i,\boldsymbol{v}_j,\boldsymbol{w}_k\rangle$。高斯偏差平滑张量模型的完整数据的对数似然如下：

213

$$
\begin{aligned}
&2\log\Pr(\boldsymbol{y},\boldsymbol{\eta}\mid\boldsymbol{\Theta})=\text{某个常量}\\
&-R\log\sigma_y^2-\sum_{ijk}(y_{ijk}-\mu_{ijk})^2/\sigma_y^2\\
&-\sum_i\alpha_i^2-\sum_k N_k\log\sigma_{\alpha,k}^2-\sum_k\sum_i(\alpha_{ik}-\boldsymbol{g}_k'\boldsymbol{x}_{ik}-q_k\alpha_i)^2/\alpha_{\alpha,k}^2\\
&-\sum_j\beta_j^2-\sum_k M_k\log\sigma_{\beta,k}^2-\sum_k\sum_j(\beta_{jk}-\boldsymbol{d}_k'\boldsymbol{x}_{jk}-r_k\beta_j)^2/\sigma_{\beta,k}^2\\
&-\sum_i(H\log\sigma_u^2+\|\boldsymbol{u}_i-\boldsymbol{G}(\boldsymbol{x}_i)\|^2/\sigma_u^2)\\
&-\sum_j(H\log\sigma_v^2+\|\boldsymbol{v}_i-\boldsymbol{D}(\boldsymbol{x}_j)\|^2/\sigma_v^2)\\
&-\sum_k(H\log\sigma_w^2+\|w_i-\boldsymbol{F}(\boldsymbol{x}_k)\|^2/\sigma_w^2)
\end{aligned}\tag{10.19}
$$

期望对数似然（在 η 上取到）为：

$$
\begin{aligned}
&2E_\eta[\log\Pr(\boldsymbol{y},\boldsymbol{\eta}\mid\boldsymbol{\Theta})]=\text{某个常量}\\
&-R\log\sigma_y^2-\sum_{ijk}((y_{ijk}-\hat{\mu}_{ijk})^2+\hat{V}[\mu_{ijk}])/\sigma_y^2\\
&-\sum_i E[\alpha_i^2]-\sum_k N_k\log\sigma_{\alpha,k}^2\\
&-\sum_k\sum_i\frac{(\hat{\alpha}_{ik}-g_k'x_{ik}-q_k\hat{\alpha}_i)^2+\hat{V}[\alpha_{ik}]-2q_k\hat{V}[\alpha_{ik},\alpha_i]+q_k^2\hat{V}[\alpha_i]}{\sigma_{\alpha,k}^2}\\
&-\sum_j E[\beta_j^2]-\sum_k M_k\log\sigma_{\beta,k}^2\\
&-\sum_k\sum_j\frac{(\hat{\beta}_{jk}-d_k'x_{jk}-r_k\hat{\beta}_j)^2+\hat{V}[\beta_{jk}]-2r_k\hat{V}[\beta_{jk},\beta_j]+r_k^2\hat{V}[\beta_j]}{\sigma_{\beta,k}^2}\\
&-\sum_i\left(H\log\sigma_u^2+(\|\hat{\boldsymbol{u}}_i-\boldsymbol{G}(\boldsymbol{x}_i)\|^2+\text{trace}(\hat{V}[\boldsymbol{u}_i]))/\sigma_u^2\right)\\
&-\sum_j\left(H\log\sigma_v^2+(\|\hat{\boldsymbol{v}}_j-\boldsymbol{D}(\boldsymbol{x}_j)\|^2+\text{trace}(\hat{V}[\boldsymbol{v}_j]))/\sigma_v^2\right)\\
&-\sum_k\left(H\log\sigma_w^2+(\|\hat{\boldsymbol{w}}_k-\boldsymbol{F}(\boldsymbol{x}_k)\|^2+\text{trace}(\hat{V}[\boldsymbol{w}_k]))/\sigma_w^2\right)
\end{aligned}\tag{10.20}
$$

E 步骤

在 E 步骤中，我们想为 η 中的所有隐因子采 L 个 Gibbs 样本，然后用这些样本计算

214 公式（10.20）中的均值和方差。每个样本都通过下面的方式采样。

采样 α_i 和 α_{ik}。假定所有其他的因子都已经给定。令 $o_{ijk}-y_{ijk}-\beta_{jk}-\langle\boldsymbol{u}_i,\boldsymbol{v}_j,\boldsymbol{w}_k\rangle-\boldsymbol{g}_k'\boldsymbol{x}_{ik}$，$\alpha_{ik}^*=\alpha_{ik}-\boldsymbol{g}_k'\boldsymbol{x}_{ik}$，我们有：

$$\begin{aligned} o_{ijk} &\sim N(\alpha_{ik}^*, \sigma_y^2) \\ \alpha_{ik}^* &\sim N(q_k\alpha_i, \sigma_{\alpha,k}^2) \\ \alpha_i &\sim N(0,1) \end{aligned} \quad (10.21)$$

令 $\mathcal{J}_{ik}$ 为用户 i 在上下文 k 中做出过响应的物品集。令 $\boldsymbol{o}_{ik}=\{o_{ijk}\}_{\forall j\in\mathcal{J}_{ik}}$。因为所有的分布都是正态的，$(\alpha_i \mid \boldsymbol{o}_{ik})$ 的分布也是正态的，可以通过 $\int p(\alpha_i, \alpha_{ik}^* \mid \boldsymbol{o}_{ik})\mathrm{d}\alpha_{ik}^*$ 求得。令 $\rho_{ik}=(1+|\mathcal{J}_{ik}|\sigma_{\alpha,k}^2/\sigma_y^2)^{-1}$。我们有：

$$\begin{aligned} E[\alpha_i \mid \boldsymbol{o}_{ik}] &= \mathrm{Var}[\alpha_i \mid \boldsymbol{o}_{ik}]\left(\rho_{ik} q_k \sum_{j\in\mathcal{J}_{ik}} \frac{o_{ijk}}{\sigma_y^2}\right) \\ \mathrm{Var}[\alpha_i \mid \boldsymbol{o}_{ik}] &= \left(1+\frac{q_k^2}{\sigma_{\alpha,k}^2}(1-\rho_{ik})\right)^{-1} \end{aligned} \quad (10.22)$$

然后令 $\boldsymbol{o}_i=\{\boldsymbol{o}_{ik}\}_{\forall k}$，我们得到 $(\alpha_i \mid \boldsymbol{o}_i)$ 的分布，也是正态分布，均值和方差如下：

$$\begin{aligned} E[\alpha_i \mid \boldsymbol{o}_i] &= \mathrm{Var}[\alpha_i \mid \boldsymbol{o}_i]\left(\sum_k \frac{E[\alpha_i \mid \boldsymbol{o}_{ik}]}{\mathrm{Var}[\alpha_i \mid \boldsymbol{o}_{ik}]}\right) \\ \mathrm{Var}[\alpha_i \mid \boldsymbol{o}_i] &= \left(1+\sum_k\left(\frac{1}{\mathrm{Var}[\alpha_i \mid \boldsymbol{o}_{ik}]}-1\right)\right)^{-1} \end{aligned} \quad (10.23)$$

现在，我们从这个分布中采样 α_i。然后，对于每个 k，我们从 $(\alpha_{ik} \mid \alpha_i, \boldsymbol{o}_i)$ 的分布中采样 α_{ik}，也是正态分布，均值和方差如下：

$$\begin{aligned} E[\alpha_{ik} \mid \alpha_i, \boldsymbol{o}_i] &= V_{ik}^{(\alpha)}\left(\frac{q_k\alpha_i}{\sigma_{\alpha,k}^2}+\sum_{j\in\mathcal{J}_{ik}}\frac{o_{ijk}}{\sigma_y^2}\right)+\boldsymbol{g}_k' x_{ik} \\ \mathrm{Var}[\alpha_{ik} \mid \alpha_i, \boldsymbol{o}_i] = V_{ik}^{(\alpha)} &= \left(\frac{1}{\sigma_{\alpha,k}^2}+\frac{1}{\sigma_y^2}|\mathcal{J}_{ik}|\right)^{-1} \end{aligned} \quad (10.24)$$

采样 β_j 和 β_{jk}。 这与采样 α_i 和 α_{ik} 的过程是类似的。

采样 $\boldsymbol{u}_i$、$\boldsymbol{v}_j$ 和 $\boldsymbol{w}_k$。 这可以通过类似 10.1.2 节讨论的 Gibbs 采样过程实现。 215

M 步骤

在 M 步骤中，我们想找到最大化公式（10.20）中 $\boldsymbol{\Theta}$ 的先验参数。

估计 $(\boldsymbol{g}_k, \boldsymbol{q}_k, \boldsymbol{\sigma}_{\alpha,k}^2)$。 令 $\boldsymbol{\theta}_k=(q_k, \boldsymbol{g}_k)$，$z_{ik}=(\hat{\alpha}_i, \boldsymbol{x}_{ik})$，$\Delta_i=\mathrm{diag}(\hat{V}[\alpha_i], \mathbf{0})$，$\boldsymbol{c}_{ik}=(\hat{V}[\alpha_{ik}, \alpha_i], \mathbf{0})$。我们想找到最小化以下目标的 $\boldsymbol{\theta}_k$ 和 $\sigma_{\alpha,k}$：

$$\frac{1}{\sigma_{\alpha,k}^2}\sum_i\left((\hat{\alpha}_{ik}-\boldsymbol{\theta}_k'\boldsymbol{z}_{ik})^2+\boldsymbol{\theta}_k'\Delta_i\boldsymbol{\theta}_k-2\boldsymbol{\theta}_k'\boldsymbol{c}_{ik}+\hat{V}[\alpha_{ik}]\right)+N_k\log\sigma_{\alpha,k}^2 \quad (10.25)$$

令梯度等于 0，我们得到：

$$\hat{\theta}_k = \left(\sum_i (\Delta_i + z_{ik} z'_{ik})\right)^{-1} \left(\sum_i (z_{ik}\hat{\alpha}_{ik} + c_{ik})\right)$$

$$\hat{\sigma}^2_{\alpha,k} = \left((\hat{\alpha}_{ik} - \hat{\boldsymbol{\theta}}'_k z_{ik})^2 + \hat{\boldsymbol{\theta}}'_k \Delta_i \hat{\boldsymbol{\theta}}_k - 2\hat{\boldsymbol{\theta}}'_k \boldsymbol{c}_{ik} + \hat{V}[\alpha_{ik}]\right) / N_k \tag{10.26}$$

估计 $(\boldsymbol{d}_k, \boldsymbol{r}_k, \boldsymbol{\sigma}^2_{\beta,k})$。这与估计 $(\boldsymbol{g}_k, q_k, \sigma^2_{\alpha,k})$ 的过程类似。

估计 $(\boldsymbol{G}, \boldsymbol{\sigma}^2_u)$、$(\boldsymbol{D}, \boldsymbol{\sigma}^2_v)$ 和 $(\boldsymbol{F}, \boldsymbol{\sigma}^2_w)$。这可以通过类似 8.2 节中的 M 步骤来实现。

10.2.3 局部增强张量模型

在本节中，我们将介绍在 10.2.1 节中定义的 BST 模型的一个扩展。我们先讨论两个简单的解决上下文相关推荐问题的基本矩阵分解模型。

- 分离矩阵分解（Separate Matrix Factorization，SMF）把 K 个不同上下文中的观测当成 K 个分离的矩阵，并且单独对每个矩阵运用分解，即：

$$y_{ijk} \sim \alpha_{ik} + \beta_{jk} + \boldsymbol{u}'_{ik}\boldsymbol{v}_{jk}$$

- 混合矩阵分解（Collapsed Matrix Factorization，CMF）将所有上下文中的观测都混合到一个单独的矩阵中，并且对其运用分解，即：

$$y_{ijk} \sim \alpha_i + \beta_j + \boldsymbol{u}'_i\boldsymbol{v}_j$$

其中右边的部分与类型 k 无关。

SMF 是一个强有力的基准模型，因为在不同的上下文中，训练样本很多的用户和
216 物品的面向特定上下文的因子可以被准确估计；对于没有很多训练数据的用户和物品，他们的因子仍然可以用特征预测。与 CMF 相比，SMF 有 k 倍数量的因子需要从数据中估计，并且它对数据稀疏性更敏感。虽然 CMF 对数据稀疏性不那么敏感，但是它忽视了行为在不同上下文中的差异性，可能产生偏差导致性能变差。BST 利用张量分解和层次先验解决了 CMF 的偏差问题。但与 SMF 相比，BST 仍可能缺乏捕捉行为在不同上下文中的差异性的能力，特别是当我们拥有的每个上下文中的数据很多时。

建模。局部增强张量模型（LAT）对每个上下文中的 BST 残差进行局部分解，以此将 BST 和 SMF 联系起来。建模用户 i 在上下文 k 中对物品 j 的响应 y_{ijk} 如下：

$$y_{ijk} \sim \alpha_{ik} + \beta_{jk} + \langle \boldsymbol{u}_i, \boldsymbol{v}_j, \boldsymbol{w}_k \rangle + \boldsymbol{u}'_{ik}\boldsymbol{v}_{jk} \tag{10.27}$$

因子的直观意义如下：

- α_{ik} 是用户 i 面向特定上下文的偏差。
- β_{jk} 是物品 j 面向特定上下文的流行度。
- $\langle \boldsymbol{u}_i, \boldsymbol{v}_j, \boldsymbol{w}_k \rangle$ 衡量的是用户 i 的全局画像 $\boldsymbol{u}_i$ 和物品 j 的全局画像 $\boldsymbol{v}_j$ 之间的由面向特

定上下文的权重向量 $\boldsymbol{w}_k$ 加权的相似度。这些画像之所以被称作全局的是因为它们不局限于特定的上下文。这个加权的内积（即张量积）在我们尝试用它来近似观测 y_{ijk} 时施加了一个约束。具体来说就是，当不同上下文中的行为存在差异性时，它可能无法灵活地准确建模用户响应，但当数据稀疏时，在参数上添加这种约束有助于避免过拟合的发生。

- $\boldsymbol{u}'_{ik}\boldsymbol{v}_{jk}$ 衡量的也是用户 i 和物品 j 在上下文 k 中的相似度，但是它比张量积更灵活。因此，张量积没有捕捉到的残差可以被面向特定上下文的用户因子 $\boldsymbol{u}'_{ik}$ 和物品因子 $\boldsymbol{v}_{jk}$ 的内积捕捉到。

与全局因子 $\boldsymbol{u}_i$、$\boldsymbol{v}_j$ 相对，我们称面向特定上下文的因子 $\boldsymbol{u}_{ik}$、$\boldsymbol{v}_{jk}$ 为局部因子。因为我们用局部因子的内积扩展了张量积，所以最终的模型就被称为局部增强张量模型。因子先验如下：

$$\alpha_{ik} \sim N(\boldsymbol{g}'_k \boldsymbol{x}_{ik} + q_k \alpha_i, \sigma^2_{\alpha,k}), \quad \alpha_i \sim N(0,1) \tag{10.28}$$

$$\beta_{jk} \sim N(\boldsymbol{d}'_k \boldsymbol{x}_{jk} + r_k \beta_j, \sigma^2_{\beta,k}), \quad \beta_j \sim N(0,1) \tag{10.29}$$

$$\boldsymbol{u}_{ik} \sim N(\boldsymbol{G}_k(\boldsymbol{x}_i), \sigma^2_{uk}\boldsymbol{I}), \quad \boldsymbol{v}_{jk} \sim N(\boldsymbol{D}_k(\boldsymbol{x}_j), \sigma^2_{vk}\boldsymbol{I}) \tag{10.30}$$

$$\boldsymbol{u}_i \sim N(\boldsymbol{0}, \sigma^2_{u0}\boldsymbol{I}), \boldsymbol{v}_j \sim N(\boldsymbol{0}, \sigma^2_{v0}\boldsymbol{I}), \boldsymbol{w}_k \sim N(\boldsymbol{0}, \boldsymbol{I}) \tag{10.31}$$ 217

其中 $\boldsymbol{g}_k$、q_k、$\boldsymbol{d}_k$、r_k、$\boldsymbol{G}_k$ 和 $\boldsymbol{D}_k$ 是回归系数向量和回归函数。这些回归系数和回归函数有待从数据中学习，然后再为训练数据中未出现的用户或物品做预测。新用户或物品的因子是基于其特征的回归预测出来的。

模型拟合。MCEM 算法很容易用于拟合 LAT 模型，所需的所有公式在 8.2 节、10.1.2 节和 10.2.2 节都讨论过。

10.3　多角度新闻文章推荐

推荐新闻文章的链接有利于促进 Web 上的信息发现。这类推荐系统最常用的用户参与度指标是观测点击通过率，或者说是 CTR，即用户点击推荐文章的概率。我们习惯通过对文章排序来优化 CTR（Das 等人，2007；Agarwal 等人，2008；Li 等人，2010）。但仅使用 CTR 对新闻文章排序可能还不够，因为用户与在线新闻的交互是多角度的。用户不只是点击新闻链接或者阅读文章，就像图 10-1 展示的那样，他们也可以分享文章给朋友，将文章分享到朋友圈，写评论或者看评论，给其他用户的评论打分，发邮件给朋友或者将文章收藏到自己的邮箱，打印文章以便离线精读等。这些不同类型的“阅读后”行为是用户深度参与的标志，也为个性化推荐提供了附加信息。我们会换着使用“角度”和“阅读后行为类型”。例如，针对每个不同的角度，根据预测行为率对新闻文章排序，我们也可以将 CTR 和阅读后行为率结合起来，对不同角度的新闻文章进行混合排序，以确保该排序对那些不仅会点击文章，还会在阅读后分享或评论的用户有效。

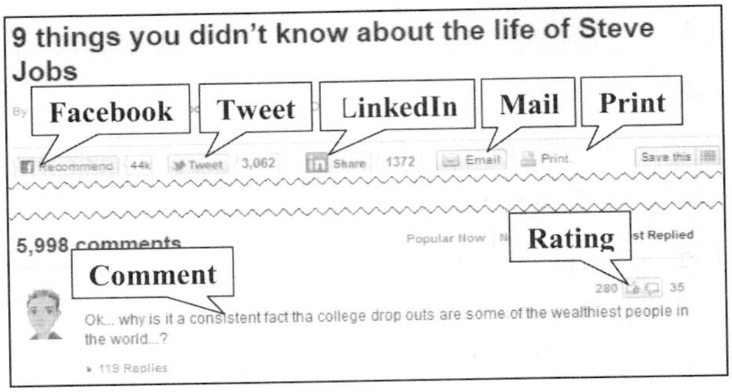

图 10-1　阅读后行为示例

在本节中，我们把每个角度（即阅读后行为的类型）都当成一个上下文，运用上下文相关模型解决这个问题。首先我们对这个问题进行探索性分析，然后报告不同模型的实验结果并进行比较。

10.3.1　探索性数据分析

我们收集美国雅虎新闻网站上的数据来进行阅读后行为的研究，这部分数据来自 2012 年，那时网站上每个月都有数百万的用户访问量。虽然这个数据集不能代表完整的新闻阅读人群，但是它的市场份额足以用来研究美国的在线新闻阅读行为。网站为用户提供了多种功能供用户阅读完一篇文章后使用。图 10-1 展示了一篇普通新闻文章页面的一部分：最上面是允许用户将文章分享到多个社交媒体网站的链接或按钮，如 Facebook、推特和领英；用户也可以通过发邮件或硬拷贝将文章分享给他人或者自己收藏；在页面的底部，用户可以留下文章评论或者给其他用户的评论打分，也可以点击喜欢按钮或不喜欢按钮。

除了鼓励用户点击阅读后行为的链接或按钮，网站上的大部分文章页面都会设置一个模块用于向用户推荐有趣文章的链接。这个模块是一种在网站上产生浏览量的重要途径，所以才会尝试推荐最大化整体 CTR 的文章链接。我们为一小部分用户展示一组随机的文章，然后利用这一小部分流量来估计 CTR，最后将其用于我们的分析。

数据源。我们收集两种数据：（1）新闻网站上的所有网页浏览记录，用于研究阅读后行为（这些网页浏览记录是通过点击网站在 Web 上发布的新闻文章链接生成的）；（2）模块的点击记录。为了区分模块上链接的浏览和点击链接后新闻文章页面的浏览，我们把前者称为*链接浏览*，后者称为*页面浏览*。预阅读文章的点击通过率（CTR）等于点击数除以模块的链接浏览量，阅读后 Facebook 的分享率（FSR）等于分享行为的数量除以页面浏览量，其他类型的阅读后行为率也是类似计算的。我们关注以下阅读后行为：Facebook 分享、发邮件、打印、评论以及评分。

数据多样性。分析中使用的数据是从 2011 年的几个月中收集的。我们收集的文章都在模块上展示过，并且至少被点击过一次，收到过至少一条评论，以及 Facebook 分享、邮件和打印中的至少一次阅读后行为，大约有 8000 篇，已经被发布者归类到层次目录中，我们使用层次目录的前三级完成分析。第一级目录有 17 类，这 17 类的文章频数分布展示在图 10-2 中。从图中可以看出，发布在网站上的新闻文章多种多样，是研究用户与在线新闻交互的一项很好的资源。我们也获得了用户的个人信息，包括年龄、性别和地理位置（通过 IP 地址识别）。所有的用户 ID 都是匿名的。数据包含数亿次网页浏览事件，足以供我们估计阅读后行为率。 218~219

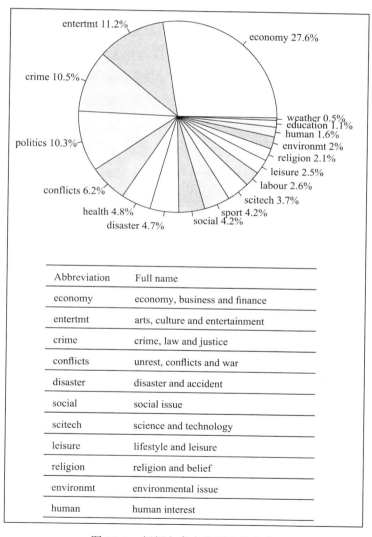

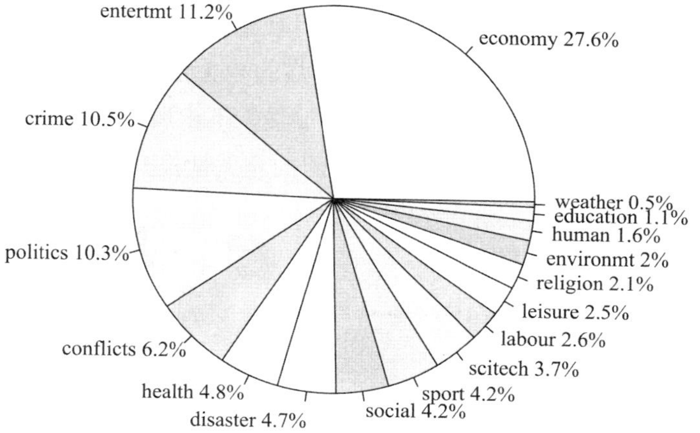

Abbreviation	Full name
economy	economy, business and finance
entertmt	arts, culture and entertainment
crime	crime, law and justice
conflicts	unrest, conflicts and war
disaster	disaster and accident
social	social issue
scitech	science and technology
leisure	lifestyle and leisure
religion	religion and belief
environmt	environmental issue
human	human interest

图 10-2 新闻文章在类别上的分布

预阅读与阅读后。我们调查了预阅读（点击）和阅读后行为的关系。例如，一篇点击量很高的文章被用户分享和评论的概率是否也很高？对于每篇文章，计算模块上文章的总体 CTR 以及不同类型的阅读后行为率。在图 10-3 中，我们展示了点击和其他行为类型之间的皮尔逊相关性（第一列或者最后一行）。我们观察到，点击率和其他阅读后行为率之间的相关性很小。我们也计算了文章分类后二者的相关性，发现还是很小。二者相关性的缺乏可能不足为奇：点击行为的产生是由用户对特定文章的主题兴趣驱动的，而点击后行为本质上是以点击为前提条件的，因此也取决于主题兴趣。根据 CTR 和其他点击后指标对文章排序可能会产生不同的排序结果。例如，如果新闻网站的目标是最大化 CTR 的同时还要保证一个最低的转发量，我们可以先预测哪些文章更有可能被转发，之后根据 CTR 和转发率来调整文章的排序。

阅读后行为间的相关性。利用文章层面的行为率我们计算了各种阅读后行为两两之间的皮尔逊相关性，展示在图 10-3 中。我们观察到多种阅读后行为类型有正相关性，如发邮件与 Facebook 分享和打印之间有很强的相关性，与评论和评分之间却没有。Facebook 分享、发邮件和打印之间的相关性也很强。不出所料，评论和打分之间的相关性也很强。以上发现说明利用阅读后行为类型间的相关性提升估计的准确性是可行的。

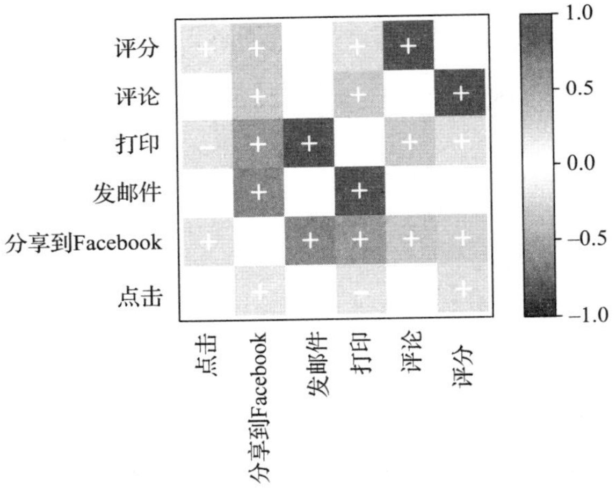

图 10-3 不同行为类型间的相关性（不考虑对角线上的单元）

提醒一句，当数据在（用户，物品）层面分类时，相关性不一定成立，因为数据是观察到的，会受到各种偏差源的影响。因为缺乏样本（每个（用户，物品）对在每个行为种类上的行为记录数很少），在（用户，物品）层面利用探索性分析来研究相关性是不可行的。通过探索性分析的展示，我们对数据的特征有了大致的了解。

阅读与阅读后：私密与公开。现在我们比较用户的阅读行为与阅读后行为。具体来说，阅读后行为在不同的文章类别或用户类型下是否一致？一个来自加州的普通年轻男性会评论并分享他读过的大部分文章吗？

为了了解这点，我们把不同类别的文章页面浏览量比例组成的向量表示成阅读行为。我们也可以把这个向量看成是在类别上的多项式概率分布，即一次随机的页面浏览属于一个给定类别的概率。类似地，某类文章中的某种行为类型的边际阅读后行为可以表示成该类文章中的这种行为类型的阅读后行为的比例向量。为了比较阅读后行为向量和阅读行为向量，我们计算这两个向量的对应元素的比率。图 10-4a 展示了前 10 个浏览量最大的类别的比率对数，类别按照各自得到的浏览量排序（最左边最高）。为了保证统计上的显著性，所有样本量都充分大（至少有成千上万的阅读后行为）。为了帮助理解图 10-4，让我们考虑（发邮件，冲突）这个单元。它表明，一个普通用户对冲突的文章产生阅读行为的可能性大于发邮件行为。一般来说，如果用户的阅读后行为与阅读行为一样，或者在各个新闻类别中都一致，那么比率（取对数后）应该聚集在 0 附近。显然，不是所有的行为类别都是这种情况，因为在图中我们能看到单元格有正有负。 220~222

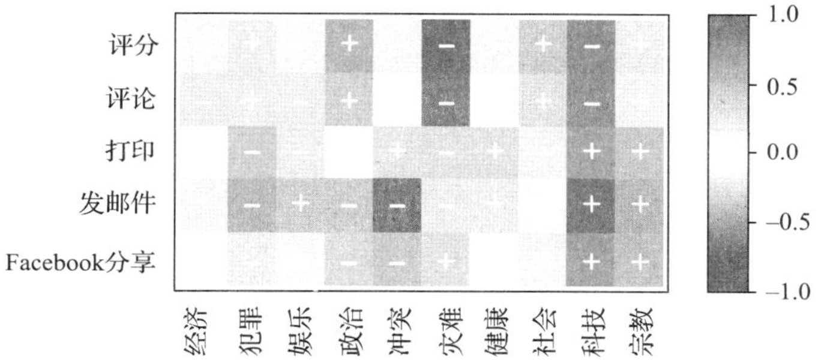

a) 顶级目录

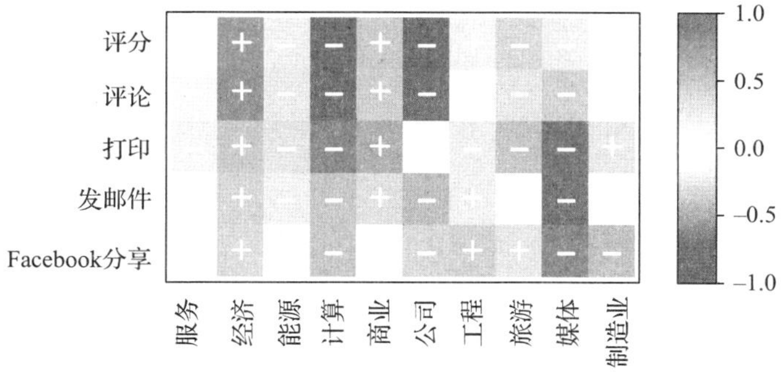

b) 经济类子目录

图 10-4 页面浏览和阅读后行为的差异。图中也展示了不同行为类型在不同类别文章上的阅读后行为率变化

用户对犯罪、政治和冲突类文章更可能产生阅读行为，而不是通过发邮件或者在 Facebook 上把文章分享给朋友。对于灾难和科技类的文章，他们更愿意阅读，而不太愿意进行评论。而对于科技和宗教类文章，他们会很积极地分享。他们也更乐意在公开 223
论坛留下对政治事件的评论并参与讨论。

我们观察到一个有趣的新闻消费模式。阅读新闻文章是一项私密的活动，而分享

（Facebook 和发邮件）或者对文章发表观点（评论和评分）是一项公开的活动，普通用户的私密活动和公开活动存在差异。用户倾向于分享能让他们赢得社会声望和信誉的文章，但在私下里也不介意偶尔点击并阅读一些淫秽的新闻。

阅读后行为比率在不同划分粒度下的变异（variation）。我们根据不同的粒度对数据进行划分，然后研究阅读后行为比率在不同划分粒度下的变异。在以非随机方式获得的数据上进行粗粒度地分析可能无法获得完整的结果。理想情况下，应该在最细粒度的划分下，即（用户，物品）层次，调整数据异质性后才能进行结论的推断。由于缺乏样本，不可能在细粒度的划分下通过探索性分析来研究变异。因此，在本节，我们的目标是研究在样本足够的划分粒度下的变异。这样的分析为之后预测行为率提供了解决思路，也为是否有必要在细粒度划分下进行复杂建模的问题提供了见解。例如，如果所有科学文章的行为相似，则没有必要在科学类别内的文章层面对数据进行建模。

不同文章类别的变异。为了研究不同文章类别的阅读后行为率的变异，我们对每个行为类型中浏览量前 10 的文章类别计算面向特定文章类别的阅读后行为比率（类别中的行为数除以类别中的页面浏览量）与全局行为比率（行为总数除以页面浏览总量）之间的比值，展示在图 10-4 中。正如我们之前提到的，从正单元和负单元可以看出，在该划分粒度下，行为比率存在变异。

不同用户段的变异。我们根据年龄和性别对用户分段，在图 10-5 中展示了不同年龄段用户按性别划分的阅读后行为比率。同样地，我们观察变异。年轻用户和中年用户的 Facebook 分享率最高。年龄偏大的用户倾向于发邮件，但年轻用户更愿意在 Facebook 上分享，也更愿意打印。我们发现，女性用户的分享率也出奇得高，而男性用户更愿意对文章进行评论。图中还有预阅读点击行为，我们观察到，年龄偏大的用户
224 点击数更多，所有年龄阶段的男性点击量都比女性大。

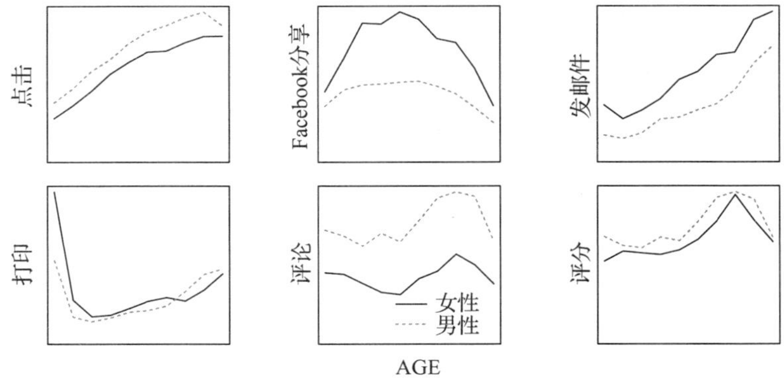

图 10-5　不同年龄 – 性别段的阅读后行为比率差异

文章类别和用户分段内的变异。根据文章类别和用户分段对数据进行划分后，我们在文章层次下深度挖掘并分析用户阅读后行为比率的变异。在文章层次下，类别内和分

段内的高度变异意味着类别和分段的过度异质性，同时也表明我们需要对比率进行更细粒度的建模。为了研究这种变异，我们定义变异系数 σ/u，其中 σ 是给定文章类别内（或文章类别 × 用户分段）的文章行为比率的标准差，u 是文章类别（或文章类别 × 用户分段）中平均文章行为比率。σ/u 是一个正值，值越小意味着变异越小，一般来说，高于 0.2 就是高度变异。

在图 10-6 中，我们展示了变异系数关于文章类别的分布，以及它关于文章类别与用户年龄 – 性别的交叉积的分布。从这两幅图可以看出，所有的阅读后行为的变异系数都比点击要大。这意味着，虽然不同文章类别和用户分段的平均阅读后行为存在变异，但是在每个层次内的文章层面下的变异也很大，从而使得根据文章类别信息预测文章阅读后行为比率比预测文章点击率更难。比较这两幅图，我们可以看出，增加用户特征对降低变异系数基本没有帮助，这意味着根据用户分段划分数据在解释每个文章类别内的文章层面的变异上没有帮助。也许是因为给定的一个（年龄，性别）分段内的用户在文章层面的新闻消费行为有所不同。 225

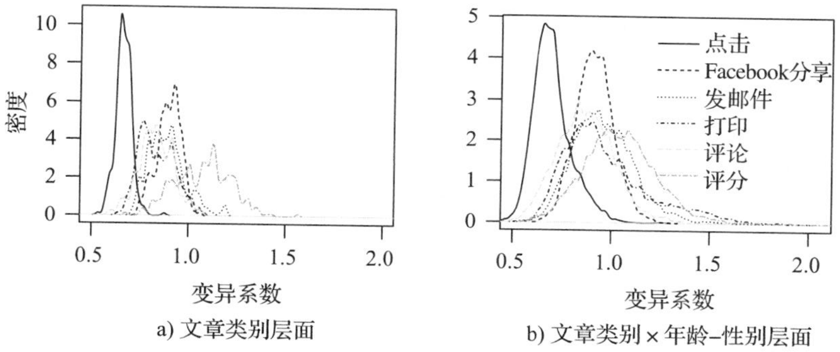

图 10-6 变异系数的密度

探索性分析表明，预测任意类型的阅读后行为比估计 CTR 更难。我们看到，虽然利用文章类别信息和用户个人信息是有用的，但是还需要对文章和用户层面上的异质性进行建模。我们验证了阅读后行为类型之间存在正相关关系，10.2.3 节定义的 LAT 模型可以用这种相关关系提升预测性能。

10.3.2 实验评估

我们利用从美国雅虎新闻上收集的阅读后数据对以下在 10.2.1 节和 10.2.3 节介绍过的模型进行评估。

- LAT：局部增强张量模型（在 10.2.3 节定义），其中上下文 k 与角度（即阅读后行为类型）k 对应。
- BST：偏差平滑张量模型（在 10.2.1 节定义），它是 LAT 的一个特例。
- SMF：分离矩阵分解（在 10.2.3 节定义）。

- CMF：混合矩阵分解（在 10.2.3 节定义）。
- Bilinear：该模型利用用户特征 $\boldsymbol{x}_i$ 和物品特征 $\boldsymbol{x}_j$ 预测一个用户是否会对一件物品产生行为，具体形式化如下：

$$y_{ijk} \sim \boldsymbol{x}_i' W_k \boldsymbol{x}_j$$

其中 W_k 是角度 k 的回归系数矩阵。在该模型中，每个用户特征和每件物品特征构成的对都有一个回归系数，都利用 L_2 正则的 Liblinear（Fan 等人，2008）拟合，其中的正则
226 项权重用 5 折交叉验证选择。

我们也把这些模型与一组基准的 IR 模型进行了比较。在下面所有的 IR 模型中，通过整合训练数据中用户有过正向行为的物品的所有文本信息，我们构建了一幅用户画像。我们把这种用户画像当成查询，然后利用不同的检索函数对物品进行排序。IR 模型包括：

- COS：余弦相似度向量空间模型。
- LM：狄利克雷平滑语言模型（Zhai 和 Lafferty，2001）。
- BM25：Okapi 检索方法的最优变种（Robertson 等人，1995）。

对于因子模型，高斯模型在调优集上的性能比逻辑模型要好，因此我们报告高斯模型的性能。

数据。我们收集了 13 739 个用户对 8069 件物品的阅读后行为，每个用户在一个角度上都至少有 5 次行为，每件物品在每种类型的阅读后行为上都至少获得一次行为。最终，我们得到 2 548 111 次阅读后行为事件，每次事件记为（用户，角度，物品）。如果用户在一个角度上对物品产生行为，那么这次事件就是正向的或相关的（意味着物品在这个角度上与用户相关）；如果用户看见了物品，但是没有在这个角度上采取行动，那么这次事件就是负向的或无关的。在这种设置下，我们很自然地把每个（用户，角度）对当成一次查询。与（用户，角度）对关联的事件集便定义了待排序的物品集，排序需要根据用户行为体现的相关性评判标准进行。在问题设置中，我们很难根据编辑的准则进行评判，因为不同的用户有不同的新闻阅读偏好。

评估指标。我们把在 k 处的平均精度（P@k）和平均精度均值（MAP）作为评估指标，其中，均值在测试对（用户，角度）上取得。模型的计算方式如下：对于每个测试对（用户，角度），根据模型的预测值对用户在某个角度上看见的物品进行排序，然后计算等级 k 上的精度，最后对所有测试对的精度值取平均。MAP 的计算方法也类似。为了更好地比较不同的模型，我们定义模型在 SMP 上的 P@k Lift 和 MAP Lift 分别为模型在 P@k 和 MAP 上相较于 SMP 模型的提升，SMP 是一个强有力的基准模型。例如，如果一个模型的 P@k 是 A，SMP 的 P@k 是 B，那么提升就是 $\frac{A-B}{B}$。

实验设置。按照如下方式创建一个训练集、一个调优集和一个测试集。对于每个用户，我们随机选择一个该用户有过行为的角度，然后把与（用户，角度）对关联的事件放入集合 $\mathcal{A}$。剩下的（用户，角度）对构成训练集。我们把集合 $\mathcal{A}$ 的三分之一放入调优集，剩下的三分之二放入测试集。调优集用来选择因子模型的维度（即 $\boldsymbol{u}_i$、$\boldsymbol{v}_j$、$\boldsymbol{w}_k$、$\boldsymbol{u}_{ik}$、$\boldsymbol{v}_{jk}$ 的维度）。除了维度，EM 算法会自动确定所有的模型参数。对于每个模型，我们只报告利用调优集选择出的维度最优的模型在测试集上的性能。 227

实验中用到的用户特征有年龄、性别和根据用户 IP 地址确定的地理位置。我们只考虑登录的用户，并且他们的用户 ID 是匿名的，不能以任何方式使用。物品特征包括发布者标注的文章类别，以及文章标题和摘要中的词袋。

IR 模型的性能。我们首先在图 10-7 中比较了基准 IR 模型。图中，LM 的参数 μ 和 BM25 的参数和 k_1 在变化，另外两个参数在所有实验中都设置为默认推荐值，即 $k_3=1000$，$b=0.75$。我们可以看出，LM 和 BM25 优于 COS，但是差距不大。在本节接下来的内容中，我们用 $k_1=1$ 的 BM25 作为 IR 模型来与其他基于学习的方法进行比较。

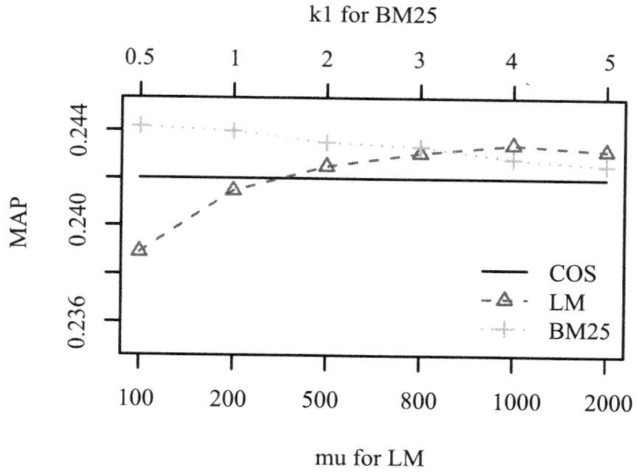

图 10-7 不同 IR 模型的性能

总体性能。我们在图 10-8a 中展示不同模型在测试集中所有（用户，角度）对上取平均的精确率 – 召回率曲线，在表 10-1 中报告 P@1、P@3、P@5 和 MAP。随着 k 的增加，精确率下降，因为阅读后行为是稀有事件，许多用户在测试集中的阅读后行为不到 3 次或 5 次。举个例子，**如果一个用户在测试集**中只有一次行为，同时看到了至少 5 件物品，那么他的 P@5 最大为 1/5。为了测试两个模型性能差异的显著性，我们要看单独的每个（用户，角度）对的 P@k 和 MAP，在所有测试（用户，角度）对上对两个模型进行成对的 t 检验，检验结果展示在表 10-2。具体分析结果显示，LAT 明显优于所有其他模型。我们发现，BST 和 SMF 之间的差距，以及 CMF 和 BM25 之间的差距不是很明显。 228

表 10-1　不同模型的整体性能

模型	精确率			
	P@1	P@3	P@5	MAP
LAT	**0.3180**	**0.2853**	**0.2648**	**0.3048**
BST	0.2962	0.2654	0.2486	0.2873
SMF	0.2827	0.2639	0.2469	0.2910
Bilinear	0.2609	0.2472	0.2350	0.2755
CMF	0.2301	0.2101	0.2005	0.2439
BM25	0.2256	0.2247	0.2207	0.2440

表 10-2　成对 t 检验结果

对比	显著性水平
LAT > BST	0.05 (P@1), 10^{-4} (P@3, P@5, MAP)
LAT > BST	10^{-4} (all metrics)
BST ≈ SMF	insignificant
BST > Bilinear	10^{-3} (all metrics)
SMF > Bilinear	0.05 (P@1), 10^{-3} (P@3, P@5, MAP)
BST > CMF	10^{-4} (all metrics)
SMF > BM25	10^{-4} (all metrics)
Bilinear > CMF	10^{-3} (all metrics)
Bilinear > BM25	10^{-3} (all metrics)
CMF ≈ BM25	insignificant

注：值越小，越显著。

Bilinear 比 CMF 好是因为 CMF 完全忽视了用户在不同行为类型上的行为差异。Bilinear 模型优于 CMF，说明用户和物品特征有一定的预测能力，但是与 SMF 相比，
229 这些特征不足以捕捉单个用户或者单件物品的行为。BM25 是性能最差的模型之一，大概是因为它是唯一一个无监督学习模型。

按角度划分。在表 10-3 中，我们按照角度划分测试集，报告不同模型的 P@1，其他指标的结果与之类似。这里重点比较 LAT、BST 和 SMF。我们发现，BST 在前三个角度上比 SMF 好，但是在后两个角度上较差。在数据集中，前三个角度的事件比后两个角度的要多。BST 优于 SMF 的优势在于它有全局因子，所以一个角度的训练行为通过角度间的相关性也用于预测其他角度的测试行为。但是，BST 没有 SMF 灵活，具体来说就是不能足够灵活地捕捉不同角度间的差异，这就不得不导致它拟合某些角度会比拟合其他角度要好，正如我们所料，它拟合数据量更大的角度中的行为比拟合数据量小的角度中的行为要好。LAT 则通过增加面向特定角度的因子（$\boldsymbol{u}_{ik}$ 和 $\boldsymbol{v}_{jk}$）以拟合 BST 的残差来解决这个问题，正如我们看到的，除了在发邮件这个角度上之外，LAT 一致优于

BST，也比 SMF 更好。SMF 和 Bilinear 在发邮件的角度上的性能一样，这表明利用隐因子提升性能是有难度的。因为 LAT 的因子比 SMF 更多，过拟合的可能性更大。

表 10-3　按角度划分的 P@1

模型	角度				
	评论	点赞	Facebook 分享	发邮件	打印
LAT	**0.3477**	**0.3966**	**0.2565**	0.2069	**0.2722**
BST	0.3310	0.3743	0.2457	0.1936	0.1772
SMF	0.2949	0.3408	0.2306	**0.2255**	0.2532
Bilinear	0.2837	0.2947	0.2328	**0.2255**	0.1709
CMF	0.2990	0.2905	0.1638	0.1114	0.1203
BM25	0.2726	0.3198	0.1509	0.1061	0.0886

注：粗体标记每个角度下的最佳模型的性能。

按用户活跃度划分。在图 10-8 中，我们根据用户在训练集中阅读后行为的数量将测试用户按照活跃度划分。这里的重点也是比较 LAT、BST 与 SMF。一条曲线表示一个模型随着 x 轴用户活跃度的变化，P@1 或 MAP 相较于 SMF 的提升。LAT 几乎一致优于其他所有的模型。对于活跃度低的用户（0～5），LAT、BST 和 SMF 之间几乎没有差别，因为它们都缺少数据，预测几乎都是基于特征来进行的。我们发现，LAT 在阅读后行为数为 50 到 55 之间的用户上的性能优势最大。 230

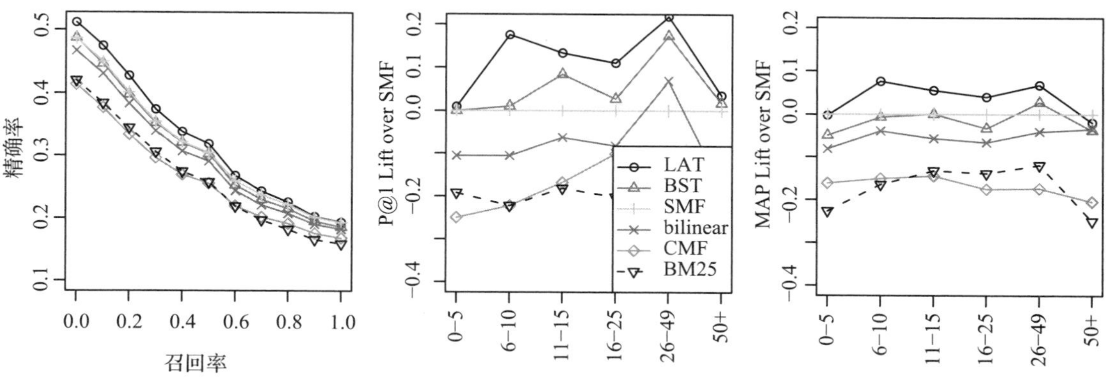

a) 精确率–召回率曲线　　b) 在不同用户活跃度上的P@1　　c) 在不同用户活跃度上的MAP

图 10-8　不同模型的性能

不同角度间的差异理解。在表 10-4 中，我们展示了一些多角度新闻排序的结果示例。在表的上半部分，我们展示了一个普通用户的排序靠前的文章；在下半部分，我们展示了年龄在 41 到 45 岁之间的男性用户的排序靠前的文章。我们观察到，在不同的角度上，排序结果非常不同。例如，在 Facebook 和发邮件的角度上，许多与健康相关的文章都排得很前，但是在评论角度上，政治类文章通常会更受欢迎。此外，如果比较 40 岁初期的男性与总体人群，我们会观察到明显的不同：例如，虽然在发邮件的角度上 231

两个群体都有与健康相关的文章，但是 40 岁初期的男性倾向于发送与癌症相关的文章。这些不同证实了个性化多角度排序的需求。

表 10-4 多角度新闻排序示例

Facebook 分享	发邮件	评论
总体人群		
US weather tornado Japan disaster aid	Teething remedies pose fatal risk to infants	US books Michelle Obama
Eight ways monsanto is destroying our health	US med car seats children	US Obama immigration
Teething remedies pose fatal risk to infants	Super women mom soft wins may live longer	US exxon oil prices
New zombie ant fungi found	Tips for a successful open house	Harry Reid: republicans fear tea party
Indy voters would rather have Charlie Sheen . . .	Painless diabetes monitor talks to smartphone	Obama to kick off campaign this week
41～45 岁的男性		
Oxford English dictionary added new words	Richer white women more prone to melanoma	Israel troubling tourism
US exxon oil prices	Obesity boost aggressive breast cancer in older women	Israel palestinians
Children make parents happy eventually	US med car seats children	USA election Obama
Qatar Saudi politics Internet	Are coffee drinkers less prone to breast cancer	US books Michelle Obama
Lawmakers seek to outlaw prank calls	Short course of hormone therapy boosts prostate cancer	Levi Johnston to write memoir

注：只展示了新闻文章的标题。

10.4 相关物品推荐

假设网页的主要区域上有物品 k，一种常见的推荐方法是推荐与物品相关的其他物品。例如，在新闻网站上，当用户正在阅读一篇文章 k 时，那么就可以推荐与文章 k 相关（或相似）的其他文章；在电商网站上，当用户正在浏览一件商品 k 时，那么就可以推荐与商品 k 相关的其他商品。我们把这些例子中的文章或者商品 k 称为上下文物品，因为它们是与推荐相关的上下文。

在相关物品推荐中，给定一个用户 i 和一件上下文物品 k，我们的目标是推荐同时满足以下两条准则的其他物品 j：

- 语义相关性：根据一些依赖于应用程序的相关性定义，推荐的物品需要与上下文物品相关。
- 高响应率：我们也要确保用户可能会对推荐的物品做出正向的响应（如点击推荐的物品）。

在本节中，我们首先介绍如何计算物品间的相关性，然后介绍如何预测响应率，还会讨论如何结合这两条准则生成最终的推荐。

10.4.1 语义相关性

相关性的定义通常取决于应用，例如，相关的文章或商品可以是相似的文章或商品。相似度可以用两篇文章或者商品的词袋表征（参考 2.1.2 节）间的余弦相似度衡量（参考 2.3.1 节）。在一些情况下，我们不想推荐与上下文物品太相似的相关物品，因为非常相似的物品几乎没有额外信息。相关文章可以定义成与上下文文章的主题相同，但 232~233 又与其不是很相似的文章。将文章归类到主题以及定义相似度的方法有很多，主题可以用 LDA 模型（参考 2.1.3 节）发现，相似度可以用两篇文章的词袋间的余弦衡量。

一般来说，没有相关物品的示例很难定义相关性函数，当然这可能也与应用相关。给出一个应用中相关物品和无关物品的例子，我们可以运用任意的有监督学习模型学习相关性函数。令 $\boldsymbol{x}_j$ 和 $\boldsymbol{x}_k$ 为物品 j 和物品 k 的特征向量，$\boldsymbol{x}_{jk}$ 是由衡量物品 j 和物品 k 之间的关系的不同指标（如相似度）构成的向量。一种方法是用逻辑回归预测物品 j 与物品 k 相关的概率为 $\boldsymbol{x}_j'\boldsymbol{A}\boldsymbol{x}_k + \boldsymbol{x}_{jk}'\boldsymbol{b}$，其中 $\boldsymbol{A}$ 是回归系数矩阵，$\boldsymbol{b}$ 是回归系数向量（如何拟合这种模型请参考 2.3.2 节）。我们把量化物品 j 与物品 k 相关性的模型输出称为从 j 到 k 的相关性评分，这个定义可能是对称的，也可能不是，这取决于应用的要求。

10.4.2 响应预测

当我们推荐相关物品时，要确保用户愿意通过点击、分享、喜欢、评高分等对它们做出正向响应。有些应用不使用语义相关性评分，仅根据预测响应来推荐相关物品，比如在线购物网站中一种常见的推荐方法基于以下假设：买了物品 k 的用户也会买物品 j。这种推荐通常基于用户在刚买过 k 的条件下会买 j 的概率，即 Pr（用户会买 j| 用户买过 k），其中物品 k 是上下文物品。这个概率可以用同时买过物品 j 和 k 的用户数除以买过物品 k 的用户数来估计。如果分母很大，该条件概率可以准确地估计，然而，对于没有被买过很多次的物品，准确地估计概率是很难的。此外，如果我们想个性化地推荐相关物品，则需要把用户 i 也加入到条件中，估计 Pr（买物品 j| 买过物品 k，用户 i）。如果数据更稀疏，基于概率计算的估计通常不起作用。

给定上下文物品 k，为了预测用户 i 对物品 j 的响应 y_{ijk}，我们可以利用 10.1 节介绍的张量分解模型以及 10.2 节介绍的层次收缩模型。因为上下文物品的总量很大，张量分解模型通常更适用于相关物品推荐，而层次收缩模型（如 BST 模型）通常更适用于上下文数量相对较少的推荐问题，因为存储 α_{ik} 和 β_{jk} 所需的内存是 $MK+NK$，其中 M 是用 234
户数，N 是物品数，K 是上下文数。对于相关物品推荐来说，$MK+NK$ 通常会很大，因为上下文数就是物品数，即 $K=N$。

10.4.3 预测响应和预测相关性的结合

给定上下文物品 k，我们可以构建两个模型，一个用于预测用户 i 对物品 j 的响应，一个用于预测从物品 j 到物品 k 的相关性。有了这两个模型，我们就可以利用以下任一策略生成最终的推荐：

1. 根据预测的响应和相关性分数的加权和对物品进行排序。
2. 筛选出预测响应大于某个阈值的物品，然后根据物品的预测相关性分数进行排序。
3. 筛选出预测相关性分数大于某个阈值的物品，然后根据物品的预测响应进行排序。

通常我们会选择策略 3，因为在很多相关物品推荐的应用中，推荐与上下文物品的语义不相关的物品通常是不被接受的。也就是说，推荐物品的相关性分数必须比某些阈值高，接着根据响应对相关物品进行排序以最大化用户的正向响应。

10.5 小结

在本章中，我们讨论了如何在给定的上下文中对用户进行推荐。我们介绍了两类预测用户响应的模型，张量分解模型和层次收缩模型，也可以将它们结合，进一步提升预测能力。张量分解在用户、物品和上下文构成的三维空间中利用一个低秩分解解决了数据稀疏性的问题，它将三维张量近似为用户隐因子、物品隐因子和上下文隐因子的低秩矩阵的乘积。层次收缩利用层次先验解决数据稀疏性问题，其将面向特定上下文的用户和物品因子（如公式（10.11）中的 α_{ik} 和 β_{jk}）向全局用户和物品因子（例如与上下文 k 无关的 α_i 和 β_j）的方向收缩。面向特定上下文的因子（如 α_{ik}）能使模型比低秩分解（如 $\langle \boldsymbol{u}_i, \boldsymbol{w}_k \rangle$，$\boldsymbol{u}_i$ 和 $\boldsymbol{w}_k$ 的维度比上下文数量小得多）更准确地对面向特定上下文的行为建模。当然也有不足之处，当上下文数量很大时，模型中待拟合的参数比分解模型的多（比如，α_{ik} 的总数等于用户数乘以上下文数）。因此，对于上下文很多的应用（如相关物品推荐），通常使用张量分解模型。

相关物品推荐通常有两条准则：推荐的物品需要与上下文物品语义相关，响应率也必须要高。如果这两条准则高度相关，那么我们可以只针对一条，因为另外一条也会自动满足。否则，我们就需要进行权衡，因为我们不能同时最大化相关性和响应率。这种相关性和响应率的权衡是多目标权衡的一个例子，多目标优化是我们将在第 11 章讨论的主题。

235～236

多目标优化

我们在前面的章节中讨论的推荐物品的方法都只优化一个单一的目标，一般是用户对推荐物品的点击数。然而，点击仅仅是用户上网这一旅程的起点，后续的效用如点击后在网站上的时间花销，以及在网页上展示广告所产生的收入也很重要。这里的点击数、时间花销以及收入可能是网站想优化的三个不同的目标。当不同的目标之间有很强的正相关性时，最大化其中一个，其他目标就自然而然最大了。但在现实场景中，这种情况并不常见。例如，房地产文章上的广告产生的收入可能比娱乐文章上的广告产生的要高，而在点击数和时间花销方面，用户对娱乐文章的点击数和在娱乐文章上的时间花销都更多。在类似这样的场景中，让所有目标都达到最优是不可行的。于是目标便转换成在众多的竞争目标中寻找一个好的权衡。例如，在最大化收入的同时仍然使点击数处于一些常规服务方案（如 CTR 最大化）所能达到的点击数的 95% 以上，使时间花销处于 90% 以上。如何设置这些约束值（95% 和 90% 的阈值）取决于商业目标和网站的策略，并且不同应用的要求也不同。本章提供了一种基于多目标规划的方法，能针对一组给定的预设约束来优化推荐系统，这样的问题设置容易满足不同应用的要求。

我们介绍两种多目标优化的方法。11.2 节介绍*分段方法*（最开始发表在 Agarwal 等人 2011a 的文章中），该方法以类似分段热门推荐中的方法（在 3.3.2 节和 6.5.3 节中讨论过）将用户分成了几个用户段，然后在用户分段的层次上进行优化。这种分段方法虽然有效，但在它的假设下，用户被划分成一些粗粒度且不相交的部分。而很多应用是用高维特征向量（数千个维度，包含大量所有可能的组合）来刻画用户的，分段方法无法在细粒度的划分下提供推荐，因为它的推荐决策是在用户分段这种粗粒度的划分下做出的。11.3 节将介绍*个性化方法*（最开始发表在 Agarwal 等人 2012 年的文章中），它对分段方法进行了改进，在单个用户的层次上优化目标。个性化方法的挑战可以利用 11.3 节中的拉格朗日对偶以及 11.4 节中的近似方法来解决。在 11.5 节中，我们在雅虎首页数据上进行了多目标优化的实验。实验结果表明，不同的方法具有不同的特点。实验结果有望为设计网站门户上的推荐系统提供有价值的指导。 237

11.1 应用设置

考虑门户网站首页上的一个内容推荐模块，例如有多个属性（服务或频道）的雅虎（如雅虎新闻、财经和体育），目标是同时优化模块的用户参与度以及每个属性的目标

（如属性的广告收入和时间花销）。这种问题设置可以直接拓展到其他问题设置，只要目标可以形式化成决策变量的加权和，即问题可以表示成一种线性规划。

把时间分成几个时间段。每个时间段 t 都有一个可用于推荐的候选物品集，我们把它记作 $\mathcal{A}_t$。每件物品 $j \in \mathcal{A}_t$ 都属于门户中 K 个不同属性中的其中一个。令 $\mathcal{P}=\{P_1,\cdots,P_K\}$ 为属性集，$j \in P_k$ 的意思是物品 j 的目标网页属于属性 P_k，即用户点击物品 j，会到达属性 P_k 中的一个网页。令 $\mathcal{U}_t$ 为时间段 t 内所有用户构成的集合。一旦用户 $u \in \mathcal{U}_t$ 访问首页，就会为其推荐一件来自 $\mathcal{A}_t$ 的物品。简单起见，我们只考虑为每次用户访问仅推荐一件物品的问题。当用户点击推荐物品，系统会将他引导到该物品所属的属性中的网页。大多数情况下，不同属性的用户访问量很大程度上受首页点击数的影响。为了便于说明，假设门户网站想要优化两个不同的目标：（1）首页上的总点击数；（2）点击了首页上推荐物品的用户在目标属性上的总时间花销。如 11.2.2 节讨论的，其他目标如收入，很容易纳入这个框架。另外，如果有人想在类别上定义约束属性，$(P_1,\cdots,P_K)$ 也可以替换成其他任意的物品类别。238

内容推荐是一个探索与利用问题。为了优化任意指标（用于衡量一个目标），我们需要估计每件候选物品在该指标上的性能。如果不把物品展示给用户，这件物品的性能就无从知晓。单目标的探索与利用问题已经研究得很透彻了（参考第 6 章和 7.3.3 节），但开发能确保一定最优性的多目标探索与利用方法仍是一个开放的问题。这里我们假设一些探索与利用方案正在系统中运行，如简单的 ϵ-greedy 方案，该方案在实验中的性能表现很好（Vermorel 和 Mohri，2005）。该方案的工作流程如下：从当前内容池中随机均匀地选择一部分物品，将其推荐给一小部分随机选择的用户访问（称为探索群体），然后收集每件物品的数据。如果目标是最大化点击数，那么对于剩余的访问（称为利用群体），我们则为其推荐估计的点击通过率（CTR）最高的物品。而对于多目标的情况，针对利用群体的服务方案不再是展示 CTR 最高的物品。

11.2 分段方法

在本节中，我们将介绍分段多目标优化的问题设置。在任意的时间点，系统为下一个服务时间段（如 5 分钟间隔）指定一个服务计划：对于每个用户分段 i 和每件候选物品 j，将用户分段 i 中确定比例 x_{ij} 的用户访问量分配给物品 j，使得在满足一个特定目标最大化的同时，其他目标的损失也能被限制在一定范围内。当目标可以表示成决策变量 x_{ij} 的加权和时，多目标问题就可以直接表示成一个线性规划，利用标准的 LP（Linear Program）方法便可解决。

11.2.1 问题设置

分段模型。在分段方法中，用户被划分成 m 个段。令 $\mathcal{S}$ 为分段集合，后续内容中的

$i \in \mathcal{S}$表示一个分段。为了衡量物品 j 的效用，我们用统计模型估计（1）分段 i 中的用户会点击在时间段 t 内展示的物品 j 的概率 p_{ijt}；（2）分段 i 中的用户会在物品 j 的目标属性中花费的点击后时间 d_{ijt}。我们把 p_{ijt} 称为 CTR，d_{ijt} 称为时间花销，二者都可以用 239
6.3 节介绍的 Gamma-Poisson 模型来估计。如果目标是最大化点击数（或时间花销，不是同时最大化二者），那么最优方案就是推荐 p_{ijt} 最高（或 $p_{ijt} \cdot d_{ijt}$ 最高）的物品 j 给分段 i 中的用户。

分段服务方案。我们把为用户推荐物品的算法称为服务方案。对于每个时间段 t，分段服务方案利用在时间段 t 之前获得的信息产生一个分段服务计划 $\boldsymbol{x}_t = \{x_{ijt} : i \in \mathcal{S}, j \in \mathcal{A}_t\}$，其中 x_{ijt} 是服务方案将在时间段 t 内给分段 i 中的用户推荐物品 j 的概率。当一个用户在时间段 t 内访问首页时，首先他将被分配到一个合适的分段，然后多项式采样会根据 $\{x_{ijt} : j \in \mathcal{A}_t\}$ 采样一件物品为其服务。显然，$x_{ijt} \geqslant 0$ 且 $\sum_j x_{ijt} = 1$。不同的优化方法依据不同的准则生成不同的服务计划。例如，如果 j^* 是 CTR 最高的物品，那么点击量最大化方法会令 x_{ij^*t} 为 1，剩下的物品为 0。注意，时间段 t 的服务计划是在时间段 t 之前，即在时间段 $t-1$ 制定的。

11.2.2 目标优化

目标。简单起见，我们考虑两个目标，点击数和时间花销。令 N_t 为时间段 t 内的总访问量，$\pi_t = \pi(\pi_{1t}, \cdots, \pi_{mt})$ 为不同用户分段的访问量比例。显然，$\sum_{i \in \mathcal{S}} \pi_{it} = 1$，$N_t \pi_{it}$ 为分段 i 的总访问量。通常，π_t 可以根据历史用户访问量来估计（Agarwal 等人，2012a）。为了简洁，我们去掉下标 t，因为我们考虑的一直是当前时间段 t。给定当前时间段的服务计划 $\boldsymbol{x} = \{x_{ij}\}$，两个目标定义如下：

- 首页的期望总点击数：

$$\text{TotalClicks}(\boldsymbol{x}) = N \sum_{i \in \mathcal{S}} \sum_{j \in \mathcal{A}} \pi_i x_{ij} p_{ij} \tag{11.1}$$

- 在属性 P_k 上的期望总时间花销：

$$\text{TotalTime}(\boldsymbol{x}, P_k) = N \sum_{i \in \mathcal{S}} \sum_{j \in P_k} \pi_i x_{ij} p_{ij} d_{ij} \tag{11.2}$$

我们把 $\text{TotalTime}(\boldsymbol{x}) = \text{TotalTime}(x, \mathcal{A})$ 记作在所有属性上的总时间花销。 240

其他目标。虽然只以时间花销为例介绍多目标优化，我们也给出一些其他常见的目标，用类似定义时间花销的方式也很容易将其定义出来（因此也可以被加入线性规划）：

- 属性 P_k 上的期望总收入定义为：

$$\text{TotalRevenue}(\boldsymbol{x}, P_k) = N\sum_{i\in\mathcal{S}}\sum_{j\in P_k}\pi_i x_{ij} p_{ij} \boldsymbol{r}_{ij} \tag{11.3}$$

其中 r_{ij} 为分段 i 中一个用户点击一次物品 j 所产生的期望（预测）收入。如果物品 j 是赞助物品或是一则广告，它会直接产生收入。否则，收入则可能产生于展示在物品 j 目标页面上的广告。

- 属性 P_k 上总的期望页面浏览量定义为：

$$\text{TotalPageView}(\boldsymbol{x}, P_k) = N\sum_{i\in\mathcal{S}}\sum_{j\in P_k}\pi_i x_{ij} p_{ij} v_{ij} \tag{11.4}$$

其中 v_{ij} 是分段 i 中的一个用户点击物品 j 后在物品 j 所属属性上的期望（预测）页面浏览量。注意，因为对物品 j 的点击已经生成了一次页面浏览，所以 $v_{ij} \geqslant 1$ 。

点击数最大化方案。一种基准方法是只优化总点击数，我们称为 status-quo 算法，因为在考虑多目标之前，通常只需最大化点击数。我们得到的服务计划 $\boldsymbol{z} = \{z_{ij}\}$ 如下：

$$z_{ij} = \begin{cases} 1, & j = \arg\max_{j'} p_{ij'} \\ 0, & \text{其他} \end{cases} \tag{11.5}$$

我们把 $\text{TotalClicks}^* = \text{TotalClicks}(\boldsymbol{z})$ 和 $\text{TotalTime}^*(P_k) = \text{TotalTime}(\boldsymbol{z}, P_k)$ 记作点击数最大化方案中两个目标的值，根据 $\boldsymbol{z}$ 的定义，它们是常数。

标量化。一种简单的结合两个目标的方法是把两个目标的加权和定义为一个新的优化目标。为了构建服务计划，我们找到 $\boldsymbol{x}$ 以最大化：

$$\lambda \cdot \text{TotalClicks}(\boldsymbol{x}) + (1-\lambda) \cdot \text{TotalTime}(\boldsymbol{x})$$

其中 $\lambda \in [0,1]$ 表示总点击数和总时间花销的权衡，λ 越小，允许点击数的损失越多，以获得更高的总时间花销。解如下：

241

$$x_{ij} = \begin{cases} 1, & j = \arg\max_J \lambda \cdot p_{iJ} + (1-\lambda) \cdot p_{iJ} d_{iJ} \\ 0, & \text{其他} \end{cases} \tag{11.6}$$

两个目标之间的权衡 λ 在不同的时间段内可能会有明显的不同。实际上，在某些时间段内，点击数的损失很明显，这对于一些应用来说可能是个问题。然而，在一些时间段损失大量的点击数以获得可观的参与度的能力可能要经过很长的一段时间才会产生更好的结果。当网站负责人对多个目标的加权组合感兴趣时，这种方法很有吸引力，并且如果其中任何一个目标明显变差，组合也不会受到影响。因为目标都是线性的，所以这个方法的一个缺点是不能对 Pareto 最优曲线（参考 Boyd 和 Vandenberghe（2004）的第 7 章）上的所有可能点进行探索，因此可能会错过一些有趣的解，另一个缺点是难以引入应用驱动的商业约束。

线性规划。Agarwal 等人（2011a）的文章中介绍了一系列多目标规划，这里我们只讨论最灵活的形式，*局部多目标规划*（ℓ-MOP）。优化问题的形式化表达如下：

$$\begin{aligned}&\max_x \mathrm{TotalTime}(\boldsymbol{x})\\&\quad \text{s.t. } \mathrm{TotalClicks}(\boldsymbol{x}) \geqslant \alpha \cdot \mathrm{TotalClicks}^*\\&\qquad \mathrm{TotalTime}(\boldsymbol{x}, P_k) \geqslant \beta \cdot \mathrm{TotalClicks}^*(P_k), \forall P_k \in \mathcal{P}^*\end{aligned} \tag{11.7}$$

其中 $\mathcal{P}^*$ 是 $\mathcal{P}$ 的一个子集，我们要确保在其上的时间花销处于一定的水平。线性规划旨在最大化所有属性上的总时间花销，同时使总点击数与现有的点击最大化方案相比，潜在损失能被限定在 $\alpha(0 \leqslant \alpha \leqslant 1)$ 内。并且对于每个关键属性 $P_k \in \mathcal{P}^*$，保证在 P_k 上的总时间花销至少为点击最大化方案的 $\beta(0 \leqslant \beta \leqslant 1)$ 倍。这个线性规划利用标准 LP 算法很容易解决。

任意的线性约束都可以加入线性规划。线性规划（11.7）在应用设置中是有效的，为了便于说明，我们也将它作为运行示例。在每个时间段内，用统计模型预测 P_{ij}、d_{ij} 和 π_i，然后求解线性规划以获得下一个时间段内的服务计划 $\boldsymbol{x}$。因此，下一个时间段的用户访问将会依据我们实际看到用户之前制定的计划获得服务。

加入其他目标的方式也是直接的。例如，我们可以把 TotalTime($\boldsymbol{x}$) 替换为 TotalRevenue($\boldsymbol{x}$) 或 TotalPageView($\boldsymbol{x}$)，我们也可以在线性规划（11.7）中加入更多的约束，如：

$$\begin{aligned}&\mathrm{TotalRevenue}(\boldsymbol{x}, P_k) \geqslant \gamma \cdot \mathrm{TotalRevenue}^*(P_k), \forall P_k \in \mathcal{P}^*\\&\mathrm{TotalPageView}(\boldsymbol{x}, P_k) \geqslant \delta \cdot \mathrm{TotalPageView}^*(P_k), \forall P_k \in \mathcal{P}^*\end{aligned} \tag{11.8}$$ 242

11.3 个性化方法

线性规划可以有效地解决分段多目标优化。然而，这类分段服务方案以同等的方式看待一个分段中的所有用户，缺乏区别服务每个用户以满足他独特的个人信息需求的能力。在本节，我们将拓展分段方法，使其能为单个用户提供个性化的服务计划。

在单个用户层面进行优化是有挑战性的。分段方法的一种简单拓展是为 LP 中的每个（用户 u，物品 j）对设置一个变量 x_{uj}，但这是不可行的，因为这会使得 LP 在在线设置中的定义不明确，用户是不可见的，在下一个时间段才能被第一次观测到，所以“个性化 LP”必须预测一组不可见的用户，还包括相应的用户变量，以便在下一时间段内为他们服务；而且，即使我们能够准确地预测下一个时间段内将会看到哪些用户，这样的扩展也会急剧增加 LP 的大小，因为每个时间段内都可能有数十万用户。

11.3.1　原始表示

通过重新定义服务计划 $\boldsymbol{x}$ 的形式以拓展基于分段的线性规划（11.7），从而定义个性化多目标优化的原始表示（primal formulation）。

个性化服务计划。在个性化多目标优化中，每个用户 u 都有一个面向特定用户的服务计划，而非面向特定分段。个性化服务计划定义为 $\boldsymbol{x}=\{x_{uj}:u\in\mathcal{U}, j\in\mathcal{A}\}$，其中 x_{uj} 是在下一个时间段内用物品 j 服务用户 u 的概率。因为 x_{uj} 是概率，因此满足 $x_{uj}\geqslant 0$ 且 $\sum_j x_{uj}=1$。个性化服务方案根据这些概率把物品提供给每一位用户。

目标。因为服务计划 $\boldsymbol{x}$ 的形式改变了，所以 TotalClicks($\boldsymbol{x}$) 和 TotalTime($\boldsymbol{x}, P_k$) 也需要更新：

243

$$\begin{aligned}\text{TotalClicks}(\boldsymbol{x}) &= \sum_{u\in\mathcal{U}}\sum_{j\in\mathcal{A}} x_{uj}P_{uj}\\ \text{TotalTime}(x, P_k) &= \sum_{u\in\mathcal{U}}\sum_{j\in P_k} x_{uj}P_{uj}d_{uj}\end{aligned}\qquad(11.9)$$

其中 p_{uj} 是用户 u 点击物品 j 的预测概率，d_{uj} 是用户 u 在点击物品 j 后，花费在物品 j 的目标属性中的页面上的预测时长。p_{uj} 和 d_{uj} 的预测都与我们的问题公式垂直，任意的个性化统计模型，例如之前提出的在线回归模型（参考 7.3 节或者 Agarwal 等人，2008，2009）都可以运用于此。给定预测的 CTR p_{uj}，我们可以计算与公式（11.5）类似的点击优化服务方案，然后相应地为个性化服务定义 status quo 常量 TotalClicks* 和 TotalTime*。

个性化服务计划比分段计划更灵活，分段计划作为特例也被包含其中。如果我们用基于分段的模型实例化 p_{uj} 和 d_{uj}（即对于分段 i 中的所有 u，$p_{uj}=p_{ij}$，$d_{uj}=d_{ij}$），公式（11.9）将会退化成公式（11.1）和公式（11.2）。

挑战。有了 $\boldsymbol{x}$、TotalClicks 和 TotalTime 的新定义，似乎线性规划（11.7）可以简单地应用于个性化多目标优化。我们可以在每个时间段内解决这种线性规划，然后用求得的解服务下一个时间段内的用户。然而，解决这样一个公式是有挑战性的，有如下原因：

- 不可见用户：在线性规划中，变量 x_{uj} 是为每一个将会在下一个时间段内访问网站门户的用户定义的。对于那些之前没有访问过网站门户的用户来说，计算 x_{uj} 是很困难的。虽然大多数情况下估计用户数很容易（用户数决定了变量个数），但是不可见用户的线性规划的输入参数 p_{uj} 和 d_{uj} 很难预测，必须在解决线性规划之前确定所有用户的输入参数。
- 可扩展性：线性规划要求每个用户 u 都有一个变量集 $\{x_{uj}\}_{\forall j\in\mathcal{A}}$。即使下一个时间段内所有用户的 p_{uj} 和 d_{uj} 都已知，当用户数很大时（如百万级），大规模的变量还会构成一个庞大的线性规划，从而造成可扩展性问题。

主要思路。为了应对这些挑战，我们利用约束最优化问题中的拉格朗日对偶公式。在线性规划的原始规划（11.7）中，x_{uj} 是原始变量。虽然我们有大量面向特定用户的原始变量，但在原始公式中却只有少数非平凡约束。我们的主要思路是探索拉格朗日对偶，利用少数用户无关的对偶变量捕捉原始变量，一个对偶变量对应原始规划中的一条约束。现在，假设我们可以快速地求出下一个时间段的最优对偶解（将在 11.4 节讨论），还假设在下一个时间段，我们可以快速地且即时地在服务期间把单个用户的对偶解转化成原始解（即服务计划）。这样一来，挑战便完成了。 244

不幸的是，因为拉格朗日梯度消失问题（Boyd 和 Vandenberghe，2004），线性规划不允许把对偶解简单地转化成原始解，反之亦然。为了保证可转化性，我们稍微修改原始的线性目标函数使它变成强凸性的。令 $\boldsymbol{q}=\{q_{uj}:u\in\mathcal{U}, j\in\mathcal{A}\}$ 为某基准服务计划。在目标函数中增加一些项，用于惩罚偏离 $\boldsymbol{q}$ 的服务计划 $\boldsymbol{x}$。基准 $\boldsymbol{q}$ 有几种选择，一种是点击最大化计划 $\boldsymbol{z}$；另一种是统一服务计划 $q_{uj}=1/|\mathcal{A}|$，这个计划使得物品间存在一定的“公平”性。惩罚项可以是 L_2 范数或 KL 距离。这里我们选择 L_2 范数惩罚项和统一服务计划 $\boldsymbol{q}$：

$$\|\boldsymbol{x}-\boldsymbol{q}\|^2=\sum_{u\in\mathcal{U}}\sum_{j\in\mathcal{A}}(x_{uj}-q_{uj})^2$$

修正的原始规划。增加惩罚项后，我们得到修正的原始规划：

$$\begin{aligned}&\min_x \frac{1}{2}\gamma\|\boldsymbol{x}-\boldsymbol{q}\|^2-\text{TotalTime}(\boldsymbol{x})\\&\text{s.t. TotalClicks}(\boldsymbol{x})\geqslant\alpha\cdot\text{TotalClicks}^*\\&\qquad \text{TotalTime}(\boldsymbol{x},P_k)\geqslant\beta\cdot\text{TotalTime}^*(P_k),\forall P_k\in\mathcal{P}^*\end{aligned}\tag{11.10}$$

其中 γ 规定了惩罚的重要性。这种修正是通用的，因为它可以用在任意的基于线性规划的多目标优化中。注意，为了把原始规划变成二次规划问题的标准形式，我们还要把最大化问题转变成与之等价的最小化问题。在某种意义上，增加的惩罚项也起到了正则化的作用，可以潜在地减少解的变化。

11.3.2　拉格朗日对偶

现在我们介绍对偶变量，以及将对偶解高效地转化成对应原始解的算法。令：

$$g_0=\alpha\cdot\text{TotalClicks}^*,\ g_k=\beta\cdot\text{TotalTime}^*(P_k)$$ 245

原始规划的拉格朗日函数为：

$$\Lambda(\boldsymbol{x},\boldsymbol{\mu},\boldsymbol{v},\boldsymbol{\delta})=\frac{1}{2}\gamma\sum_u\sum_j(x_{uj}-q_{uj})^2-\sum_u\sum_j p_{uj}d_{uj}x_{uj}$$

$$
\begin{aligned}
&-\mu_0(\sum_u \sum_j p_{uj}x_{uj} - g_0) \\
&-\sum_{k\in\mathcal{I}} \mu_k(\sum_u \sum_{j\in P_k} p_{uj}d_{uj}x_{uj} - g_k) \\
&-\sum_u v_u(\sum_j x_{uj} - 1) - \sum_u \sum_j \delta_{uj}x_{uj}
\end{aligned}
$$

其中 $\mu_0 \geqslant 0$， $\mu_k \geqslant 0$ 对所有的 $k\in\mathcal{I}$ 都成立， $\delta_{uj}\geqslant 0$ 对所有的 u 和 j 都成立。以上函数是根据公式（11.9）对 TotalTime 和 TotalClick 拓展得到的，拉格朗日乘数 μ_0 用于确保总点击数的约束， μ_k 用于确保每个属性总时间花销的约束， v_u 用于确保 $\sum_j x_{uj}=1$， δ_{uj} 用于确保 $x_{uj}\geqslant 0$。注意 μ_0、 μ_k、 v_u 和 δ_{uj} 也称作对偶变量。

令 $\frac{\partial}{\partial x_{uj}}\Lambda(\boldsymbol{x},\boldsymbol{\mu},\boldsymbol{v},\boldsymbol{\delta})=0$，我们得到：

$$
x_{uj} = \frac{c_{uj} + v_u + \delta_{uj}}{\gamma} \qquad (11.11)
$$

其中：

$$
c_{uj} = p_{uj}d_{uj} + \mu_0 p_{uj} + \mathbf{1}\{j\in P_k \wedge k\in\mathcal{I}\}\mu_k p_{uj}d_{uj} + \gamma q_{uj} \qquad (11.12)
$$

注意 $\mathbf{1}\{\text{True}\}=1$， $\mathbf{1}\{\text{False}\}=0$。因此，如果有 μ_0、 μ_k、 v_u 和 δ_{uj} 的对偶解，我们便可以重建原始解 x_{uj}。然而，这并不能帮助我们完成挑战，因为 v_u 和 δ_{uj} 仍然取决于下一个时间段中的用户 u。接下来，我们提供一种仅从 $\boldsymbol{\mu}=\{\mu_0,\mu_k\}_{\forall P_k\in\mathcal{P}^*}$ 中重建 x_{uj} 的高效算法，不需要 v_u 和 δ_{uj}。

对偶服务计划。我们把 μ 称为对偶服务计划，其中不包括任何面向特定用户的变量。把对偶计划转化成对应的原始服务计划的算法是基于以下命题提出的。

命题 11.1　*在最优解中，给定用户 u 和两件物品 j_1 和 j_2，如果 $c_{uj_1}\geqslant c_{uj_2}$ 且 $x_{uj_2}>0$，那么 $x_{uj_1}>0$。*

证明：根据 Karush-Kuhn-Tucker（KKT）条件（详细内容请参考 Boyd 和 Vandenberghe，2004），在最优点，因为 $x_{uj_2}>0$，所以 $\delta_{uj_2}=0$。又因为 $c_{uj_1}\geqslant c_{uj_2}$ 且 $\delta_{uj_1}\geqslant 0$，我们有：

246

$$
x_{uj_1} = \frac{c_{uj_1} + v_u + \delta_{uj_1}}{\gamma} \geqslant \frac{c_{uj_2} + v_u}{\gamma} = x_{uj_2} > 0 \qquad ■
$$

不失一般性，对于每个用户 u，重新索引物品使得 $c_{u1}\geqslant c_{u2}\cdots\geqslant c_{un}$，其中 n 是物品数，注意该排序是面向特定用户的。根据命题 11.1，存在一个数 $1\leqslant t\leqslant n$，使得在最优解中，对于所有的 $j\leqslant t$， $u_{uj}>0$ 成立，对于 $j>t$， $x_{uj}=0$ 成立。为了找到 t 的值，我们遍历 $t=1$ 到 n，检查下面的线性系统是否有可行解：

$$x_{uj}=\frac{c_{uj}+v_u}{\gamma}\quad 且对于 1\leqslant j\leqslant t,\ x_{uj}>0$$

$$\sum_{j=1}^{t}x_{uj}=1$$

注意，如果 $x_{uj}>0$，那么 $\delta_{uj}=0$。我们要找到能给出可行解的最大 t 值。通过一些代数转换，给定 t，我们有 $v_u=(\gamma-\sum_{j=1}^{t}c_{uj})/t$。如果最小的 $x_{ut}>0$，即满足以下公式，那么之前的系统便可行：

$$x_{ut}\propto c_{ut}+\frac{\gamma-\sum_{j=1}^{t}c_{uj}}{t}>0 \tag{11.13}$$

转化算法。给定对偶计划 $\boldsymbol{\mu}$ 和一个用户 u，u 的原始服务计划 $\{x_{uj}\}$ 可以通过算法 11.2 中的转化算法得到。

命题 11.2 如果输入对偶计划 $\boldsymbol{\mu}$ 对于用户集是最优的，那么从转化算法中输出的服务计划对于同一个用户集也是最优的。

证明：根据对偶变量 $\boldsymbol{\mu}$，转化算法给出 $\boldsymbol{v}$ 和 $\boldsymbol{w}$。对于所有 $x_{uj}=0$，我们可以根据公式（11.11）进一步计算 δ_{uj}。可以验证，所有值都满足 KKT 的所有条件。■

转化算法的复杂度由 p_{uj} 和 d_{uj} 的预测以及 c_{uj} 的排序决定。因为候选物品数通常很小，或者可以设置得很小（从几百到几千），所以转化算法是很高效的。另外，算法中的运算可以很容易地根据用户进行并行化，因为每个用户都可以独立地计算。

前面的公式类似于简单标量化，都是把不同的目标进行线性组合，因为公式（11.12）的权重 μ_k 可以看成不同目标或约束的重要程度。然而，标量化无法获得全部有意义的 Pareto 最优点，因为它不允许出现分数的服务（Agarwal 等人，2011a；Boyd 和 Vandenberghe，2004）。公式中 v_u 的存在可以实现分数服务，因此能够以比标量化更可控的方式移动 Pareto 最优解。 247

算法 11.1 转化算法

输入：对偶计划 $\boldsymbol{\mu}$ 和一位用户 u

输出：原始计划 $\{x_{uj}\}$

对每件物品 j，预测 p_{uj} 和 d_{uj}

根据 $\boldsymbol{\mu}$、p_{uj} 和 d_{uj} 计算 c_{uj}

根据 c_{uj} 对物品排序，使得 $c_{u1}\geqslant c_{u2}\geqslant\cdots$

令 $a=\gamma$，$t=1$

repeat

  if $c_{ut}+(a-c_{ut})/t\leqslant 0$ **then**

    $t=t-1$ and break

（续）

```
8:    else
9:        a = a - c_ut and continue
10:   end if
11:   t = t + 1
12: until t ≥ |𝒜|
13: v_u = a / t
14: for j = 1 to t do
15:     x_uj = (c_uj + v_u) / γ
16: end for
17: return {x_uj}
```

11.4   近似方法

因为我们没有观测到下一个时间段内访问网站门户的所有用户，所以只能近似地解决 QP 问题。主要思路是利用一个观测现象，即下一个时间段的用户分布与当前时间段的用户分布相似。这不是一个严苛的要求，因为通常每个时间段的持续时间都很短（实验中为 10 分钟），用户群体通常也不会有明显变化。如果直接用原始解服务用户，只能服务可见用户，因为我们没有不可见用户的原始变量。然而，如果用对偶计划服务，我们可以即时地将所有用户转化成面向用户个人的服务计划。对偶计划只要求相邻两个时间段内的用户特征集在统计意义上相似（不要求用户本身相似）。因此，对偶公式甚至可以运用于用户样本集。在本节，由于每个时间段内的用户可能会很大，我们探索两种减少运算开销的技术：聚类和采样。

11.4.1   聚类

我们的目标是得到公式（11.10）定义的 QP 问题的对偶解。为了降低 QP 问题的规模，一种选择是对用户聚类，这样原始变量数会减少。具体做法是，为每个簇 i 而非每个用户 u 定义一个原始变量集 $\{x_{ij}\}_{\forall j \in \mathcal{A}}$，然后利用现成的 QP 方法求小规模 QP 问题的对偶解 μ。最后，在服务期间，μ 被用于算法 11.2 中计算单个用户 u 的个性化服务计划 $\{x_{uj}\}_{\forall j \in \mathcal{A}}$。我们考虑两种聚类方法：

- k-means：标准 k-means 算法作用于当前时间段内的用户集，根据用户间的相似度创建 m 个簇。
- Top1Item：该方法将 CTR 最高物品相同的所有用户归为一个簇，我们用物品 ID 命名簇。簇 j 中的用户集为：

$$S_j = \{u \in \mathcal{U} : j = \arg\max_{j' \in \mathcal{A}} \ p_{uj'}\}$$

为了保持一致，我们仍用下标 i 指代这样一个簇。在这个方法中，簇的数量不需要确定。

得到用户簇后，按如下步骤近似 QP：对于每个簇 i，对簇中所有用户 u 的 p_{uj} 和 d_{uj} 取平均，得到估计的 p_{ij} 和 d_{ij}，为了保证可行性，基准性能 TotalClicks* 和 TotalTime* 根据公式（11.5）的点击最大化方案定义。之后，解决 QP 问题得到对偶最优值 $\boldsymbol{\mu}$。

11.4.2 采样

另一种减少运算花销的方法是下采样（down-sample）用户。我们考虑两种采样方法：

- 随机采样：给定一个采样率 r，在当前时间段中均匀随机地选择 r 百分比的用户。
- 分层采样：给定用户簇集，在每个用户簇中随机采 r 百分比的用户样本。簇的创建可以用 k-means 或 Top1Item。

采样完成后，我们获得了当前时间段内的一个用户子集。当解决 QP 问题时，我们只为采样的用户 u 定义原始变量集 $\{x_{uj}\}_{\forall j \in \mathcal{A}}$，更新基准性能 TotalClicks* 和 TotalTime* 时也只考虑采样的用户。之后，解决小规模 QP 问题得到对偶解 $\boldsymbol{\mu}$，该对偶解将被转化算法用于在线个性化服务上。 249

11.5 实验

在本节中，我们在表 11-1 中比较了不同的多目标优化方法。Segement-LP 直接把原始解用于分段服务，而 kMeans-QP-Dual 和 Top1Item-QP-Dual 将对偶解用于个性化服务。我们利用无偏的离线回放评估方法（见 4.4 节或 Li 等人，2011）报告在雅虎首页日志数据上的实验结果。我们主要比较个性化多目标优化方法与 Agarwal 等人（2011a）文章中的最有效的分段方法。我们还将比较这些方法在执行约束方面的能力，并评估它们在点击数和时间花销之间是否达到期望的权衡。

表 11-1　方法总结

名　　称	方法描述
Segment-LP	基于分段的线性规划，与 Agarwal 等人（2011a）中的一样
基于聚类（11.4.1 节）	
kMeans-QP-Dual	*k*-means 聚类，用对偶解进行个性化服务
Top1Item-QP-Dual	Top1Item 聚类，用对偶解进行个性化服务
基于采样（11.4.2 节）	
Random-Sampling	随机采样，用对偶解进行个性化服务
Stratified-kMeans	利用 *k*-means 分层采样，用对偶解进行个性化服务
Stratified-Top1Item	利用 Top1Item 分层采样，用对偶解进行个性化服务

11.5.1　实验设置

数据。我们的数据来源于雅虎首页网站服务器日志，该日志记录了用户对展示在
250 雅虎首页今日模块上的物品的点击和浏览。评估不同服务方案的数据是从 2010 年 8 月的用户“随机桶”中收集的。随机采样（Random-Sampling）的用户被分配到随机桶中，服务于每次用户访问的物品都是从编辑所选的物品池中均匀随机挑选的。根据离线回放方法（见 4.4 节和 Li 等人，2011），这些随机桶中的数据使我们可以对不同的服务方法进行可证实的无偏比较。在随机通中，一天可以收集近 200 万的点击和浏览事件。为了计算后续的时间花销，我们也收集了用户在点击今日模块上的物品后访问的雅虎上所有页面的点击后信息。每个用户都由匿名浏览器 cookie 标识，并且还有一幅画像，包含个人信息（年龄和性别）和用户与不同类别（如体育、财经和娱乐）之间的关联度，这些都是基于用户在雅虎网站上的行为得到的。实验中没有用到个人身份信息。为了创建用户分段或簇，我们利用 Agarwal 等人（2011a）提出的最好的方法，具体步骤如下：收集 2010 年 4 月中某 10 天的数据，为每个用户创建一个行为向量，向量中的每个元素都与数据集中的一件物品对应，元素值是根据用户画像预测的物品 CTR；之后，k-means 算法根据行为向量对用户聚类，新用户则根据余弦相似度分配到一个簇中。这个方法适用于所有与 k-means 类似的方法。

指标。定义用户 u 点击文章 $j \in P_k$ 后的时间花销 d_{uj} 为用户事件的会话长度（秒级），从点击开始到属性 P_k 内的最后一次页面浏览结束。要么在用户离开属性之前结束，要么在超过 30 分钟没有行为后结束。出于保密原因，我们无法透露总点击数或总时间花销，因此，我们仅报告随后定义的相对 CTR 和相对时间花销。利用服务方案 A 进行回放实验后，计算每个视图的平均点击数 p_A（即 CTR），以及每个视图的平均时间花销 q_A。固定一个基准算法 B，报告算法 A 的两个比率作为 A 的性能：CTR 比率 $\rho_{\text{CTR}} = p_A / p_B$ 和 TS 比率 $\rho_{TS} = q_A / q_B$。

p_{uj} 和 d_{uj} 的估计。预测的 CTR p_{uj} 和时间花销 d_{uj} 是二次规划问题的必要输入。做这种预测的统计模型的选择与本章介绍的方法是垂直的，任何模型都可以应用于此。在实验中，我们用 7.3 节介绍的在线逻辑回归（OLR）模型根据用户 u 的特征向量（即包含个人信息和类别关联度的画像）来预测 CTR p_{ujt}。利用 OLR 模型，每件物品都要训练，每个时间段都要更新，从而可以快速捕捉每件物品无法利用其特征很好生成的独特行为。时间花销 d_{uj} 的预测利用了年龄 – 性别模型。我们把年龄分成 10 组，性别分成三组（男性、女性和未知），二者组合共得到 30 组用户。对于每组用户，我们用动态 Gamma-Poisson 模型跟踪组内的一个随机用户 u 在物品 j 上的时间花销 d_{uj} 的均值。因为时间花销的噪声非常大，这种简单的年龄 – 性别模型可以减少方差，提供好的预测性能。我们也测试过更细粒度的模型，如对每件物品建立在用户特征上的线性回归模型，但是性能没有得到提升。表 11-2 中比较了两个模型利用二折交叉验证得到的平均绝对误差

（MAE）和均方根误差（RMSE），年龄 – 性别模型表现得更好一点。我们也需要进一步开发一个更好的时间花销模型，但不是这里的重点。

表 11-2　时间花销预测比较

年龄 – 性别模型		线性回归	
AME	RMSE	MAE	RMSE
86.11	**119.44**	87.75	122.02

11.5.2　实验结果

个性化方法的优点。首先从图 11-1 中可以看出，个性化多目标优化明显优于分段方法。我们以一个简化的特例开始，即只考虑总点击数和总时间花销的权衡，没有任何面向特定属性的限制。展示随机采样方法的结果，其中采样率 $r = 20\%$，$\beta = 0$。权衡曲线是通过改变 α 从 1 到 0 的取值生成的（通过对 5 次采样运行取平均得到每一点）。在没有面向特定属性限制的简化设置中，标量化也适用：为每个用户 u 提供两个目标加权和 $\lambda \cdot p_{uj} + (1-\lambda) \cdot p_{uj} d_{uj}$ 最高的物品 j。通过改变 λ 从 1 到 0 的取值，我们得到图 11-1 中的标量化的权衡曲线。每个确定的 λ 或 α 的值都给出了一个服务方案，在数据集上运行方案后，生成了 CTR 比率和 TS 比率对。为了与这种设置下的分段方法比较，我们也做出了标量化方法在不同分段数上的权衡曲线。所有的实现细节都与 Agarwal 等人（2011a）文章中的一样，这些方法在图中的标签是 k 分段。我们可以看出，两种个性化多目标优化方法在权衡曲线的所有点上比在所有分段方法都要好。例如，当 $\lambda = 1$，$\alpha = 1$ 时，个性化方法达到了 2 个百分点的 CTR 提升（统计上的显著性在 0.1 的水平）和 4 个百分点的 TS 提升（统计上的显著性在 0.05 的水平）。当分段数为 30 时，分段多目标优化的性能最好。当分段数变大，性能下降的原因是每个簇几乎没有用户，另外，p_{uj} 和 d_{uj} 的预测（基于 Gamma-Poisson）因为样本量更小的缘故，方差很高。 251~252

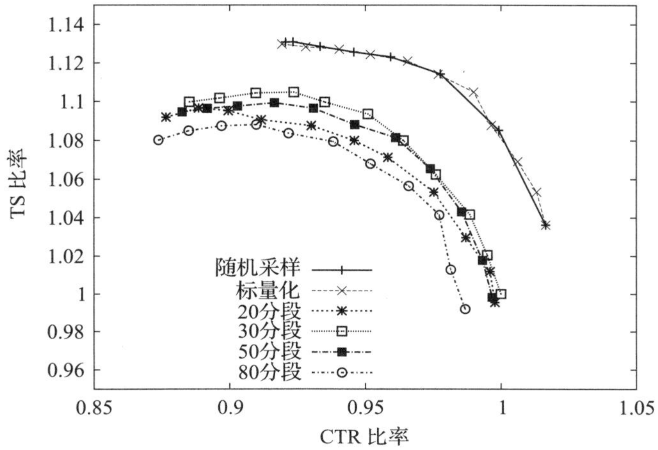

图 11-1　个性化方法与分段方法

图 11-1 也表明，随机采样和标量化达到了相近的平衡。这意味着，对偶公式与基于采样的近似结合后，在权衡竞争目标方面是非常有效的。我们在表 11-3 中展示了两个方法在所有时间段上的 TS 比率和 CTR 比率随时间的变异情况。可以看出，标量化的方差比随机采样的大得多，这意味着随机采样更稳定。这个现象与 Agarwal 等人（2011a）的观察相似，不过他们用的是原始计划。这还表明，对偶公式具有与约束优化同样理想的属性，能确保其性能在大多数时间段中与 status quo 的不会偏离太多。标量化无法对每个属性的
253 性能约束进行精准控制（参考 Agarwal 等人，2011a)，因此，我们不进一步讨论标量化。

表 11-3 随时间的变异对比。CTR 比率和 TS 比率的均值（M）和标准差（SD）

方法	CTR 比率		TS 比率	
	M	SD	M	SD
标量化（$\lambda=0.50$）	0.9601	0.0394	1.0796	0.0403
随机采样（$\alpha=0.97$）	0.9605	0.0306	1.0778	0.0322

约束满足。我们在 11.4 节中介绍了各种各样的近似方法。最主要的问题是它们是否能满足每个属性的约束。近似方法如果不能很好地满足约束，那它就是无效的。在这一系列实验中，我们令 $\beta=1$。给定一个 α 值和一个属性 P_k，观察近似方法和基准点击最大化方案在该属性上的时间花销的相对差异：

$$\Phi_\alpha(P_k)=\frac{\text{TotalTime}_\alpha(P_k)-\text{TotalTime}^*(P_k)}{\text{TotalTime}^*(P_k)}$$

这里的 $\Phi_\alpha(P_k)<0$ 意味着违反了属性 P_k 上的约束，$|\Phi_\alpha(P_k)|$ 表示违反度。我们在所有属性的约束上定义一个满足度：

$$\Phi_\alpha=1+\frac{1}{|\mathcal{V}|}\sum_{k\in\mathcal{V}}\Phi_\alpha(P_k)$$

其中 $\mathcal{V}=\{k\,|\,\Phi_\alpha(P_k)<0, k\in\mathcal{I}\}$ 是约束被违反的属性集合。

令 $\alpha=0.95$，在图 11-2 中标出每种方法的满足度。我们把所有基于采样的方法的采样比率 r 设为 20%。可以看出，除了基于聚类的对偶方法外，其他所有的方法都有 $\Phi_\alpha\approx 1$，很好地满足了每个属性的约束。这意味着，所有基于采样的对偶方法都很好地满足了约束，而基于聚类的对偶方法（kMeans-QP-Dual 和 Top1Item-QP-Dual）都明显违反了约束。为了进一步理解这个行为，我们利用 $\alpha=0.95$ 的 $\Phi_a(P_k)$，制作出了 kMeans-QP-Dual 和 Top1Item-QP-Dual 在每个属性上的图（见图 11-3）。可以看出，没有一个满足了约束，两者给予了某些属性过多的流量，给予其他属性的流量则不足。这
254 表明我们尝试的聚类对于个性化多目标优化来说不是一种好的近似方法。

权衡比较。在图 11-4 中，设置 $\beta=1$，我们比较了不同方法在每个属性约束上的权衡曲线。每条曲线都是通过在 1 到 0 上取不同的 α 值生成的。如之后我们将讨论的

图 11-10 所示，分层采样方法的性能与随机采样很相近。因此，为了图示的清晰，我们只展示随机采样的权衡曲线（我们进行了 5 次实验，绘制平均值曲线）。

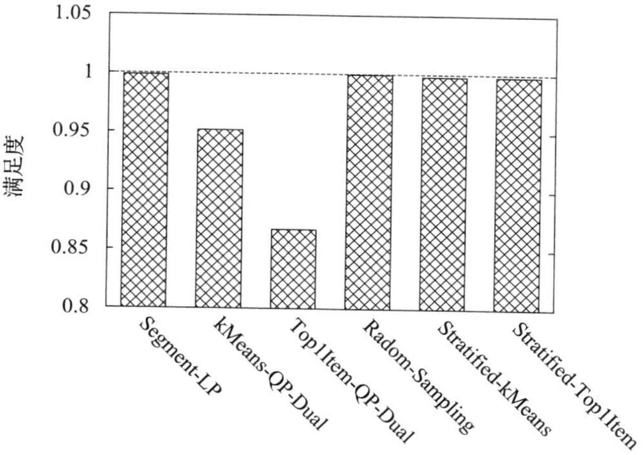

图 11-2　约束的满足

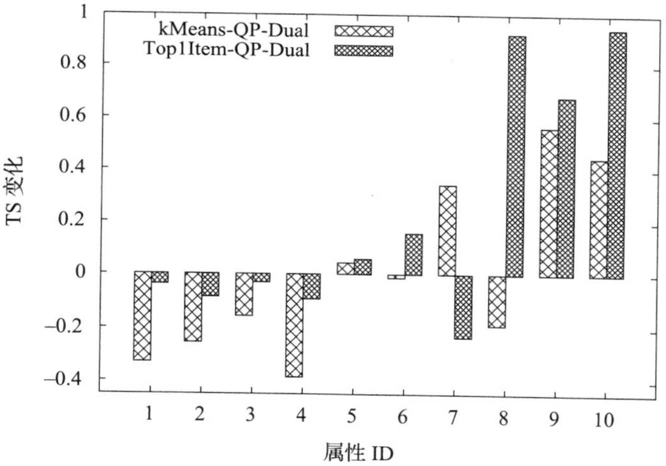

图 11-3　聚类在每个属性约束上的满足情况 255

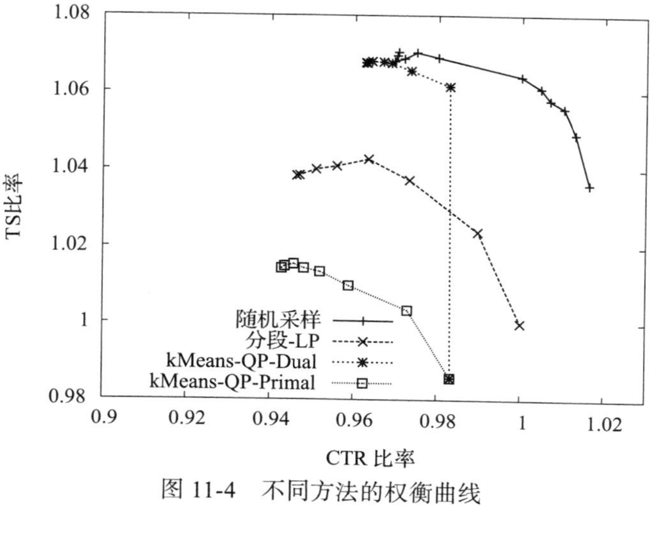

图 11-4　不同方法的权衡曲线

从图 11-4 我们可以看出，在每个属性约束下，随机采样方法比 Segmented-LP 方法表现得更好。我们也可以看出，随机采样具备与 Segmented-LP 一样的权衡两个竞争目标的能力。随机采样是基于对偶计划的个性化多目标优化，而 Segmented-LP 基于原始计划。这个结果验证了，拉格朗日对偶公式不仅在数学上是合理的，在实际中也能有效地将个性化与多目标优化相结合。

在图 11-4 中，我们还展示了 kMeans-QP-Dual 的对比结果。可以看出，基于聚类的近似法不能合理地权衡两个竞争目标。违反每个属性的约束会导致权衡曲线出现急剧跳跃的情况。为了验证结果的正确性，我们也展示了基于 k-means 近似的原始变化：kMeans-QP-Primal。这种方法的权衡曲线是合理的。kMeans-QP-Dual 和 kMeans-QP-Primal 的不同之处是，前者用了对偶计划，而后者用的是原始计划。后者是分段的，因为原始服务计划只面向分段，每个用户在接受服务前都会被分配到一个分段中。这个结果再一次验证，基于聚类的近似不是一个有效的近似拉格朗日对偶的方法。

γ 的影响。在图 11-5 中，我们令 $\alpha = 0.95$，并利用随机采样方法说明参数 γ 的影响。
256 可以看出，当 γ 小于 1 时，结果对于 γ 的选择并不敏感。当 γ 太大时，惩罚项权重很高，因此 TS 提升变小。在所有的实验中，我们设置 $\gamma = 0.001$。

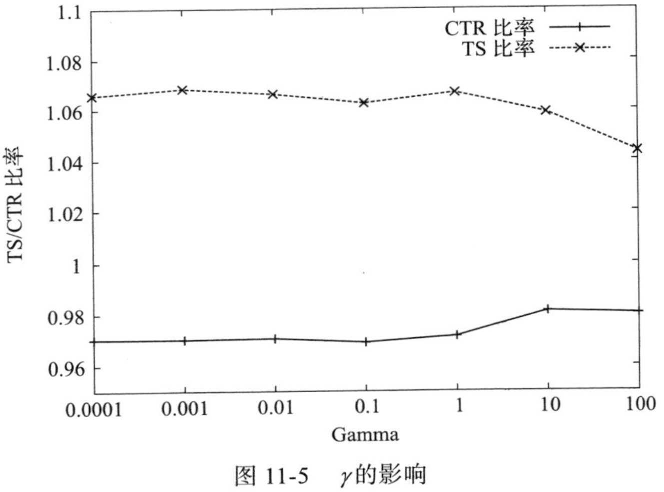

图 11-5　γ 的影响

每个属性约束的松弛度。在图 11-6 中，我们展示了 $\beta=1$ 和 $\beta=0.95$ 的权衡曲线。对于每种参数设置，我们进行了 5 次实验，展示 5 次实验结果的均值。我们也标出了 TS 比率的误差条。可以看出，当 β 更小时，我们能达到更好的权衡，因为约束没那么严格。我们也在图 11-7 中展示了两个方法的 $\phi_\alpha = 0.95$。随机采样方法大致可以保证每个属性的约束。对于 $\beta=1$，ϕ_α 几乎都是非负的；对于 $\beta=0.95$，ϕ_α 几乎都 $\geqslant -0.05$。

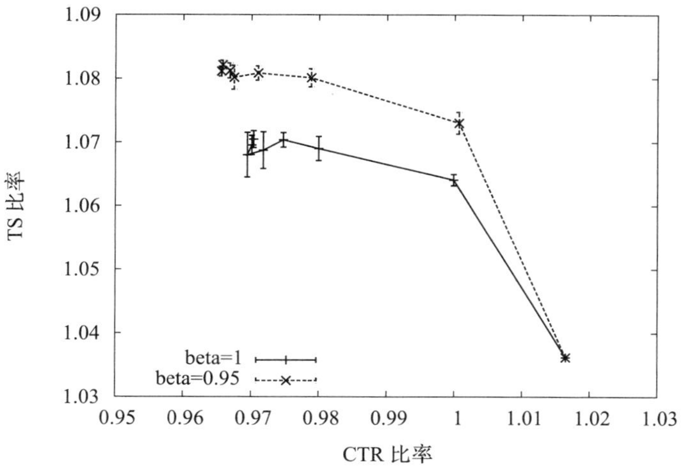

图 11-6　不同 β 值的权衡曲线

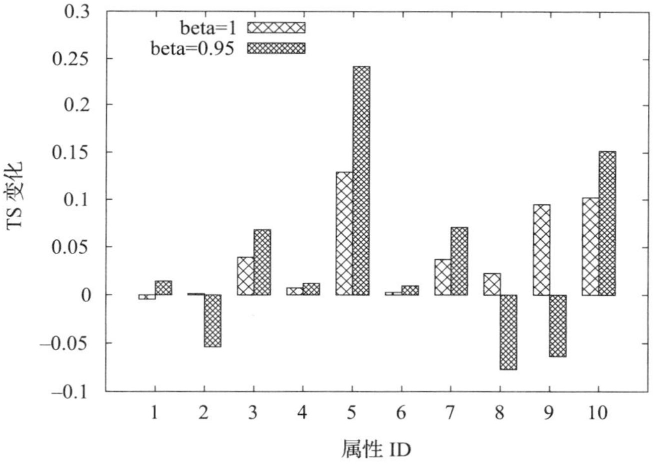

图 11-7　β 对时间花销差异的影响

不同采样方法的比较。在图 11-8 中，我们研究了随机采样的采样率。正如我们所期望的，当样本量更大时，近似会更好，从而得到一条更好的权衡曲线。在图 11-9 中，我们展示了在不同采样率下回放一次所需的（相对）运行时间。运行时间是超线性的，这也说明，采样对于处理大规模用户来说是必要的。如图 11-8 所示，20% 的采样率与 50% 的采样率结果相近，所以采样是一种在保证方法有效性的同时减少时间复杂度的有效手段。

在图 11-10 和表 11-4 中，我们比较了不同采样方法以 20% 的采样率运行 5 次的结果。

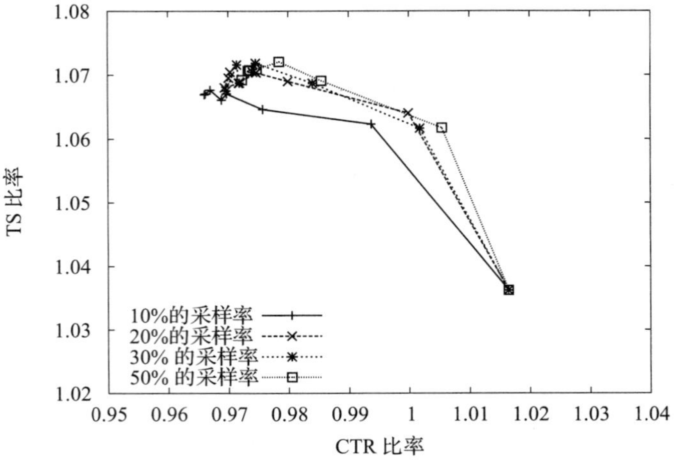

图 11-8　样本率的影响

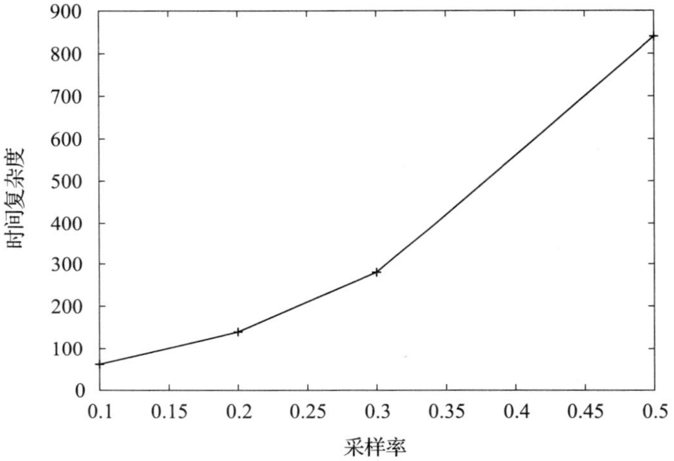

图 11-9　时间复杂度和采样率

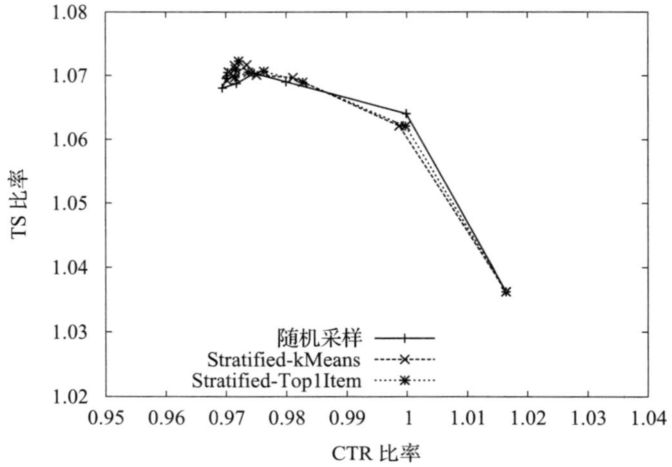

图 11-10　不同采样方法的比较（采样率 =0.2）

图 11-10 中展示了 5 次运行的平均权衡曲线，我们可以看出，不同采样方法的性能不相上下。在表 11-4 中，我们按如下方式计算了点击和 TS 的标准差：对于每个 α，我们计算了 5 次运行的标准差。报告的结果是所有 α 上标准差的平均值。从表中可以看出，分层方法的标准差比随机采样更低。在两种分层方法中，Stratified-kMeans 的标准差比 Stratified-Top1Item 低。这意味着，k-means 比 Top1Item 方法创建了同质性更高的簇。

表 11-4 不同采样方法的平均标准差

	随机采样	Stratified-kMeans	Stratified-Top1Item
CTR stdev	0.001 39	**0.000 81**	0.000 94
TS stdev	0.001 87	**0.001 29**	0.001 56

前 N 个属性。在图 11-11 中，我们减少了随机抽样方法中属性约束的数量，展示了保留前 3、5、7 个属性约束的结果。减少属性约束后，我们得到了一条更好的权衡曲线。这再一次说明了对偶公式在个性化多目标优化中的有效性。

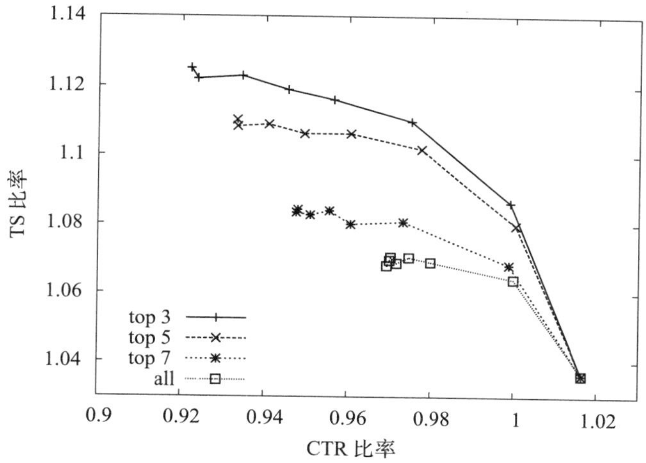

图 11-11 约束数的影响

11.6 相关工作

本章的内容基于 Agarwal 等人（2011a，2012）的工作，前者介绍了分段方法，后者提出了个性化方法。关于 Web 推荐系统如何在多目标中实现一个好的权衡的研究仍然处于早期阶段。Adomavicius 等人（2011）提供了一个多准则推荐系统的综述，其重点在于多准则评分系统，对多目标优化没有太多关注。Rodriguez 等人（2012）介绍了一个工作岗位推荐中多目标优化的案例，Ribeiro 等人（2013）提供了一个结合了预测准确率、新颖性和多样性等目标的例子。

本章介绍的约束优化公式与展示型广告中的保证送达问题（Vee 等人，2010；Chen 等人，2011）很类似，即到来的用户会被分配不同的广告，从而优化与广告相关的效用。例如，Vee 等人（2010）考虑多目标规划，提供了同时优化剩余库存收入和交付给广告客户的整体广告质量的具有理论保证的技术。本章中对偶性的利用与 Vee 等人（2010）的类似，但是内容推荐的设置与广告设置很不同。

多目标优化在其他问题的设置中也讨论过。例如，赞助搜索中的拍卖会综合考虑收入（按出价衡量）和广告质量（按 CTR 衡量）对广告排序（Fain 和 Pedersen，2006）。常用的方法是简单地根据出价和 CTR 的乘积对广告进行排序。Sculley 等人（2009）也研究了赞助搜索中的广告 CTR 和质量，定义了一种叫作*跳出率*的新方法。该方法通过推断广告目标网页上的跳出率来捕捉广告质量。然而，这项研究是一次探索，重点是跳出率的预测而非多目标优化。除了在线广告，Jambor 和 Wang（2010）把类似物品的限量供应等约束考虑进协同过滤设置中；Svore 等人（2011）在学习排序问题中考虑了几个目标的情况。这两个研究的设置都是稳定的，与在线推荐设置不同。

257～261 最后，关于多目标规划（如 Steuer，1986）、凸优化（如 Boyd 和 Vandenberghe，2004）和随机优化（如 Hentenryck 和 Bent，2006）的文章也都很丰富。本章展示了优化技术可以有效地应用于在线个性化内容推荐问题中。

11.7　小结

在本章中，我们研究了个性化多目标优化的问题，即把个性化与多目标优化相结合。我们把多目标优化问题形式化成线性规划，并且说明拉格朗日对偶可以有效地解决约束优化用于个性化服务上的两大挑战——不可见用户和可扩展性。通过稍微修改目标函数使其具备强凸性，我们能够在新用户到来之时，高效地将包含少数与用户无关的对偶变量的对偶计划转化成与之对应的原始服务计划。在大规模真实数据集上进行的详尽的实验表明，个性化方法的 Pareto 最优点集明显优于并且一致优于分段方法的最优点集。

未来的研究方向包括如何把多目标规划方法拓展到在一个门户页面的多个位置上同时推荐多件物品，以及如何把当前每个时间段的约束（例如，在每个时间段内都要求点击损失限定在一定范围内）延伸到长期约束（例如，只要求任意 n 个时间段的总点击损失限定在一定范围内）。 262

参考文献

Adomavicius, G., and Tuzhilin, A. 2005. Toward the next generation of recommender systems: A survey of the state-of-the-art and possible extensions. *IEEE Transactions on Knowledge and Data Engineering*, **17**, 734–49.

Adomavicius, Gediminas, Manouselis, Nikos, and Kwon, YoungOk. 2011. Multi-criteria recommender systems. Pages 769–803 of *Recommender Systems Handbook*. Springer.

Agarwal, D., and Chen, B.-C. 2009. Regression-based latent factor models. Pages 19–28 of *Proceedings of the 15th ACM SIGKDD International Conference on Knowledge Discovery and Data Mining (KDD'09)*.

Agarwal, D., Chen, B.-C., Elango, P., Motgi, N., Park, S.-T., Ramakrishnan, R., Roy, S., and Zachariah, J. 2008. Online models for content optimization. Pages 17–24 of *Proceedings of the Twenty-Second Annual Conference on Neural Information Processing Systems (NIPS'08)*.

Agarwal, D., Chen, B.-C., and Elango, P. 2009. Spatio-temporal models for estimating click-through rate. Pages 21–30 of *Proceedings of the 18th International Conference on World Wide Web (WWW'09)*.

Agarwal, D., Chen, B.-C., Elango, P., and Wang, X. 2011a. Click shaping to optimize multiple objectives. Pages 132–40 of *Proceedings of the 17th ACM SIGKDD International Conference on Knowledge Discovery and Data Mining (KDD'11)*.

Agarwal, Deepak, Chen, Bee-Chung, and Pang, Bo. 2011b. Personalized recommendation of user comments via factor models. Pages 571–82 of *Proceedings of the Conference on Empirical Methods in Natural Language Processing*. Association for Computational Linguistics.

Agarwal, Deepak, Chen, Bee-Chung, Elango, Pradheep, and Wang, Xuanhui. 2012. Personalized click shaping through Lagrangian duality for online recommendation. Pages 485–94 of *Proceedings of the 35th International ACM SIGIR Conference on Research and Development in Information Retrieval*.

Agarwal, D., Chen, B.-C., Elango, P., and Ramakrishnan, R. 2013. Content recommendation on web portals. *Communications of the ACM*, **56**, 92–101.

Anderson, Theodore Wilbur. 1951. Estimating linear restrictions on regression coefficients for multivariate normal distributions. *Annals of Mathematical Statistics*, **22**(3), 327–51.

Auer, P. 2002. Using confidence bounds for exploitation-exploration trade-offs. *Journal of Machine Learning Research*, **3**, 397–422.

Auer, P., Cesa-Bianchi, N., Freund, Y., and Schapire, R. E. 1995. Gambling in a rigged casino: The adversarial multi-armed bandit problem. Pages 322–31 of *Proceedings of the 36th Annual Symposium on Foundations of Computer Science (FOCS'95)*.

Auer, P., Cesa-Bianchi, N., and Fischer, P. 2002. Finite-time analysis of the multiarmed bandit problem. *Machine Learning*, **47**, 235–56.

Balabanović, Marko, and Shoham, Yoav. 1997. Fab: content-based, collaborative recommendation. *Communications of the ACM*, **40**(3), 66–72.

Bell, Robert M., and Koren, Yehuda. 2007. Scalable collaborative filtering with jointly derived neighborhood interpolation weights. Pages 43–52 *Data Mining of Proceedings of the 7th IEEE International Conference on Data Mining (ICDM'07)*.

Bell, R., Koren, Y., and Volinsky, C. 2007. Modeling relationships at multiple scales to improve accuracy of large recommender systems. Pages 95–104 of *Proceedings of the 13th ACM SIGKDD International Conference on Knowledge Discovery and Data Mining (KDD'07)*.

Bengio, Yoshua, Ducharme, Réjean, Vincent, Pascal, and Janvin, Christian. 2003. A neural probabilistic language model. *Journal of Machine Learning Research*, **3**(Mar.), 1137–55.

Besag, Julian. 1986. On the statistical analysis of dirty pictures. *Journal of the Royal Statistical Society, Series B (Methodological)*, **48**(3), 259–302.

Bingham, Ella, and Mannila, Heikki. 2001. Random projection in dimensionality reduction: applications to image and text data. Pages 245–50 of *Proceedings of the seventh ACM SIGKDD International Conference on Knowledge Discovery and Mining (KDD'01)*.

Blei, David, and McAuliffe, Jon. 2008. Supervised topic models. Pages 121–28 of Platt, J. C., Koller, D., Singer, Y., and Roweis, S. (eds), *Advances in Neural Information Processing Systems 20*. Cambridge, MA: MIT Press.

Blei, David M., Ng, Andrew Y., and Jordan, Michael I. 2003. Latent Dirichlet allocation. *Journal of Machine Learning Research*, **3**(Mar.), 993–1022.

Booth, James G., and Hobert, James P. 1999. Maximizing generalized linear mixed model likelihoods with an automated Monte Carlo EM algorithm. *Journal of the Royal Statistical Society: Series B (Statistical Methodology)*, **61**(1), 265–85.

Bottou, Léon. 2010. Large-scale machine learning with stochastic gradient descent. Pages 177–87 of *Proceedings of the 19th International Conference on Computational Statistics (COMPSTAT'2010)*. Springer.

Boyd, Stephen Poythress, and Vandenberghe, Lieven. 2004. *Convex Optimization*. Cambridge University Press.

Celeux, G., and Govaert, G. 1992. A classification EM algorithm for clustering and two stochastic versions. *Computational Statistics and Data Analysis*, **14**, 315–32.

Charkrabarty, Deepay, Chu, Wei, Smola, Alex, and Weimer, Markus. *From Collaborative Filtering to Multitask Learning*. Tech. rept.

Chen, Ye, Pavlov, Dmitry, and Canny, John F. 2009. Large-scale behavioral targeting. Pages 209–18 of *Proceedings of the 15th ACM SIGKDD International Conference on Knowledge Discovery and Data Mining (KDD'09)*.

Chen, Ye, Berkhin, Pavel, Anderson, Bo, and Devanur, Nikhil R. 2011. Real-time bidding algorithms for performance-based display ad allocation. Pages 1307–15 of *Proceedings of the 17th ACM SIGKDD International Conference on Knowledge Discovery and Data Mining (KDD'09)*.

Claypool, Mark, Gokhale, Anuja, Miranda, Tim, Murnikov, Pavel, Netes, Dmitry, and Sartin, Matthew. 1999. Combining content-based and collaborative filters in an online newspaper. In *Proceedings of ACM SIGIR workshop on recommender systems*, vol. 60. ACM.

Das, A. S., Datar, M., Garg, A., and Rajaram, S. 2007. Google news personalization: scalable online collaborative filtering. Pages 271–80 of *Proceedings of the 16th International Conference on World Wide Web (WWW'07)*.

Datta, Ritendra, Joshi, Dhiraj, Li, Jia, and Wang, James Z. 2008. Image retrieval: Ideas, influences, and trends of the new age. *ACM Computing Surveys (CSUR)*, **40**(2), 5.

DeGroot, M. H. 2004. *Optimal Statistical Decisions*. John Wiley.

Dempster, Arthur P., Laird, Nan M., and Rubin, Donald B. 1977. Maximum likelihood from incomplete data via the EM algorithm. *Journal of the Royal Statistical Society, Series B (Methodological)*, **39**(1), 1–38.

Deselaers, Thomas, Keysers, Daniel, and Ney, Hermann. 2008. Features for image retrieval: an experimental comparison. *Information Retrieval*, **11**(2), 77–107.

Desrosiers, C., and Karypis, G. 2011. A comprehensive survey of neighborhood-based recommendation methods. In *Recommender Systems Handbook*, 107–44.

Duchi, John, Hazan, Elad, and Singer, Yoram. 2011. Adaptive subgradient methods for online learning and stochastic optimization. *Journal of Machine Learning*

Research, **12**, 2121–59.

Efron, Brad, and Tibshirani, Rob. 1993. *An Introduction to the Bootstrap*. Chapman and Hall/CRC.

Fain, Daniel C., and Pedersen, Jan O. 2006. Sponsored search: A brief history. *Bulletin of the American Society for Information Science and Technology*, **32**(2), 12–13.

Fan, Rong-En, Chang, Kai-Wei, Hsieh, Cho-Jui, Wang, Xiang-Rui, and Lin, Chih-Jen. 2008. LIBLINEAR: A library for large linear classification. *Journal of Machine Learning Research*, **9**, 1871–74.

Fontoura, Marcus, Josifovski, Vanja, Liu, Jinhui, Venkatesan, Srihari, Zhu, Xiangfei, and Zien, Jason. 2011. Evaluation strategies for top-k queries over memory-resident inverted indexes. *Proceedings of the VLDB Endowment*, **4**(12), 1213–1224.

Fu, Zhouyu, Lu, Guojun, Ting, Kai Ming, and Zhang, Dengsheng. 2011. A survey of audio-based music classification and annotation. *IEEE Transactions on Multimedia*, **13**(2), 303–19.

Fürnkranz, Johannes, and Hüllermeier, Eyke. 2003. Pairwise preference learning and ranking. Pages 145–56 of *Proceedings of the 14th European Conference on Machine Learning (ECML'03)*.

Gelfand, Alan E. 1995. Gibbs sampling. *Journal of the American Statistical Association*, **452**, 1300–1304.

Getoor, Lise, and Taskar, Ben. 2007. *Introduction to Statistical Relational Learning*. MIT Press.

Gilks, W. R. 1992. Derivative-free adaptive rejection sampling for Gibbs sampling. *Bayesian Statistics*, **4**, 641–49.

Gilks, Walter R., Best, N. G., and Tan, K. K. C. 1995. Adaptive rejection metropolis sampling within Gibbs sampling. *Journal of the Royal Statistical Society. Series C (Applied Statistics)*, **44**(4), 455–72.

Gittins, J. C. 1979. Bandit processes and dynamic allocation indices. *Journal of the Royal Statistical Society. Series B (Methodological)*, **41**(2), 148–77.

Glazebrook, K. D., Ansell, P. S., Dunn, R. T., and Lumley, R. R. 2004. On the optimal allocation of service to impatient tasks. *Journal of Applied Probability*, **41**, 51–72.

Golub, Gene H., and Van Loan, Charles F. 2013. *Matrix Computations*. Vol. 4. Johns Hopkins University Press.

Good, Nathaniel, Schafer, J. Ben, Konstan, Joseph A., Borchers, Al, Sarwar, Badrul, Herlocker, Jon, and Riedl, John. 1999. Combining collaborative filtering with personal agents for better recommendations. Pages 439–46 of *Proceedings of the Sixteenth National Conference on Artificial Intelligence and the Eleventh Innovative Applications of Artificial Intelligence Conference Innovative Applications of Artificial Intelligence (AAAI/IAAI)*.

Griffiths, Thomas L., and Steyvers, Mark. 2004. Finding scientific topics. *Proceedings of the National Academy of Sciences of the United States of America*, **101**(Suppl 1), 5228–35.

Guyon, Isabelle, and Elisseeff, André. 2003. An introduction to variable and feature selection. *Journal of Machine Learning Research*, **3**(Mar.), 1157–82.

Hastie, T., Tibshirani, R., and Friedman, J. 2009. *The Elements of Statistical Learning*. Springer.

Hentenryck, Pascal Van, and Bent, Russell. 2006. *Online Stochastic Combinatorial Optimization*. MIT Press.

Herlocker, Jonathan L., Konstan, Joseph A., Borchers, Al, and Riedl, John. 1999. An algorithmic framework for performing collaborative filtering. Pages 230–37 of *Proceedings of the 22nd annual International ACM SIGIR Conference on Research and Development in Information Retrieval (SIGIR'99)*.

Jaakkola, Tommi S., and Jordan, Michael I. 2000. Bayesian parameter estimation via variational methods. *Statistics and Computing*, **10**(1), 25–37.

Jaccard, Paul. 1901. Étude comparative de la distribution florale dans une portion des

Alpes et des Jura. *Bulletin del la Société Vaudoise des Sciences Naturelles*, **37**, 547–79.

Jambor, Tamas, and Wang, Jun. 2010. Optimizing multiple objectives in collaborative filtering. Pages 55–62 of *Proceedings of the fourth ACM Conference on Recommender Systems (RecSys' 10)*.

Jannach, D., Zanker, M., Felfernig, A., and Friedrich, G. 2010. *Recommender Systems: An Introduction*. Cambridge University Press.

Jin, Xin, Zhou, Yanzan, and Mobasher, Bamshad. 2005. A maximum entropy web recommendation system: Combining collaborative and content features. Pages 612–17 of *Proceedings of the eleventh ACM SIGKDD International Conference on Knowledge Discovery and Data Mining (KDD' 05)*.

Jones, David Morian, and Gittins, John C. 1972. *A dynamic allocation index for the sequential design of experiments*. University of Cambridge, Department of Engineering.

Kakade, S. M., Shalev-Shwartz, S., and Tewari, A. 2008. Efficient bandit algorithms for online multiclass prediction. Pages 440–47 of *Proceedings of the Twenty-Fifth International Conference on Machine Learning (ICML' 08)*.

Katehakis, Michael N., and Veinott, Arthur F. 1987. The multi-armed bandit problem: Decomposition and computation. *Mathematics of Operations Research*, **12**(2), 262–68.

Kocsis, L., and Szepesvari, C. 2006. Bandit based Monte-Carlo planning. Pages 282–93 of *Machine Learning: ECML*. Lecture Notes in Computer Science. Springer.

Konstan, J. A., Riedl, J., Borchers, A., and Herlocker, J. L. 1998. Recommender systems: A grouplens perspective. In *Proc. Recommender Systems, Papers from 1998 Workshop, Technical Report WS-98-08*.

Koren, Yehuda. 2008. Factorization meets the neighborhood: A multifaceted collaborative filtering model. Pages 426–34 of *Proceedings of the 14th ACM SIGKDD International Conference on Knowledge Discovery and Data Mining (KDD' 08)*.

Koren, Y., Bell, R., and Volinsky, C. 2009. Matrix factorization techniques for recommender systems. *Computer*, **42**(8), 30–37.

Lai, Tze Leung, and Robbins, Herbert. 1985. Asymptotically efficient adaptive allocation rules. *Advances in Applied Mathematics*, **6**(1), 4–22.

Langford, J., and Zhang, T. 2007. The Epoch-Greedy algorithm for contextual multi-armed bandits. Pages 817–24 of *Proceedings of the Twenty-First Annual Conference on Neural Information Processing Systems (NIPS' 07)*.

Lawrence, Neil D., and Urtasun, Raquel. 2009. Non-linear matrix factorization with Gaussian processes. Pages 601–8 of *Proceedings of the 26th annual International Conference on Machine Learning (ICML' 09)*.

Li, L., Chu, W., Langford, J., and Schapire, R. E. 2010. A contextual-bandit approach to personalized news article recommendation. Pages 661–70 of *Proceedings of the 19th International Conference on World Wide Web (WWW' 10)*.

Li, Lihong, Chu, Wei, Langford, John, and Wang, Xuanhui. 2011. Unbiased offline evaluation of contextual-bandit-based news article recommendation algorithms. Pages 297–306 of *Proceedings of the fourth ACM International Conference on Web Search and Data Mining (WSDM' 11)*.

Lin, Chih-Jen, Weng, Ruby C., and Keerthi, S. Sathiya. 2008. Trust region Newton method for logistic regression. *Journal of Machine Learning Research*, **9**, 627–50.

McCullagh, P. 1980. Regression models for ordinal data. *Journal of the Royal Statistical Society, Series B (Methodological)*, **42**(2), 109–42.

Mitchell, Thomas M. 1997. *Machine Learning*. 1st ed. McGraw-Hill.

Mitrović, Dalibor, Zeppelzauer, Matthias, and Breiteneder, Christian. 2010. Features for content-based audio retrieval. *Advances in Computers*, **78**, 71–150.

Mnih, Andriy, and Salakhutdinov, Ruslan. 2007. Probabilistic matrix factorization. Pages 1257–64 of *Proceedings of the Twenty-First Annual Conference on Neural Information Processing Systems (NIPS' 07)*.

Montgomery, Douglas. 2012. *Design and Analysis of Experiments*. 8th ed. John Wiley.

Nadeau, David, and Sekine, Satoshi. 2007. A survey of named entity recognition and classification. *Lingvisticae Investigationes*, **30**(1), 3–26.

Nelder, J. A., and Wedderburn, R. W. M. 1972. Generalized linear models. *Journal of the Royal Statistical Society, Series A (General)*, **135**, 370–84.

Niño-Mora, José. 2007. A $(2/3)n^3$ fast-pivoting algorithm for the Gittins index and optimal stopping of a Markov chain. *INFORMS Journal on Computing*, **19**(4), 596–606.

Pandey, S., Agarwal, D., Chakrabarti, D., and Josifovski, V. 2007. Bandits for taxonomies: A model-based approach. Pages 216–27 of *Proceedings of the Seventh SIAM International Conference on Data Mining (SDM'07)*.

Park, Seung-Taek, Pennock, David, Madani, Omid, Good, Nathan, and DeCoste, Dennis. 2006. Naïve filterbots for robust cold-start recommendations. Pages 699–705 of *Proceedings of the 12th ACM SIGKDD International Conference on Knowledge Discovery and Data Mining (KDD'06)*.

Pilászy, István, and Tikk, Domonkos. 2009. Recommending new movies: Even a few ratings are more valuable than metadata. Pages 93–100 of *Proceedings of the third ACM Conference on Recommender Systems (RecSys'09)*.

Pole, A., West, M., and Harrison, P. J. 1994. *Applied Bayesian Forecasting and Time Series Analysis*. Chapman-Hall.

Porteous, Ian, Bart, Evgeniy, and Welling, Max. 2008. Multi-HDP: A non parametric Bayesian model for tensor factorization. Pages 1487–90 of *Proceedings of the Twenty-Third AAAI Conference on Artificial Intelligence (AAAI'08)*.

Princeton University. 2010. *WordNet*. http://wordnet.princeton.edu.

Puterman, Martin L. 2009. *Markov Decision Processes: Discrete Stochastic Dynamic Programming*. Vol. 414. John Wiley.

Rendle, Steffen, and Schmidt-Thieme, Lars. 2010. Pairwise interaction tensor factorization for personalized tag recommendation. Pages 81–90 of *Proceedings of the third ACM International Conference on Web Search and Data Mining (WSDM'10)*.

Resnick, Paul, Iacovou, Neophytos, Suchak, Mitesh, Bergstrom, Peter, and Riedl, John. 1994. GroupLens: An open architecture for collaborative filtering of netnews. Pages 175–186 of *Proceedings of the 1994 ACM Conference on Computer Supported Cooperative Work (CSCW'94)*.

Ribeiro, Marco Tulio, Lacerda, Anisio, de Moura, Edleno Silva, Veloso, A., and Ziviani, N. 2013. Multi-objective Pareto-efficient approaches for recommender systems. *ACM Transactions on Intelligent Systems and Technology*, **9**(1), 1–20.

Ricci, Francesco, Rokach, Lior, Shapira, Bracha, and Kantor, Paul B. (eds). 2011. *Recommender Systems Handbook*. Springer.

Robbins, H. 1952. Some aspects of the sequential design of experiments. *Bulletin of the American Mathematical Society*, **58**, 527–35.

Robertson, S. E., Walker, S., Jones, S., Hancock-Beaulieu, M., and Gatford, M. 1995. Okapi at TREC-3. In Harman, D. K. (ed), *The Third Text REtrieval Conference (TREC-3)*.

Rodriguez, Mario, Posse, Christian, and Zhang, Ethan. 2012. Multiple objective optimization in recommender systems. Pages 11–18 of *Proceedings of the sixth ACM Conference on Recommender Systems (RecSys'12)*.

Rossi, Peter E., Allenby, Greg, and McCulloch, Rob P. 2005. *Bayesian Statistics and Marketing*. John Wiley.

Salakhutdinov, Ruslan, and Mnih, Andriy. 2008. Bayesian probabilistic matrix factorization using Markov chain Monte Carlo. Pages 880–87 of *Proceedings of the 25th International Conference on Machine Learning (ICML'08)*.

Salton, G., Wong, A., and Yang, C. S. 1975. A vector space model for automatic indexing. *Communications of the ACM*, **18**(11), 613–20.

Sarkar, Jyotirmoy. 1991. One-armed bandit problems with covariates. *Annals of Statistics*, **19**(4), 1978–2002.

Schein, Andrew I., Popescul, Alexandrin, Ungar, Lyle H., and Pennock, David M. 2002.

Methods and metrics for cold-start recommendations. Pages 253–60 of *Proceedings of the 25th annual International ACM SIGIR Conference on Research and Development in Information Retrieval (SIGIR'02)*.

Sculley, D., Malkin, Robert G., Basu, Sugato, and Bayardo, Roberto J. 2009. Predicting bounce rates in sponsored search advertisements. Pages 1325–34 of *Proceedings of the 15th ACM SIGKDD International Conference on Knowledge Discovery and Data Mining (KDD'09)*.

Sebastiani, Fabrizio. 2002. Machine learning in automated text categorization. *ACM Computing Surveys*, **34**(1), 1–47.

Singh, Ajit P., and Gordon, Geoffrey J. 2008. Relational learning via collective matrix factorization. Pages 650–58 of *Proceedings of the 14th ACM SIGKDD International Conference on Knowledge Discovery and Data Mining (KDD'08)*.

Smola, Alexander J., and Narayanamurthy, Shravan M. 2010. An architecture for parallel topic models. *PVLDB*, **3**(1), 703–10.

Stern, D. H., Herbrich, R., and Graepel, T. 2009. Matchbox: Large scale online bayesian recommendations. Pages 111–20 of *Proceedings of the 18th International Conference on World Wide Web (WWW'09)*.

Steuer, R. 1986. *Multi-criteria Optimization: Theory, Computation and Application*. John Wiley.

Svore, Krysta M., Volkovs, Maksims N., and Burges, Christopher J. C. 2011. Learning to rank with multiple objective functions. Pages 367–76 of *Proceedings of the 20th International Conference on World Wide Web (WWW'11)*.

Thompson, William R. 1933. On the likelihood that one unknown probability exceeps another in view of the evidence of two samples. *Biometrika*, **25**, 285–94.

Varaiya, Pravin, Walrand, Jean, and Buyukkoc, Cagatay. 1985. Extensions of the multiarmed bandit problem: the discounted case. *IEEE Transactions on Automatic Control*, **30**(5), 426–39.

Vee, Erik, Vassilvitskii, Sergei, and Shanmugasundaram, Jayavel. 2010. Optimal online assignment with forecasts. Pages 109–18 of *Proceedings of the 11th ACM Conference on Electronic Commerce (EC'10)*.

Vermorel, J., and Mohri, M. 2005. Multi-armed bandit algorithms and empirical evaluation. Pages 437–48 of *Machine Learning: ECML*. Lecture Notes in Computer Science. Springer.

Wang, Yi, Bai, Hongjie, Stanton, Matt, Chen, Wen-Yen, and Chang, Edward Y. 2009. pLDA: Parallel latent Dirichlet allocation for large-scale applications. Pages 301–14 of *Algorithmic Aspects in Information and Management*. Springer.

West, M., and Harrison, J. 1997. *Bayesian Forecasting and Dynamic Models*. Springer.

Whittle, P. 1988. Restless bandits: Activity allocation in a changing world. *Journal of Applied Probability*, **25**, 287–98.

Yu, Kai, Lafferty, John, Zhu, Shenghuo, and Gong, Yihong. 2009. Large-scale collaborative prediction using a nonparametric random effects model. Pages 1185–92 of *Proceedings of the 26th annual International Conference on Machine Learning (ICML'09)*.

Zhai, Chengxiang, and Lafferty, John. 2001. A study of smoothing methods for language models applied to ad hoc information retrieval. Pages 334–42 of *Proceedings of the 24th annual International ACM SIGIR Conference on Research and Development in Information Retrieval (SIGIR'01)*.

Zhang, Liang, Agarwal, Deepak, and Chen, Bee-Chung. 2011. Generalizing matrix factorization through flexible regression priors. Pages 13–20 of *Proceedings of the fifth ACM Conference on Recommender Systems (RecSys'11)*.

Zhu, Ciyou, Byrd, Richard H., Lu, Peihuang, and Nocedal, Jorge. 1997. Algorithm 778: L-BFGS-B: Fortran subroutines for large-scale bound-constrained optimization. *ACM Transactions on Mathematical Software*, **23**(4), 550–560.

Ziegler, Cai-Nicolas, McNee, Sean M., Konstan, Joseph A., and Lausen, Georg. 2005. Improving recommendation lists through topic diversification. Pages 22–32 of *Proceedings of the 14th International Conference on World Wide Web (WWW'05)*.

索 引

索引中的页码为英文原书页码，与书中页边标注的页码一致。

索引注释：页码后的 *f* 表示术语出现在图中，*t* 表示术语出现在表格中。

A

B

C

D

E

I

J

K

L

M

N

O

P

R

S

T

Y

Z

推荐阅读

推荐系统：技术、评估及高效算法（原书第2版）

作者：Francesco Ricci 等 ISBN：978-7-111-60075-6 定价：139.00元

这本书在内容上兼顾了广度和深度，包含该领域多年的理论成果和实践经验，特别是对应用人工智能和机器学习等技术与算法的总结，较为全面地介绍了智能推荐系统和技术的核心概念、原理、前沿技术、未来趋势和应用等。我相信广大智能推荐系统和技术的从业者、科研人员、高年级本科生和研究生都能从中得到启发并获益。

—— 杨强　香港科技大学计算机科学及工程学系讲座教授

本书在内容构成上不仅做到了脚踏实地，而且做到了仰望星空。既介绍了推荐系统的基本概念、理论、方法和案例，又展示了推荐系统的趋势与挑战，可以帮助从业者很好地夯实推荐系统的技术基础，同时也会拓宽从业者的思考维度。

—— 陈恩红　中国科学技术大学教授

推荐阅读

推荐系统：原理与实践

作者：Charu C. Aggarwal ISBN：978-7-111-60032-9 定价：129.00元

本书从原理、技术、应用角度对推荐系统进行全面介绍。首先介绍重要的推荐系统算法，包括它们的优缺点以及适用场景；然后，在特定领域场景和不同类型的输入信息以及知识基础的背景下研究推荐问题；最后，讨论推荐系统的高级话题（包括攻击模型、组推荐系统、多标准系统和主动学习系统）；此外，还涉及推荐系统的实际应用，比如新闻的推荐和计算广告等。

本书对推荐系统的介绍兼顾原理性和应用性。作者没有回避推荐技术原理中大量深入的数学方法，同时涵盖推荐系统涉及的众多技术和实际应用，使读者知其然更知其所以然，做到理论和实际的有效融合。